水产营养需求与饲料配制技术丛书

龟鳖

营养需求与饲料配制技术

周嗣泉 主编　曹振杰　敬中华 副主编

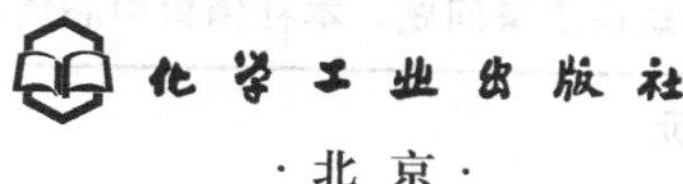

·北京·

龟鳖养殖业经过30多年的发展，目前呈现出多样化发展的势头，主要体现在以下两个方面：一是养殖方式的多样化，二是养殖品种的多样化。这也决定了龟鳖营养需求、饲料配制等方面的复杂性。本书围绕这两个方面，重点阐述了龟鳖营养需求与饲料配制等有关内容，主要内容包括：龟鳖种类及养殖概述，龟鳖的摄食与食性，龟鳖消化吸收，龟鳖对“五大”营养物质（蛋白质、脂类、碳水化合物、矿物质、维生素）的营养需求，龟鳖常用饲料，龟鳖配合饲料，龟鳖膨化饲料，龟鳖饲料的科学投喂等。以期能为龟鳖养殖生产出高效、经济、安全的饲料提供理论支持，促进龟鳖养殖业良性、健康和可持续性发展。

本书将理论与实际相结合，通俗易懂，图文并茂，实用性和可操作性很强，既可为广大的龟鳖饲料加工从业者（饲料厂）提供参考，也可为广大龟鳖养殖从业者（养殖场）提供帮助，还可供从事龟鳖饲料和龟鳖养殖的科技人员、水产院校的学生和相关管理人员参阅。

图书在版编目（CIP）数据

龟鳖营养需求与饲料配制技术/周嗣泉主编．—北京：化学工业出版社，2016.6（2023.1重印）
（水产营养与饲料配制技术丛书）
ISBN 978-7-122-26873-0

Ⅰ．①龟…　Ⅱ．①周…　Ⅲ．①龟科-淡水养殖-动物营养②鳖-淡水养殖-动物营养③龟科-淡水养殖-配合饲料④龟科-淡水养殖-配合饲料　Ⅳ．①S963.7

中国版本图书馆CIP数据核字（2016）第082303号

责任编辑：漆艳萍　　文字编辑：周　倜
责任校对：宋　玮　　装帧设计：韩　飞

出版发行：化学工业出版社（北京市东城区青年湖南街13号　邮政编码100011）
印　　装：天津盛通数码科技有限公司
850mm×1168mm　1/32　印张11　字数300千字
2023年1月北京第1版第2次印刷

购书咨询：010-64518888
售后服务：010-64518899
网　　址：http://www.cip.com.cn
凡购买本书，如有缺损质量问题，本社销售中心负责调换。

定　　价：35.00元

丛书编写委员会

主　任　张家国
副主任　周嗣泉
委　员　敬中华　冷向军　刘立鹤　聂国兴
潘　茜　余登航　徐奇友　张家国
周嗣泉

本书编写人员名单

主　编　周嗣泉
副主编　曹振杰　敬中华
参　编　张家国　宋理平　刘　鹏　张秀江
冯　森　孙清林　师吉华　秦玉广
王俊杰　王　琛

龟鳖的祖先最早出现在两亿一千万年前，体形庞大，外形类似现今的鳄龟类，头部无法缩入壳内，全身布满棘刺。进化到一亿六千万年前，演化出两类：一类能够缩头，就是现今曲颈亚目的种类；一类不能缩头，就是现今侧颈亚目的种类。龟鳖类经历了爬虫类和哺乳类时代，见证了人类演化的历史，也亲眼目睹了恐龙类和其他物种的灭绝，顽强生活到今天。

龟鳖类是一个庞大的家族，目前全球现存龟类230多种、鳖类40种左右，我国现存龟类30多种、鳖类7种。按自然分类法，龟类与鳖类同属龟鳖目，龟鳖目又分为12个科，其中龟分属于其中的11个科，鳖属于其中的一个科——鳖科。按生态（龟鳖栖息地）分类，龟又分为三大类：陆龟类、半水龟类和水龟类。鳖类与水龟类的生态习性相似。书中一般按生态分类对龟鳖进行叙述。

鳖类跟水龟类中一般水栖的龟类相似，可经常上岸晒背。我国养殖的种类主要有土著种类中华鳖、山瑞鳖和进口种类佛罗里达鳖（珍珠鳖）、日本鳖等。中华鳖品种很多，包括黄河鳖、黄沙鳖、湖南鳖、江西鳖、台湾鳖等。

龟鳖类养殖主要分为观赏和食用两种类型。随着观赏龟和食用龟鳖生产的不断发展，龟鳖营养与饲料的研究也取得了一定的进展，但从整体研究水平上来看，滞后于生产的发展。这主要体现在两个方面：一是观赏龟的研究严重滞后；二是食用龟鳖的研究还停留在重速度、轻健康，重数量、轻质量的水平上。从长远来看，对龟鳖养殖业的健康和良性发展是不利的。为此，本书对观赏龟类的营养需求与饲料进行了系统的归类研究，并重新对食用龟鳖的营养需求提出了新的标准。

本书主要有以下突出特点。

一是采用归类分析的方法对观赏龟的食性特点进行了全面系统的研究，并提出了龟鳖天然动物、植物的饲料配方。由于观赏龟种类繁多，食性复杂，营养需求千差万别，因此很有必要进行系统的归类研究，以找出规律性的东西来指导观赏龟的养殖。为此，我们在龟类生态分类学的基础上，从龟鳖的栖息地入手，对各种龟栖息环境的特点，尤其是食物特点，进行了分析研究，并找出规律性的东西，从而实现了对不同龟食性特点的整体归类。比如陆龟的栖息环境大体可分为雨林、草原和沙漠三种类型，不同的栖息环境条件下，其食物组成不同，这就造成了陆龟食性的差异性；而同一栖息环境条件下，其食物又大体相似，这就形成了食性的一致性。由此，我们大致把陆龟划分为雨林型、草原型、沙漠型三类。雨林型陆龟主要为杂食性，草原型和沙漠型陆龟主要为草食性。通过这种方法，实现了对不同陆龟食性的整体归类，进而实现了对不同陆龟营养需求的整体归类。在此基础上，又提出了龟鳖天然动物、植物的饲料配方。

二是在食用龟鳖营养与饲料研究方面，强调了健康养殖的新理念：一方面重点强调了饲料原料新鲜度的重要性，并提出了龟鳖饲料中最重要的动物原料鱼粉的新鲜度推荐标准；另一方面结合近年来最新研究成果，以及我们的养殖实践，从健康养殖的角度，提出了龟鳖各项营养指标的新标准。

三是对龟鳖膨化饲料进行了比较全面的介绍，包括种类、优缺点、加工、投喂技术以及使用效果等。膨化饲料是将来的发展方向，具有其他饲料无可比拟的优势，为龟鳖的健康养殖提供了物质保障，值得大力推广应用。

四是图文并茂、形象易懂。紧密结合书中内容，选用了大量的表格和图片。本书主要插图由海威龟园王俊杰（老菜帮子）提供。另有少量插图无法准确确定作者，还有少量插图知道作者却无联系方式，均请谅解。待本书出版后作者可与我联系，以表致谢。

本书内容主要包括龟鳖种类及养殖概述、龟鳖的摄食与食性、龟鳖消化吸收、龟鳖对“五大”营养物质的营养需求、龟鳖常用饲料、龟鳖配合饲料、龟鳖膨化饲料、龟鳖饲料的科学投喂等。以期能为龟鳖养殖生产出高效、经济、安全的饲料提供理论支持，促进龟鳖养殖业良性、健康和可持续性发展。

由于时间仓促和编者水平有限，书中不足之处在所难免，敬请读者批评指正。

周嗣泉

第一章 龟鳖种类及养殖概述

第二章 龟鳖的摄食与食性

第三章 龟鳖消化吸收

第四章 龟鳖对饲料蛋白质的营养需求

第五章 龟鳖对脂类的营养需求

第六章　龟鳖对碳水化合物的营养需求

第七章　龟鳖对矿物质的营养需求

第十一章 龟鳖膨化饲料

第十二章 龟鳖饲料的科学投喂

第一章

龟鳖种类及养殖概述

目前龟鳖分类主要有两种方法：一是自然分类法，即按照龟鳖之间所具有的共同特征，采用“门、纲、目、亚目、科、亚科、属、种”来进行分类，这是从生物学角度对龟鳖进行分类，一般用于生物学方面的研究；二是生态分类法，即从龟鳖栖息环境入手，对龟鳖进行分类，这是从生态学角度对龟鳖进行分类，一般适用于生产方面的研究。龟鳖栖息环境的差异，尤其是食物组成的差异，在漫长的进化过程中最终形成了龟鳖不同的食性特点，因此通过这种分类方法，就可以把龟鳖的食性与栖息环境联系起来，继而对龟鳖的食性进行研究归类。书中有关内容也是依此作为主线进行论述的。

第一节

龟鳖种类

一、世界现存龟鳖自然分类

龟鳖同属龟鳖目，龟鳖目又分为两个亚目：曲颈亚目和侧颈亚目，前者就是我们常说的“缩头乌龟”，后者是“不缩头乌龟”。这两个亚目的主要区别是，曲颈亚目的种类头部收缩时颈部可以缩入甲壳内（平胸龟、海龟类除外），该亚目现有 10 科 190 多种，广泛分布在世界各地，绝大部分龟类和全部鳖类属于此亚目。侧颈亚目的种类颈部较长，有的甚至超过自身背甲长度，头部收缩时颈部不能缩入甲壳内，属于较古老的原始类群，该亚目现有 2 个科 60 多种，仅分布于澳大利亚、南非和南美洲，我国没有侧颈龟类。

目前全世界现存龟鳖类 260 余种，我国现存种类 40 余种（表 1-1）。

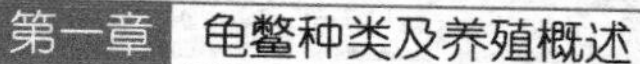

表 1-1 世界龟鳖现存种类（目、亚目、科、亚科、属）及分布

目	亚目	科、亚科	世界	中国	分布
龟鳖目	侧颈亚目	蛇颈龟科（Helidae）	1. 蛇颈龟属（*Chelus*）1种 2. 长颈龟属（*Chelodina*）9种 3. 刺颈龟属（*Acanthochelys*）5种 4. 癞颈龟属（*Elseya*）12种 5. 澳龟属（*Emydura*）6种 6. 蟾龟属（*Phrynops*）3种 7. 扁龟属（*Platemys*）1种 8. 拟澳龟属（*Pseudemydura*）1种 9. 溪龟属（*Rheodytes*）1种 10. 渔龟属（*Hydromedusa*）2种	无分布	澳大利亚、新几内亚、南美洲
		合计	10属41种		
		侧颈龟科（Pelomedusidae）	1. 马达加斯加侧颈龟属（*Erymnochelys*）1种 2. 侧颈龟属（*Pelomedusa*）1种 3. 非洲侧颈龟属（*Pelusios*）14种 4. 南美侧颈龟属（*Podocnemis*）6种 5. 亚马逊侧颈龟属（*Peltocephalus*）1种	无分布	非洲、南美洲
		合计	5属23种		
	曲颈亚目	泥龟科（Dermatemydidae）	泥龟属（*Dermatemys*）1种	无分布	中美洲
		合计	1属1种		
		鳄龟科（Chelydridae）	1. 拟鳄龟属（*Chelydra*）1种 2. 真鳄龟属（*Macroclemys*）1种	无分布	北美、中美洲
		合计	2属2种		

续表

目	亚目	科、亚科	世界	中国	分布
龟鳖目	曲颈亚目	龟科（龟亚科）(Emydidae)	1. 锦龟属(*Chrysemys*)1种 2. 水龟属(*Clemmys*)5种 3. 鸡龟属(*Deirochelys*)1种 4. 拟龟属(*Emydoidea*)1种 5. 泽龟属(*Emys*)1种 6. 地图龟属(*Graptemys*)11种 7. 钻纹龟属(*Malaclemys*)1种 8. 彩龟属(*Pseudemys*)6种 9. 箱龟属(*Terrapene*)4种 10. 红耳龟属(*Trachemys*)7种	无分布	美洲
		合计	10属38种		
		龟科（淡水亚科）(Emydidae)	1. 安南龟属(*Annamemys*)1种 2. 潮龟属(*Batagur*)1种 3. 咸水龟属(*Callagur*)1种 4. 乌龟龟属(*Chinemys*)3种 5. 闭壳龟属(*Cuora*)7种 6. 盒龟属(*Cistoclemmys*)2种 7. 齿缘摄龟属(*Cyclemys*)2种 8. 锯缘摄龟属(*Pyxidea*)1种 9. 地龟属(*Geoemyda*)2种 10. 草龟属(*Hardella*)1种 11. 东方龟属(*Heosemys*)5种 12. 庙龟属(*Hieremys*)1种 13. 棱背龟属(*Kachuga*)7种 14. 马来龟属(*Malayemys*)1种 15. 拟水龟属(*Mauremys*)6种 16. 黑龟属(*Melanochelys*)1种 17. 孔雀龟属(*Morenia*)2种 18. 果龟属(*Notochelys*)1种 19. 花龟属(*Ocadia*)3种 20. 巨龟属(*Orlitia*)1种 21. 木纹龟属(*Rhinoclemmys*)8种 22. 眼斑龟属(*Sacalia*)3种 23. 粗颈龟属(*Siebnrockiella*)1种	1. 乌龟属3种 2. 盒龟属2种 3. 闭壳龟属7种 4. 齿缘摄龟属1种 5. 地龟属1种 6. 拟水龟属3种 7. 花龟属3种 8. 锯缘摄龟属1种 9. 眼斑龟属3种	欧洲、亚洲、非洲
		合计	23属61种	9属24种	

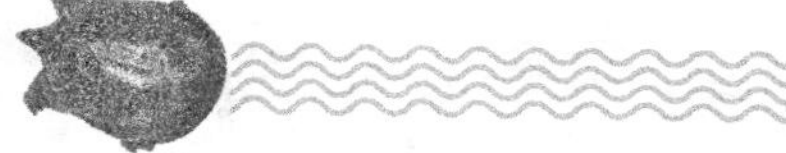

续表

目	亚目	科、亚科	世界	中国	分布
龟鳖目	曲颈亚目	动胸龟科(Kinosternidae)	1. 匣子龟属(*Claudius*)1种 2. 大麝香龟属(*Staurotypus*)2种 3. 动胸龟属(*Kinosternon*)17种 4. 麝香龟属(*Sternotherus*)4种	无分布	美洲
		合计	4属24种		
		平胸龟科(Platysternidae)	平胸龟属(*Platysernon*)1种	1. 平胸龟属1种	东亚、东南亚
		合计	1属1种	1属1种	
		陆龟科(Testudinidae)	1. 角龟属(*Chersina*)1种 2. 象龟属(*Geochelone*)14种 3. 地鼠龟属(*Gopherus*)4种 4. 珍龟属(*Homopus*)4种 5. 缅甸陆龟属(*Indotestudo*)3种 6. 折背龟属(*Kinixys*)6种 7. 扁龟属(*Malacochersus*)1种 8. 星丛龟属(*Psammobates*)3种 9. 蛛网龟属(*Pyxis*)2种 10. 四爪陆龟属(*Testudo*)5种 11. 凹甲陆龟属(*Manouria*)2种	1. 四爪陆龟属1种 2. 缅甸陆龟属1种 3. 凹甲陆龟属1种	世界各地(澳大利亚除外)
		合计	11属45种	3属3种	
		海龟科(Cheloniidae)	1. 蠵龟属(*Caretta*)1种 2. 海龟属(*Chelonia*)3种 3. 玳瑁属(*Eretmochelys*)1种 4. 丽龟属(*Lepidochelys*)2种	1. 蠵龟属1种 2. 海龟属1种 3. 玳瑁属1种 4. 丽龟属1种	大西洋、印度洋、太平洋
		合计	4属7种	4属4种	

续表

目	亚目	科、亚科	世界	中国	分布
		棱皮龟科（Dermochelyidae）	1. 棱皮龟属（*Dermochelys*）1种	1. 棱皮龟属1种	大西洋、印度洋、太平洋
		合计	1属1种	1属1种	
		两爪鳖科（Carettochlyidae）	两爪鳖属（*Carettochelys*）1种	无分布	澳大利亚、新几内亚
		合计	1属1种		
龟鳖目	曲颈亚目	鳖科（Trionychidae）	1. 滑鳖属（*Apalone*）3种 2. 软鳖属（*Amyda*）1种 3. 盾鳖属（*Aspideretes*）4种 4. 小头鳖属（*Chitra*）1种 5. 盘鳖属（*Cyclanorbis*）2种 6. 圆鳖属（*Cycloderma*）2种 7. 纹鳖属（*Dogania*）1种 8. 缘板鳖属（*Lissemys*）1种 9. 丽鳖属（*Nilssonia*）1种 10. 山瑞鳖属（*Palea*）1种 11. 鼋属（*Peochelys*）2种 12. 鳖属（*Peodiscus*）1种 13. 斑鳖属（*Rafetus*）2种 14. 三爪鳖属（*Trionyx*）1种	1. 山瑞鳖属1种 2. 鼋属1种 3. 鳖属1种 4. 斑鳖属1种	非洲、北美洲、南亚、东南亚
		合计	14属23种	4属4种	
总计			88属268种	22属40种	

二、龟鳖生态分类

1. 龟生态分类

按龟栖息方式的不同，大体可分为：陆龟、半水龟和水龟三大类。按此分类，水龟和半水龟种类最多，陆龟次之，海龟最少。

由于栖息环境的差异，这三大类龟在外形上有很大的差别：陆龟背甲高耸厚实，甲盾十分凸出，四肢上布满粗大的鳞片和棘刺

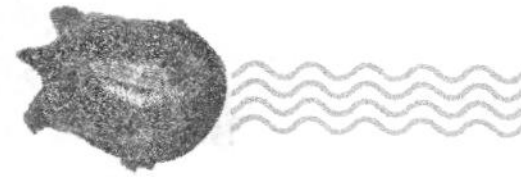

（图 1-1）；半水龟背甲圆滑平整，四肢上的鳞片细小不明显，大多数具有可以折合的腹甲（图 1-2）；水龟背甲最平滑平整，趾间都有蹼，以适应水中游泳摄食的要求（图 1-3）。

图 1-1 陆龟的外部形态
（来源：老菜帮子）

图 1-2 半水龟的外部形态
（来源：老菜帮子）

图 1-3 水龟外部形态（来源：老菜帮子）

（1）陆龟生态分类 陆龟是指完全在陆地上生活，只需少量饮水的龟类，这些种类全部来自陆龟科的种类，陆龟科有 11 属 40 余种。所有陆龟都是“缩头乌龟”。在我国养殖比较普遍的是象龟属、陆龟属、印度陆龟属、凹甲陆龟属的种类。

从这些陆龟全球地理分布来看各有特点。亚洲陆龟多集中分布于亚洲的西南部，以潮湿温暖的气候为主，栖息地多为灌木林和雨林，因此亚洲陆龟大多为雨林型杂食性陆龟。

美洲陆龟广泛分布在美洲大陆，中南美洲以潮湿高温的气候为

主，栖息地多为热带雨林，因此中南美洲陆龟大多为雨林型杂食性陆龟。北美洲陆龟生活在高温干燥的沙漠地区，大多为沙漠型草食性陆龟。

欧洲陆龟广泛分布于欧洲大陆，分布区域在地中海外围，以稍显干燥的季风气候为主，栖息地多为草原和高地，因此欧洲陆龟大多为草原型草食性陆龟。

非洲陆龟大多分布于非洲高温干燥的环境条件下，栖息地多为莽原和沙漠，因此非洲陆龟大多为沙漠型草食性陆龟。

由以上分析可见，各大洲之间环境条件的差异性，形成了洲之间陆龟食性的不同类型；各大洲内的环境条件的一致性，形成了洲内陆龟大体一致的食性类型；各大洲内环境也是有变化的，因此又形成了洲内陆龟不同的食性类型。

通过以上分析，根据陆龟的栖息地和食性的不同，可以把陆龟大体分为三种类型：雨林型陆龟、草原型陆龟和沙漠型陆龟。总的来说，雨林型陆龟为杂食性，草原型陆龟和沙漠型陆龟为草食性（表 1-2）。

表 1-2　常见陆龟养殖种类（属、种）

地区	属	种类	食性	栖息地	陆龟类型	备注
亚洲大陆	象龟属	印度星龟（*Geochelone vegans*）	草食性	荒漠、半干旱草原、落叶林地带	草原型	难养
		缅甸星龟（*Geochelone platynota*）	草食性	温暖干燥草原、树林地带	草原型	易养
	四爪陆龟属	四爪陆龟（*Testudo horsfieldi*）	草食性	荒漠草场	草原型	易养
	印度陆龟属	缅甸陆龟（*Indotestudo elongata*）	杂食性	高温湿润雨林	雨林型	易养
		印度陆龟（*Indotestudo forsteni*）	杂食性	高温湿润森林	雨林型	易养

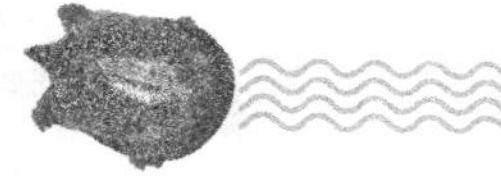

续表

地区	属	种类	食性	栖息地	陆龟类型	备注
亚洲大陆	凹甲陆龟属	凹甲陆龟(*Manouria impressa*)	杂食性	湿润凉爽山地森林	雨林型	难养
		靴脚陆龟(*Manouria emys*)	杂食性	高原热带雨林	雨林型	易养
欧洲大陆	四爪陆龟属	赫曼陆龟(*Testudo hermanni*)	草食性	温带干燥草原或灌木	草原型	易养
		四趾陆龟(*Testudo horsfieldi*)	草食性	温带干燥荒漠草原	草原型	易养
		缘翘陆龟(*Testudo marginata*)	草食性	温带干燥山区草原	草原型	易养
		欧洲陆龟(*Testudo gracea*)	草食性	温带干燥荒漠草原	草原型	易养
非洲大陆	象龟属	苏卡达象龟(*Geochelone sulcata*)	草食性	高温干燥沙漠	沙漠型	易养
		豹纹陆龟(*Geochelone pardalis*)	草食性	高温干燥沙漠草原灌木丛	沙漠型	难养
	扁尾龟属	饼干龟(*Pancake Tortoise*)	草食性	高海拔、干燥、炎热沙漠边缘	沙漠型	
	折背陆龟属	折背陆龟(*Kinixys belliana*)	杂食性	热带高湿雨林	雨林型	难养
	挺胸龟属	挺胸龟(*Chersina angulata*)	草食性	温暖干燥沿岸沙漠地带	草原型	
	星丛龟属	几何星丛龟(*Psammobates geometricus*)	草食性	温暖干燥沙质莽原地带	草原型	很少见
	四爪陆龟属	埃及陆龟(*Testudo kleinmanni*)	草食性	沙漠及半干旱平原、灌丛	草原型	
	北非陆龟属	突尼西亚陆龟(*Furculachelys nabeulensis*)	草食性	北非干燥凉爽沙漠地带	沙漠型	

续表

地区	属	种类	食性	栖息地	陆龟类型	备注
中南美洲	象龟属	红腿象龟（*Geochelone carbonaria*）	杂食性	热带高湿森林、草原	雨林型	易养
		黄腿象龟（*Geochelone denticulata*）	杂食性	热带湿润森林	雨林型	易养
		阿根廷陆龟（*Geochelone chilensis*）	草食性	干燥草原、灌丛地带	草原型	少见
北美洲大陆	哥法象龟属	德州地鼠龟（*Gopherus berlandieri*）	草食性	高温干燥沙土质草原	沙漠型	少见
		沙漠地鼠龟（*Gopherus agassizii*）	草食性	高温干燥沙漠	沙漠型	
离岛地区	象龟属	加拉巴戈斯象龟（*Geochelone nigra*）	草食性	灌木草原地带，夏季山顶避暑，雨季平地	草原型	
		亚达伯拉象龟（*Geochelone gigantea*）	杂食性	干燥与潮湿草原、灌丛、沼泽地	草原型	少见
		辐射陆龟（*Geochelone radiata*）	草食性	干燥与潮湿灌木林区	草原型	易养
		安哥洛卡龟（*Geochelone yniphora*）	草食性	干燥与潮湿草原、灌丛地带	草原型	易养
	蛛网龟属	蛛网龟（*Pyxis arachnoides*）	杂食性	干旱与潮湿草原、灌丛	雨林型	难养

（2）半水龟生态分类　半水龟是指生活在水岸边，即能在水中又能在陆地觅食的龟类。但这类龟只能在浅水中活动，不能像水龟和鳖那样在深水中活动。这类龟都是“缩头乌龟”，大多拥有可以折合的腹甲，遇到危险时龟甲闭合，所以又称为闭壳龟、盒龟和箱龟。

这类龟中最为著名的是亚洲的闭壳龟属、盒龟属和北美箱龟属的种类。

亚洲闭壳龟属的常见种类有金头闭壳龟、三线闭壳龟、安布闭

壳龟等，盒龟属的种类有黄额盒龟、黄缘盒龟。这些种类大多数是我国观赏龟中的高档品种，目前在我国饲养非常热门，供不应求，价格昂贵，养殖需慎重选择。

北美箱龟有东部箱龟、三趾箱龟、锦箱龟、海岸箱龟和佛罗里达箱龟等，其适应能力都很强，特别是分布于美国的种类。到目前为止，所有种类都已繁殖成功，目前市面上常见种类以花纹比较出色的东部箱龟和三趾箱龟为主。总的来看，北美箱龟的养殖和繁殖难度要低于亚洲的闭壳龟和盒龟，对于温度和环境变化的适应能力强，饲料易得，可以作为新手的入门龟种。目前在中国台湾饲养很热门。

此外，锯缘摄龟、齿缘摄龟、南美木纹龟、太阳龟、地龟、黑山龟、缅甸山龟等，生活习性差不多，也作为半水龟类。

半水龟可分为偏陆地觅食型和偏水中觅食型两大类型。其食性总的来说，偏陆地觅食型种类杂食偏中间食性，偏水中觅食型种类杂食偏动物食性（表 1-3）。

表 1-3　常见半水龟养殖种类（属、种）

属	种类	分布	食性	栖息地特点	类型	备注
闭壳龟属	安布闭壳龟（*Cuora amboinensis*）	东南亚	杂食性	高温高湿热带雨林。幼体水栖，成体偏陆栖	幼龟：偏水中觅食型；成龟：偏陆地觅食型	难养
	三线闭壳龟（*Cuora trifasciata*）	中国广东、广西、福建、海南，东南亚	杂食性	低海拔山区丘陵，溪流、河汊、湖泊，潮湿的山涧、草丛、稻田	偏水中觅食型	易养
	金头闭壳龟（*Cuora aurocapitata*）	中国安徽	杂食性	丘陵地带山沟、清澈的溪流、离水不远的灌木草丛	偏水中觅食型	易养

续表

属	种类	分布	食性	栖息地特点	类型	备注
盒龟属	黄缘闭壳龟(*Cistoclemmys flavomarginata*)	中国台湾、安徽、河南、广西、湖北、湖南、江苏、浙江、福建,日本	杂食性	丘陵地带,雨季山岗,非雨季溪谷隐湿的地方。远离水源的地方也能见到	偏陆地觅食型	易养
	黄额盒龟(*Cistoclemmys galbinifrons*)	中国广东、广西、海南,越南北部	杂食性	湿润山区林缘、杂草、灌木,偏好高厚度落叶,离水源不远	偏陆地觅食型	难养
锯缘摄龟属	锯缘摄龟(*Pyxidea mouhotii*)	中国广东、广西、海南、湖南、云南,越南,泰国	杂食性	高山灌木林中,离水源较远,最偏陆栖。不耐高温	偏陆地觅食型	易养
齿缘摄龟属	齿缘摄龟(*Cyclemys tcheponensis*)	中国云南,越南,老挝,泰国	杂食性	低海拔地区,靠近水源。幼体近似水龟,成体近似箱龟	幼体:偏水中觅食型。成体:偏陆地觅食型	中等
东方龟属	亚洲巨龟(*Heosemys grandis*)	缅甸,泰国,马来西亚,印度尼西亚	杂食性	森林溪流边,湿润隐蔽陆地,枯枝落叶草丛	偏陆地觅食型	易养
	太阳龟(*Heosemys spinosa*)	缅甸,泰国,马来西亚,印度尼西亚	杂食性	山区溪流森林地带,枯木枯叶下	偏陆地觅食型	中等
木纹龟属	美鼻龟(*Rhinoclemmys pulcherrima manni*)	哥斯达黎加,尼加拉瓜	杂食性	滨河、湖、森林地带	偏陆地觅食型	
地龟属	地龟(*Geoemyda spenserian*)	中国广西、湖南、云南、海南,越南、印度尼西亚	杂食性	高海拔山区丛林,小溪及山涧河边	偏陆地觅食型	难养

续表

属	种类	分布	食性	栖息地特点	类型	备注
箱龟属	东部箱龟（*Terrapene carolina carolina*）	美国	杂食性	草原、森林、湖泊、河流旁的灌木丛	偏陆地觅食型	易养
	三趾箱龟（*Terrapene carolina triunguis*）	美国	杂食性	草原森林	偏陆地觅食型	易养
	湾岸箱龟（*Terrapene carolina major*）	美国	杂食性	潮湿沼泽地	偏陆地觅食型	易养
	佛罗里达箱龟（*Terrapene carolina bauri*）	美国	杂食性	潮湿环境，森林、矮树林或草丛，偶尔浅水或潮湿地区活动	偏陆地觅食型	易养
	沼泽箱龟（*Terrapene coahuila*）	美国	杂食性	河流、沼泽、湿地	偏陆地觅食型	易养

(3) 水龟的生态分类　水龟是指完全或大部分时间在水中生活觅食的龟类。大体可分为高度水栖和一般水栖两类。高度水栖龟类，比如猪鼻龟、长颈龟、动胸龟科的种类和海龟，除了产卵外，一般不离开水体，这类龟可长时间待在深水或水底活动。一般水栖的龟类，可经常上岸晒背等，这类龟种类最多。

水龟在世界各地均有分布，约占所有龟类的70%。

在亚洲地区，水龟种类最多，一部分作为食用和药用，一部分作为观赏用。我国最著名的水龟有：黄喉拟水龟、中华花龟、平胸龟、四眼斑水龟、黑颈乌龟、草龟等。在澳大利亚、伊里安查亚、新几内亚还有一种著名的高度水栖龟：猪鼻龟。另外，印度锯背龟（*Kachuga tecta*）、缅甸孔雀龟（*Morenia ocellata*）、斑点池龟（*Geoclemys hamiltonii*）、冠背龟（*Crowned river turtle*）、食蜗龟（*Malayemys subtrijuga*）、庙龟（*Hieremys annandalei*）、安南龟（*Mauremys annamensis*）、巨山龟（*Heosemys grandis*）等也

比较常见。

在北美洲地区，聚集了世界上较具观赏和商业价值的水龟类，而且多数都不属于国际保育类。目前，国内从该地区进口的种类比较多。比较有名的有：小巧的蛋龟类（动胸龟科的统称）、美丽的地图龟类、漂亮的菱斑龟类、伪龟类、锦龟类、红耳彩龟类、鳄龟类等。

在欧洲地区最有名的要属分布广泛的欧洲泽龟和星点水龟。

以上为曲颈类水龟。还有侧颈类水龟全部属于水龟类。主要分布在大洋洲、南美洲和非洲。在大洋洲比较有名的有：圆澳龟、长颈龟、桃红侧颈龟。在南美洲比较有名的有：玛塔龟、黄头侧颈龟、阿根廷侧颈龟、黑腹侧颈龟、扭颈龟等。虽然种类不多，但数量较多，常常布满南美洲河流岸边。在非洲地区种数最多，主要分布在非洲大陆，分布最广泛的是沼泽侧颈龟和非洲侧颈龟属的泥龟家族。

根据其食性可分为：肉食型、杂食偏肉食型、杂食偏植物食型三大类型（表1-4）。

表1-4　常见水龟养殖种类（属、种）

属	种类	食性	分布	栖息地特点	类型	饲养难度
平胸龟属	平胸龟（*Platysternon megacephalum*）	肉食性	中国广东、广西、浙江、安徽、福建，东南亚	山涧溪流、沼泽、巨砾、碎石、草丛	肉食型	中等
乌龟属	黑颈乌龟（*Chinemys nigricans*）	杂食性	中国广东、广西、海南、台湾，越南	丛林、山区缓慢的溪流、河流，喜暖怕寒	杂食偏肉食型	易养
	乌龟（*Chinemys reevesii*）	杂食性	中国，日本，韩国	江河、湖泊、稻田、池塘	杂食偏肉食型	易养
	大头乌龟（*Chinemys megalocephala*）	杂食性	中国江苏、湖北、广西	丘陵、坡地附近的溪流、池塘	杂食偏肉食型	易养

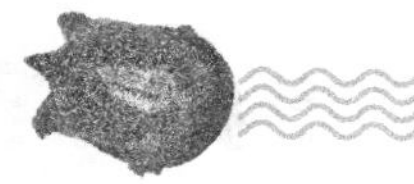

续表

属	种类	食性	分布	栖息地特点	类型	饲养难度
拟水龟属	黄喉拟水龟(*Mauremys mutica*)	杂食性	中国南方地区,越南,日本	山溪、河流、池塘及湖泊,有时灌木丛、稻田及草丛	杂食偏肉食型	易养
	日本石龟(*Mauremys japonica*)	杂食性	日本	池塘、沼泽、小河	杂食偏肉食型	易养
	艾氏拟水龟(*Mauremys iversoni*)	杂食性	中国福建、贵州	山区、丘陵激流缓冲地段或汇流处	肉食型	
眼斑水龟属	四眼斑水龟(*Sacalia quadriocellata*)	杂食性	中国福建、海南、广东、广西、江西	山区清澈溪流	肉食型	中等
花龟属	中华花龟(*Ocadia sinensis*)	杂食性	中国福建、海南、广东、广西、江苏、浙江,东南亚	高度水栖,低海拔水流缓慢河流、沼泽、溪流	幼体及成体雄龟:杂食偏肉食型。成体雌龟:杂食偏植物食型	易养
池龟属	斑点池龟(*Geoclemys hamiltonii*)	杂食性	东南亚	河流、溪流、沼泽	肉食型	
红耳属	红耳彩龟(*Trachemys scripta*)	杂食性	北美洲	各种淡水水域	杂食偏肉食型	易养
安南龟属	安南龟(*Mauremys annamensis*)	杂食性	越南	小溪、潭、沼泽地	杂食偏肉食型	易养
鳄龟属	大鳄龟(*Macrochelys temminckii*)	杂食性	美洲	河流、湖泊、池塘、沼泽	杂食偏肉食型	易养
拟鳄龟属	小鳄龟(*Chelydra serpentina*)	杂食性	加拿大至厄瓜多尔	河流、池塘、湖泊、沼泽	杂食偏肉食型	易养
地图龟属	北部黑瘤地图龟(*Graptemys nigrinoda nigrinoda*)	杂食性	美国	缓慢河流、溪流	杂食偏肉食型	易养

续表

属	种类	食性	分布	栖息地特点	类型	饲养难度
地图龟属	密西西比地图龟(*Graptemys kohnii*)	杂食性	美国	河流、湖泊、池塘、泥沼,植被丰富、底部泥泞水体	杂食偏肉食型	易养
伪龟属	纳氏伪龟(火焰龟)(*Pseudemys nelsoni*)	杂食性	北美洲	池塘、沼泽	幼体:杂食偏肉食型;成体:杂食偏植物食型	易养
伪龟属	红肚甜甜圈(*Pseudemys concinna concinna*)	杂食性	北美洲	沼泽、溪流、河流、湖泊	幼体:杂食偏肉食型;成体:杂食偏植物食型	易养
锦龟属	西部锦龟(*Chrysemys picta bellii*)	杂食性	美国	池塘、沼泽、小溪、湖泊,水流缓慢处	杂食偏肉食型	易养
菱斑龟属	菱斑龟(*Malaclemys terrapin*)	杂食性	美国	海洋旁的沼泽地区,人繁幼体、成体淡水中可养	杂食偏肉食型	难养
麝香龟属	麝香动胸龟(*Kinosternon minor*)	肉食性	美国西南部	池塘、水潭、湖泊、沼泽地水底	肉食型	易养
动胸龟属	东方动胸龟(*Kinosternon subrubrum*)	杂食性	美国东部	池塘、水潭	杂食偏肉食型	易养
动胸龟属	白唇动胸龟(*Kinosternon leucostomum*)	杂食性		高度水栖,沼泽、湿地、小溪、池塘	杂食偏肉食型	易养

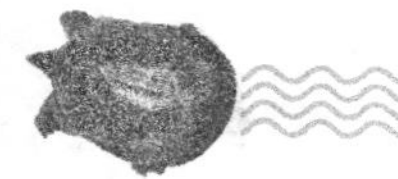

续表

属	种类	食性	分布	栖息地特点	类型	饲养难度
蟾龟属	阿根廷侧颈龟(*Phrynops hilarii*)	杂食性	巴西、巴拉圭、乌拉圭	河流、湖泊、池塘、水草沼泽地	杂食偏肉食型	易养
蟾龟属	花面蟾龟(*Phrynops geoffroanus*)	杂食性	南美洲	河流沼泽区	杂食偏肉食型	易养
澳龟属	圆澳龟(红腹短颈龟)(*Emydura subglobosa*)	杂食性	新几内亚、澳大拉西亚	湖泊、河流、沼泽地	杂食偏肉食型	易养
南美侧颈龟属	黄头侧颈龟(*Podocnemis unifilis*)	杂食偏	南美洲	高度水栖,池塘、溪流、泻湖	幼体:杂食偏肉食型;成体:杂食偏植物食型	易养
南美侧颈龟属	红头侧颈龟(*Podocnemis erythrocephala*)	杂食性	南美洲	水流缓慢沼泽、池塘、湖泊,岸上活动长	杂食偏肉食型	中等
侧颈龟属	沼泽侧颈龟(*Pelomedusa subrufa*)	杂食性	非洲	水塘、沼泽地带	杂食偏肉食型	易养
非洲侧颈龟属	欧卡芬哥泥龟(*Pelusios bechuanicus*)	肉食性	非洲	河流沼泽区	肉食型	易养
长颈龟属	希氏长颈龟(*Chelodina mccordi*)	肉食性	澳大利亚、印度尼西亚、巴布亚新几内亚	小溪、池塘、沼泽,喜淤泥、不晒太阳	肉食型	易养
红头扁尾属	扭颈龟(*Platemys platycephala*)	杂食性	南美洲	浅滩、沼泽区	杂食偏肉食型	中等
癞颈龟属	桃红侧颈龟(*Elseya schultzei*)	肉食性	大洋洲	河流沼泽区	肉食型	易养
蛇颈龟属	玛塔龟(*Chelus fimbriata*)	肉食性	南美洲	高度水栖,浑浊的河底,不晒太阳	肉食型	易养

续表

属	种类	食性	分布	栖息地特点	类型	饲养难度
刺颈龟属	黑腹刺颈龟(*Acanthochelys spixii*)	杂食性	南美洲	河流沼泽区	杂食偏肉食型	易养
泽龟属	欧洲泽龟(*Emys orbicularis*)	杂食性	地中海周边区域,欧洲分布最广	池塘或流速缓慢的水域,水草生长茂密的地方	幼龟:杂食偏肉食型;成龟:杂食偏植物食型	易养
水龟属	星点水龟(*Clemmys guttata*)	杂食性	北美洲	森林、沼泽、缓流地带	杂食偏肉食型	易养
两爪鳖属	猪鼻龟(*Carettochelys insculpta*)	杂食性	澳大利亚、伊里安查亚、新几内亚	高度水栖,河流、湖泊、池塘、沼泽	杂食偏植物食型	易养

2. 鳖的生态分类

鳖科有 14 属 20 多种，我国有 4 属 4 种，以外表为皮肤而非角质盾片为特征。分布于我国的主要鳖类和近些年国外引进的鳖类见表 1-5。

表 1-5　常见养殖鳖类（属、种）

属	种	体型	体色	外部特点	习性与分布	食性
山瑞鳖属(*Palea*)	山瑞鳖(*steindachneri*)	较肥厚,体重比中华鳖大 1/3 以上	背部暗绿色或深灰色,有黑色云斑。腹部灰白或微红,有对称的黑斑	背部有大小不一的疣粒,后部和两侧尤多,前缘有一排明显的粗大疣粒。背腹甲不能完全闭合	栖息于江河、山涧溪流中,以软体动物及鱼虾为食。我国二级保护动物。分布于广东、广西、贵州、云南	肉食性

续表

属	种	体型	体色	外部特点	习性与分布	食性
鼋属（*Peochelys*）	鼋（*bibroni*）	近圆形，肥厚且隆起。为鳖科动物中最大的，甲长最大达80厘米左右	背部呈褐黄色并有小的暗色斑点。腹部黄白色	背部多散生小疣粒，吻突极短且圆，外包灰色而柔软的革质皮肤。头背较平宽。四肢形扁，具3爪，蹼发达。裙边极小。背腹甲完全合拢	生活于缓流的河、湖中，善钻泥沙，以水生动物为食。为国家一级保护动物。分布于长江流域及以南区域	肉食性
缘板鳖（*Lissemys*）	印度箱鳖（*punctata*）	体长可达37厘米左右，雌大于雄	背甲及头部具有黄色斑点	头小、吻软且极短。后肢可缩藏于腹甲左右两旁的甲壳内	栖息于淡水河川、沼泽或水田中，以青蛙、蝌蚪、鱼、甲壳类及水草为食。原产地巴基斯坦、印度、尼泊尔、缅甸西部、斯里兰卡、孟加拉国，为CITES附录Ⅱ级保护动物	杂食偏肉食性
盾鳖属（*Aspideretes*）	孔雀鳖（*hurum*）	最大甲长60厘米左右	头背呈墨绿色或绿色，有黑色斑块，腹甲浅蓝色，边缘近白色	幼体背甲有疣状突，4个眼状斑明显且排列整齐	栖息于河川或湖泊沼泽地带。动物性食性，如鱼类、小型软体动物。原产地为印度东部、孟加拉国，系CITES附录Ⅰ级保护动物	肉食性

续表

属	种	体型	体色	外部特点	习性与分布	食性
鳖属（*Peodiscus*）	中华鳖（*sinensis*）	体型较扁且薄，最大个体可达15千克以上	背甲青灰、暗绿、褐绿、微黄等。腹部乳黄或乳白色，个别有黑斑或黄点，背的中后部个别有图案状花纹	背部光滑无疣粒，吻突较长。颈基两侧无大的瘰疣，背甲前缘无明显疣粒，裙边肥厚宽大，背腹甲不能完全闭合。背部中后方有散生小疣粒	栖息于江河、湖泊、塘潭、水库水流平缓的水域，食小型无脊椎动物及小鱼虾，亦食水草。行动敏捷，性凶残，嗜撕咬打斗。分布于我国各地（青海、西藏除外）	杂食偏肉食性
滑鳖属（*Apalone*）	佛罗里达鳖（*ferox*）	最大甲长60厘米左右，体重可达20千克以上，出肉率较高	背甲橄榄色或棕灰色，边缘淡黄色，腹甲灰黑色。头部橄榄色。头侧有淡黄色细条纹	背甲前缘或缘板有大型突出结。吻突较长	栖息在有泥沙的河、湖等水域，喜温热。杂食性，小甲壳动物、小鱼及水草等。原产地美国，我国自1999年开始引进	杂食偏肉食性
	角鳖（*spinifera*）	体型较大，体重可达7～8千克，体长可达45厘米	背甲橄榄绿或淡褐色	背甲椭圆形，上有散落的小疣，具有黑色眼状斑纹及暗色斑点，前缘有圆锥状突起，故而得名。指、趾间蹼发达，上有暗纹。吻突较长	高度水栖，池塘、湖泊、沼泽、湿地。以甲壳动物、软体动物、鱼及水草为食，杂食性。原产地加拿大、墨西哥，我国已引进养殖	杂食偏肉食性

三、常见龟类的饲养难度及选择

观赏龟种类繁多，对于养龟新手来说，养殖技术还不成熟，这就面临如何选择养殖种类的问题。首先要考虑的是龟的饲养难度，其受很多因素影响，主要有两方面：一方面是龟自身的情况，包括体质、代谢能力、抗病能力以及对环境的适应能力等；另一方面要考虑经济承受能力。各种龟的饲养难度参见表 1-2～表 1-4。

四、国内主要观赏龟类和食用龟鳖类介绍

为了更好地理解本书的有关内容，特对观赏龟类和食用龟鳖类做一简单介绍。

1. 国龟“中华花龟”

在中国所特有的龟类中，能够在名字前被冠以“中华”二字的只有“中华花龟”。可以说中华花龟是中华文明的见证者和承载者。我国考古出土的龟甲和甲骨文所用龟甲多为中华花龟的龟甲。沧海桑田，这些过去广泛分布在中华大地上的龟类，现偏于一隅，仅在南方几个省份尚能见到，而且一度成为世界濒危动物之一。不过值得欣慰的是，目前养殖技术日臻成熟，种群数量稳步增长，已成为国内重要的食用和观赏养殖种类之一（图 1-4）。

图 1-4 中华花龟（来源：史海涛）

2. 国宝“闭壳龟家族”

世界上闭壳龟属的种类现存 7 种，包括安布闭壳龟、金头闭壳龟（金头龟）、三线闭壳龟（金钱龟）、百色闭壳龟、潘氏闭壳龟、周氏闭壳龟、云南闭壳龟。在我国除安布闭壳龟外（尚有争议），其余 6 种均有分布。在这 6 种闭壳龟中除三线闭壳龟外，其余均为我国所独有。

这些龟的共同特点是，都拥有可以折合的腹甲，当遇到危险时，腹甲和背甲闭合，头部缩入其中，故而得名。

三线闭壳龟、金头闭壳龟和潘氏闭壳龟的人工繁殖已不成问题，尤其三线闭壳龟已形成一定规模的人繁种群，其他三种龟还未见报道。这些龟目前野外都难觅其踪，有的甚至已绝迹，随时面临着灭绝的危险。所以说这些我国所独有的闭壳龟已成为“国宝”并非言过其实。保护这些地球神灵刻不容缓，这不仅仅是养龟爱好者的事，更需要全社会引起重视，要像保护大熊猫一样来保护这些比大熊猫还要珍贵稀少的龟类。

(1) 金头闭壳龟　金头闭壳龟拥有天生高雅富贵相，主色调为金黄色。元宝般金黄色的头部与紫檀色的背甲，交相映辉，古色古香，因此，被称为“中国第一名龟”。可以说，金头龟是众多爱好者的追求和梦想。但目前种群数量稀少，野外几近灭绝。国内仅有几家养殖场饲养繁殖，每年繁殖数量有限。因此，价格昂贵，且有价无货，当务之急是如何增加种群数量（图 1-5）。

图 1-5　金头闭壳龟（来源：陈玉省）

(2) 三线闭壳龟　三线闭壳龟（金钱龟）主色调为红色。背甲棕红或棕黄色，颈部以及四肢内侧为醒目的橘红色，头部蜡黄色，通体色彩华丽，魅力无穷。因此，备受人们喜爱。金钱龟野外也难觅其踪，不过人工养殖，种群数量已成规模，这是值得欣慰的地方。目前，金钱龟售价正如其名，贵如黄金，动辄十几万，还处于炒种阶段。养殖需谨慎（图 1-6）。

(3) 潘氏闭壳龟　古朴灵气集一身，耐人品味。目前数量少，亟待保护（图 1-7）。

(4) 百色闭壳龟　集闭壳龟美丽于一身者，越大越漂亮，随着生长，枣红色背甲的颜色越来越深。与人互动性好。但数量稀少，很难一睹芳容，且价格昂贵，远超金钱龟。

图 1-6 三线闭壳龟
（来源：梁维春）

图 1-7 潘氏闭壳龟背面图
（来源：老菜帮子）

（5）周氏闭壳龟　目前数量非常稀少，亟待拯救。

（6）云南闭壳龟　目前数量极为稀少，亟待拯救。

（7）安布闭壳龟　安布闭壳龟，别名驼背龟、越南龟。在所有闭壳龟中最偏水栖，对干燥的环境比较敏感。外形古朴，价格便宜，容易饲养，现有很多人选择养殖。

3. 盒龟家族

（1）食蛇龟“黄缘盒龟”　黄缘盒龟，又名黄缘闭壳龟，属盒龟属的种类，与闭壳龟属的种类有相同之处，腹甲和被甲也具有闭合功能，据说闭合时能够夹死蛇，故而得名“食蛇龟”。属于偏陆地生活的半水龟。头部光滑，吻前端平，上喙有明显的勾曲。头顶部呈橄榄色，眼后有一条黄色“U”形弧纹。背甲绛棕色且隆起较高，中央嵴棱明显，呈淡黄色，每块盾片上同心环纹较清晰，缘盾的腹面呈淡黄色，故称“黄缘盒龟”。黄缘盒龟繁殖与饲养技术比较成功，据报道每年安缘种苗的供应量在 2.5 万只左右，爱好者可以选养（图 1-8）。

（2）色彩斑斓的“黄额盒龟”　黄额盒龟，又名黄额闭壳龟，属于盒龟属的半水龟种类。美丽高雅而与众不同。背甲上的图案丰富多彩，椎盾处为棕色区域，由中央往下则有

图 1-8 黄缘盒龟（来源：老菜帮子）

奶油色的线纹。肋盾为浅茶色，带有斑驳的图案。缘盾则为深棕色。腹甲多为黑色或深棕色。头部奶油色、黄色、绿色或灰白色。下颚和颈部下方呈明亮的浅黄色。与闭壳龟属的种类有相同之处，腹甲和被甲也具有闭合的功能。与黄缘闭壳龟相比，更近水源活动，对湿度的要求高。容易“暴毙”，新手慎养（图 1-9）。

4. 高山精灵“锯缘摄龟”

锯缘摄龟属的种类，是半水龟中最偏陆地生活的种类，颇似美国箱龟属的种类。生活在高海拔山上，出没于灌木丛林中，所以称为高山“精灵”。锯缘虽没有绚丽的颜色，但外形独特，最明显的特征是背甲后缘呈明显锯齿状，所以被称为锯缘摄龟。其性格活泼，行动敏捷，与人的互动性好，非常可爱。虽没有黄额盒龟人气高，也有不少人在养。由于价格也较适中，建议新手选养（图 1-10）。

图 1-9 黄额盒龟

图 1-10 锯缘摄龟（来源：王育锋）

5. 木纹龟属家族

木纹龟类生活在美洲，是一支华丽而庞大的家族，国内市场上见到的有洪都拉斯木纹、南美木纹和黑木纹（图 1-11）。

6. 乌龟属家族

包括三个种类。

（1）乌龟（*Chinemys reevesii*） 乌龟又名草龟、泥龟等，是我国分布最广、数量最多的一种龟，也是我国重要的食用与观赏养殖种类之一。

（2）龟中新贵“黑颈乌龟”（*Chinemys nigricans*） 仅见于我国的广东、广西和海南。如今黑颈乌龟成为龟中新贵，价格堪比黄金（图 1-12）。

图 1-11 黑木纹
（来源：老莱帮子）

图 1-12 黑颈乌龟
（来源：老莱帮子）

（3）大头乌龟（*Chinemys megalocephala*） 分布于我国江苏、安徽、湖北、广西。

7. 拟水龟家族

（1）绿毛神龟“黄喉拟水龟” 黄喉拟水龟属于拟水龟属的种类，又称石龟、水龟、石金钱龟。主要特征：背甲棕色或棕褐色。头小，头顶平滑，鼓膜清晰，头侧眼后有两条黄色纵纹，喉部黄色。中央嵴棱明显，后缘略呈锯齿状。其虽没有华丽的外表，但容易饲养，互动性好，价格较适宜，适合新手选养。另外，黄喉拟水龟适合做绿毛龟，增值潜力巨大（图 1-13）。

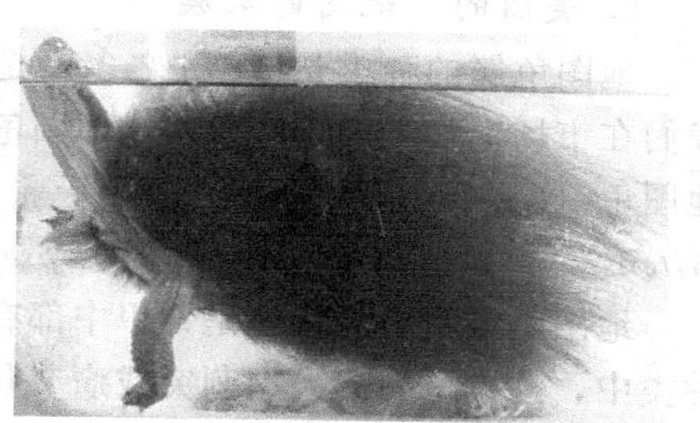
图 1-13 黄喉绿毛水龟
（来源：老莱帮子）

（2）日本石龟（*Mauremys japonica*） 分布于整个广岛。生长快，饲养简单，在日本市场上很受欢迎，目前中国市场上也比较常见。

8. 独特的“眼斑龟家族”

这是一类奇妙的龟类，它们的头背面有 1～2 对眼斑状花纹，像眼睛一样，故而得名。眼斑龟有三种，在我国有两种：眼斑水龟

(图 1-14) 和四眼斑水龟 (图 1-15)。二者的区别是：前者头顶的眼斑为 1～2 对，分界不清，头顶还有虫纹；后者头顶有两对界限清晰环中套环的美丽眼斑，如同四只眼睛，非常奇特。这些原本生活在山涧溪流中的可爱精灵，如今已成珍稀动物，野外已难觅其踪。

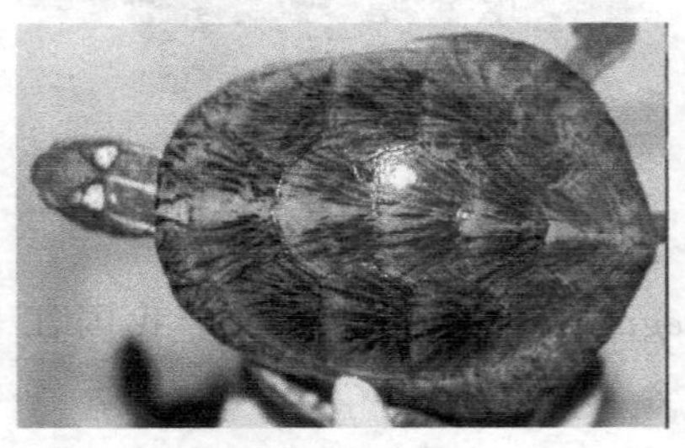

图 1-14 眼斑水龟背面图
(来源：老菜帮子)

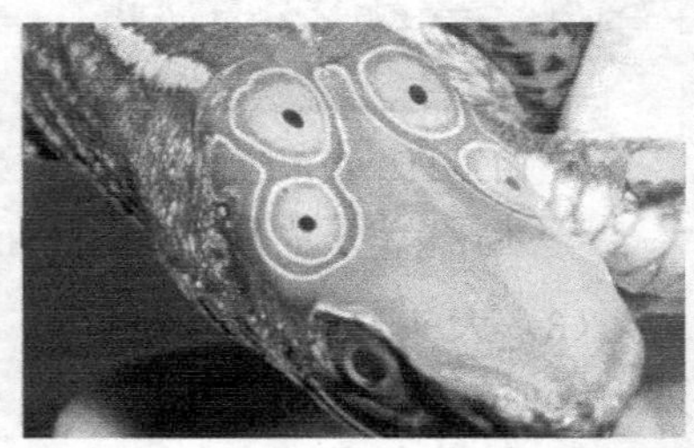

图 1-15 四眼斑水龟
(美丽的眼斑)

9. 美丽的“地图龟家族”

地图龟属的种类达 11 种之多，是淡水龟科种类最多的一属，我们在市场上常见的是密西西比地图龟 (*Graptemys kohni*)、黑瘤地图龟 (*Graptemys barbouri*)、沃希托地图龟 (*Graptemys ouachitensis*)、拟地图龟 (*Graptemys pseudogeographica*) 等。

地图龟最明显的特征是背甲中部有一条很明显的嵴突。在许多种类中，这条嵴突成大型刺突或瘤节状。大多数地图龟背甲后部的缘盾呈现明显的锯齿状。地图龟美丽之处在于皮肤和盾片上的那些美丽多变的纹线，看起来就像地图上的等高线，故而得名“地图龟”。这些精美的花纹赋予了地图龟美丽和典雅的气质，这是其他龟类所难以企及的。虽然这些龟有些神经质，但仍然阻挡不住爱好者的宠爱。吉氏地图龟见图 1-16。

10. 华丽的“钻纹龟”家族

钻纹龟又名菱斑龟，有 7 个亚种，是世界水龟中图案最为漂亮的种类，价格高。饲养有难度，经过前人的努力，该龟目前已成比较容易饲养的种类，但对于初级爱好者来说要慎重。钻纹龟椎盾和

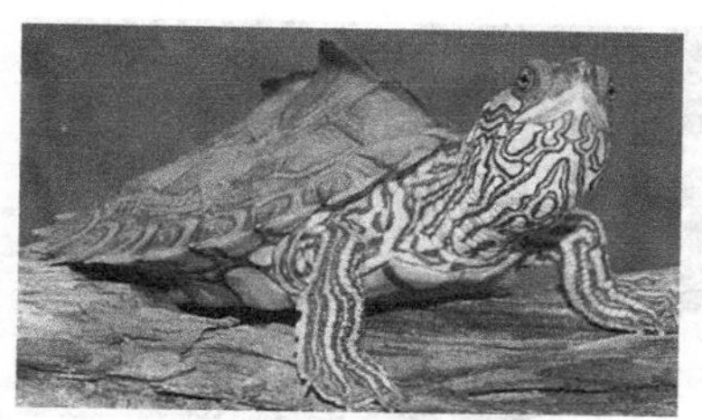

图 1-16 吉氏地图龟
(Lovich & McCoy, 1992)

图 1-17 菱斑龟背面图
(来源：老菜帮子)

肋盾上均有同心圆年轮及沟痕，头部呈淡色，具有暗色斑点。分布于美国东部的河海交界处，栖息于近海及河海交界处的沼泽，为半水栖的咸水龟，主要以鱼虾为食。经过驯化，咸、淡水皆可养(图 1-17)。

11. “蛋龟”大家族(动胸龟科)

蛋龟是一个大家族，是动胸龟科种类的统称。这类龟外形上有一个共同特点，就是背甲平滑呈椭圆形，从上往下看呈“蛋形”，因此养龟爱好者称为“蛋龟”。

动胸龟科有 4 属 20 多个种类，分别为匣子龟属、大麝香龟属、麝香龟属和动胸龟属。其中动胸龟属，喜欢在水体底部活动，又称为泥龟。蛋龟在水龟中是一个比较庞大的家族，目前越来越受到养龟爱好者的喜爱。其魅力：一是小巧，适合室内饲养观赏；二是越养越漂亮，不像黄头侧颈龟、圆澳龟、斑点池龟等，越养越难看；三是乖巧，不怕人，与人互动好；四是容易饲养。主要有以下种类。

(1) 窄桥麝香龟　鹰嘴龟，*Claudius angustatus*，匣子龟属，见图 1-18。

(2) 中美洲巨蛋龟　萨尔文蛋龟，*Staurotypus salvinii*，大麝香龟属，见图 1-19。

(3) 墨西哥巨蛋龟　三弦巨蛋龟，*Staurotypus triporcatus*，大麝香龟属，见图 1-20。

(4) 刀背麝香龟　剃刀蛋龟，*Sternotherus carinatus*，麝香龟

图 1-18 窄桥麝香龟
（来源：老菜帮子）

图 1-19 萨尔文蛋龟
（来源：老菜帮子）

图 1-20 墨西哥巨蛋龟
（来源：老菜帮子）

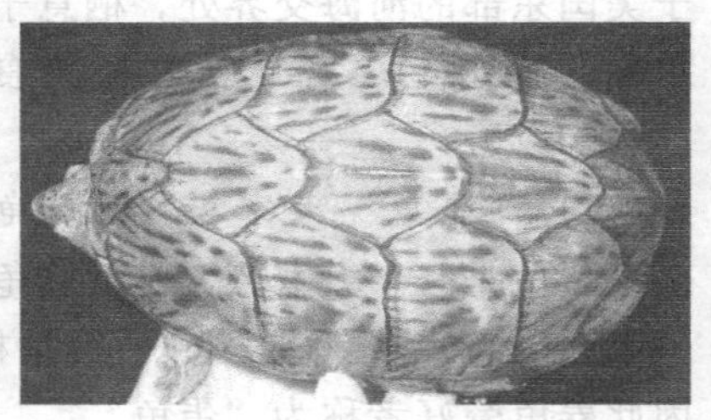

图 1-21 剃刀蛋龟
（来源：老菜帮子）

属，见图 1-21。

（5）巨头麝香龟 巨头蛋龟，*Sternotherus minor mino*，麝香龟属，见图 1-22。

（6）条颈麝香龟，虎纹蛋龟，*Sternotherus minor peltife*，麝香龟属，见图 1-23。

（7）果核泥龟 *Kinosternon baurii*，动胸龟属，见图 1-24。

（8）密西西比泥龟 头盔泥龟，*Kinosternon subrubrum hippocrepis*，动胸龟属，见图 1-25。

（9）黄泥龟 黄泽泥龟，*Kinosternon flavescens flavescens*，动胸龟属，见图 1-26。

（10）白唇泥龟 白唇，*Kinosternon leucostomum*，动胸龟属，见图 1-27。

图 1-22　巨头蛋龟
（来源：老菜帮子）

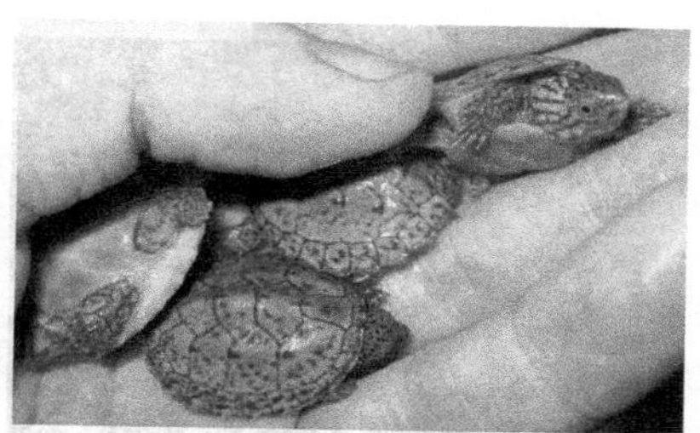

图 1-23　虎纹蛋龟
（来源：老菜帮子）

图 1-24　果核泥龟破壳
（来源：老菜帮子）

图 1-25　头盔泥龟
（来源：老菜帮子）

图 1-26　黄泽泥龟
（来源：老菜帮子）

图 1-27　白唇泥龟
（来源：老菜帮子）

（11）红面泥龟　红面，*Kinosternon scorpioides cruentatum*，动胸龟属，见图 1-28。

12. 锦龟属家族

在北美洲分布广泛，分布区甚至大于红耳龟。具有鲜艳的红色

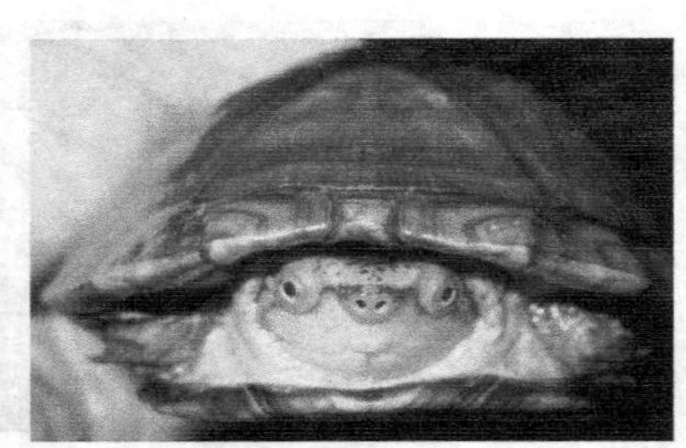

图 1-28　红面泥龟
（来源：老菜帮子）

色泽。背甲无花纹，特别扁平流线，适宜水中生活。锦龟容易饲养，入门龟种，有如下四个亚种。

（1）东部锦龟（*Chrysemys picta marginata*）。

（2）西部锦龟（*Chrysemys picta belli*）。

（3）南部锦龟（*Chrysemys picta dorsalis*）。

（4）中部锦龟（*Chrysemys picta marginata*）。

13. 红耳龟属家族

红耳龟属的种类最大的特征是眼睛后面都有一个红斑或黄斑，最著名的是红耳龟，我国又称巴西彩龟，适应能力强，遍布全世界。其家族成员众多，有十几种。巴西彩龟目前也培育出粉彩巴西龟、黄金巴西龟和白化巴西龟（图 1-29、图 1-30）等一些变异特殊个体，价格昂贵。

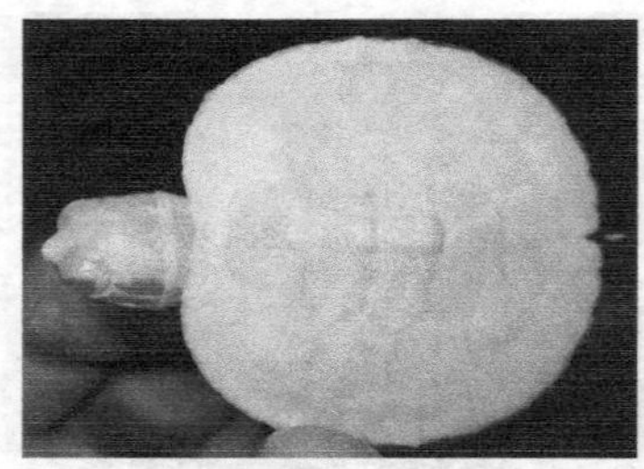

图 1-29　白化巴西龟背面
（来源：老菜帮子）

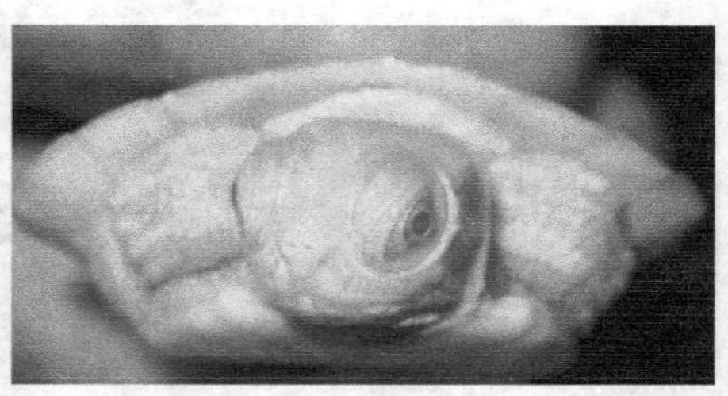

图 1-30　白化巴西龟正面
（来源：老菜帮子）

14. 伪龟（彩龟）属家族

本属 7 种，分布在美国东部和墨西哥。主要特征：背甲以绿色为主，上面为不规则的圆形花纹，与红耳属的外形近似，在美国是普遍养殖的种类。常见种类火焰龟（纳氏伪龟）（见图 1-31）、红

图 1-31 火焰龟

图 1-32 红肚甜甜圈

肚甜甜圈（河伪龟）（图 1-32）。

15. 箱龟属家族

箱龟属（*Terrapene*）的种类分布在美国东部及墨西哥，龟壳大小和花纹各不相同，居住环境变化多样，这些灵巧、聪明、警觉的龟类受到世界各地爱好者的追捧。这类龟最大的特点是绝大多数拥有可以折合的腹甲，与我国的闭壳龟和盒龟属的种类相似。主要有如下种类。

（1）东部箱龟（*Terrapene carolina carolina*），见图 1-33。

（2）三趾箱龟（*Terrapene carolina triunguis*）。

（3）佛罗里达箱龟（*Terrapene carolina bauri*）。

（4）西部箱龟（*Terrapene ornata ornata*）。

（5）锦箱龟（*Terrapene ornata*）。

16. 南美侧颈龟属家族

南美侧颈龟属有 6 种，在我国市场上最常见的是黄头侧颈龟。

（1）黄头侧颈龟（忍者神龟） 又名黄斑侧颈龟、黄纹侧颈龟，分布于南美奥里诺科河和亚马孙水系，也是较普遍的宠物。黄头侧颈龟幼体头部的黄色斑点十分鲜艳，四五年后渐趋暗淡，但仍可见。目前市场上供应量大，是颇受欢迎的种类。性情温和、抗病力强、成长迅速，容易饲养，可以混养（图 1-34）。

（2）红头侧颈龟 红头侧颈龟因头部的红色斑点而得名。幼时偏向浅棕色，头部斑点颜色鲜艳，长大后雄性的斑点颜色变淡，雌性保持不变。高偏水栖。目前市场供应量少，价格高（图 1-35）。

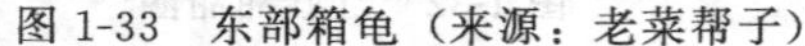

图 1-33　东部箱龟（来源：老菜帮子）

图 1-34　黄头侧颈龟

17. 非洲侧颈龟家族

该家族庞大，生活在非洲大陆，有 18 种之多。非洲侧颈龟属的种类多为小型的半水栖性龟类，通常生活在水塘中，旱季会钻入底泥中夏眠，也被称为泥龟，对于环境和食物的变化适应性强，群居。主要有以下种类。

（1）白胸泥龟（*Pelusios adansonii*）。

（2）欧卡粉哥泥龟（*Pelusios bechuanicus*）。

（3）棱背泥龟（*Pelusios carinnatus*）。

（4）西非泥龟（*Pelusios castaneus*），见图 1-36。

图 1-35　红头侧颈龟（来源：老菜帮子）

图 1-36　西非泥龟（来源：老菜帮子）

18. 长颈龟家族

长颈龟属有 9 种，属于高度水栖的种类。生性凶猛，善捕活食，完全肉食性，由于饲养容易，繁殖不困难，人工个体的数量非常庞大，我国进口量大。主要为扁头长颈龟和澳洲长颈龟。长颈龟

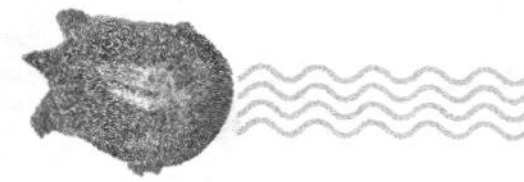

受人喜欢的地方就在于它的长脖子和面部超级搞笑的表情。

（1）扁头长颈龟（*Chelodina siebenrocki*） 扁头长颈龟又名西氏长颈龟，分布在澳大利亚北部、新几内亚等。完全水栖性，肉食性。国内市场常见（图 1-37）。

（2）澳洲长颈龟（*Chelodina longicollis*） 澳洲长颈龟是现存最古老的爬行动物之一。原产地澳大利亚、新几内亚，颈长度与背甲相当。互动性好，易于驯养。国内常见（图 1-38）。

图 1-37 扁头长颈龟

图 1-38 澳洲长颈龟

19. 欧洲泽龟

欧洲泽龟族群数量庞大，分布在地中海周边区域广大的范围内，是典型的水栖龟类，喜欢平静的水域。欧洲泽龟耐寒能力强，容易饲养（图 1-39）。

20. 黑腹刺颈龟

黑腹刺颈龟是稀有种类，属于蛇颈龟科，生活在亚马孙河流酸性水域，外形奇特，颈部长有刺。市场比较稀少，且价格比较昂贵，随着人工繁殖的突破，相信有一天会满足爱好者的需求（图 1-40）。

21. 外形奇特的玛塔龟

玛塔龟别名枯叶龟、枫叶龟，分布于南美洲，外形与鳄龟类相似，龟甲凹凸不平，有三条背脊，通常会长满藻类，看起来像一片枯叶。玛塔龟吻突延伸似大象鼻子，是世界上最为奇特的龟类之一（图 1-41）。

22. 星点水龟

又名斑点水龟、黄点河龟，分布于北美洲，是水龟中比较昂贵

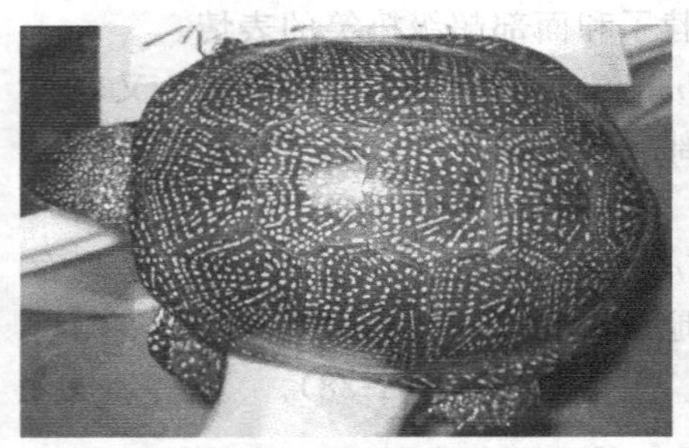

图 1-39　欧洲泽龟
（来源：老莱帮子）

图 1-40　黑腹刺颈龟
（来源：老莱帮子）

图 1-41　玛塔龟（来源：老莱帮子）

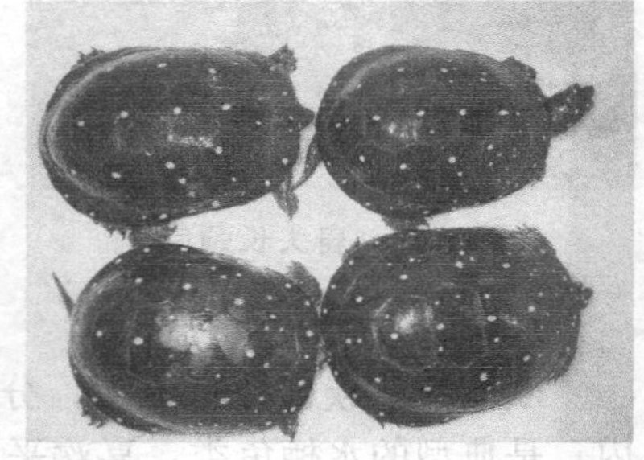

图 1-42　星点水龟（来源：老莱帮子）

的品种，明显的特征是头部、颈部、背部、腿部分布着斑点。背甲如同星空，上面分布着不规则的黄点就如同星星般，非常美丽。背甲为黑色，腹甲为黑色或黄色。能冬眠，易饲养（图 1-42）。

23. 永不缩头的“鹰嘴龟”（平胸龟科）

鹰嘴龟外形奇特，头部大而且骨骼坚硬，因此遇到危险时头部不能缩入壳内，但同样起到保护作用。喙部钩状似鹰嘴，故而得名（图 1-43）。值得注意的是其尖锐的爪子，不仅能使其适应山区多岩石和水流急的环境（图 1-44），而且也练就了善于攀爬的能力，因此在人工养殖条件下，要注意防逃。

24. 威武凶猛的“鳄龟”类

（1）大鳄龟　大鳄龟又名真鳄龟，是鳄龟类中最凶猛的。外表犹如史前的爬行类，威武凶猛。其头部硕大，鹰钩状喙明显。背甲

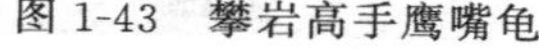

图 1-43 攀岩高手鹰嘴龟

图 1-44 鹰嘴龟野外生活场景

甲峰凸起。口中的舌头如蠕虫，经常摆动诱食鱼类。饲养繁殖容易，出肉率高，目前正逐渐由炒种阶段向食用阶段转变，价格下滑严重（图 1-45）。

（2）小鳄龟 小鳄龟属于拟鳄龟属的种类，又名拟鳄龟，成长快，肉多可做食用龟，现饲养较多。小鳄龟的甲峰不明显，近乎平背，看起来比较圆。平时在水中不好斗，在陆地上则咬斗激烈（图 1-46）。

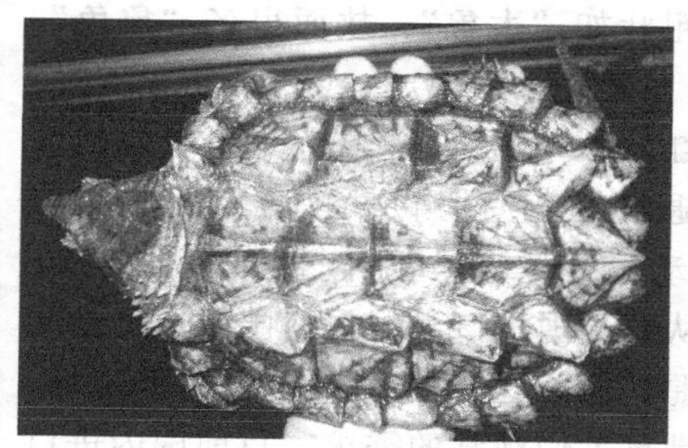

图 1-45 大鳄龟背面图

（来源：老菜帮子）

图 1-46 小鳄龟

（来源：韩克璞）

（3）佛罗里达鳄龟 佛罗里达鳄龟属于拟鳄龟属的种类，最明显的特征是颈部有突起的肉刺，背甲呈长椭圆且无明显隆起。性情凶猛好斗。近年来，作为观赏龟，价格一路飙升，受到养殖爱好者的追捧。不过目前价格下滑严重，养殖需谨慎（图 1-47）。

25. 两爪鳖

两爪鳖，别名猪鼻龟。该物种外表与鳖类相似，为皮肤而非角

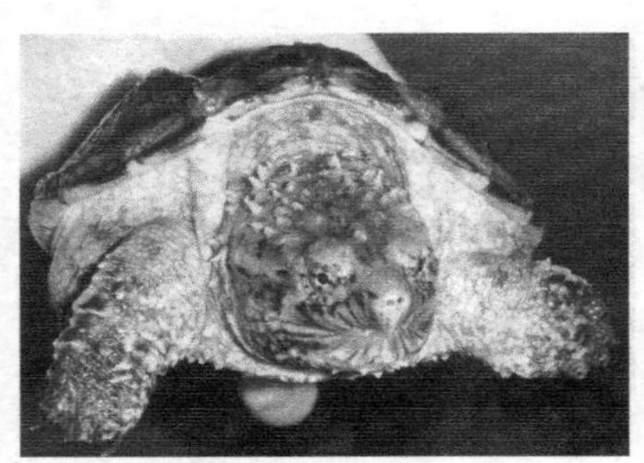

图 1-47　佛罗里达鳄龟
（来源：老菜帮子）

图 1-48　猪鼻龟

质盾片。背甲边缘与鳖类不同，为完整的骨骼结构而非裙边。因鼻子长而丰厚多肉，形似猪鼻故而得名“猪鼻龟”。食性与鳖不同，主要为植物食性而非动物食性。形态呆萌可爱，易于饲养（图 1-48）。

26. 陆龟“象龟属”大家族

象龟属是陆龟种类最大的家族，也是陆龟种类中个体最大的，广泛分布于世界各地。因其腿粗壮如“大象”，故而得名“象龟”。现把主要种类介绍如下。

（1）雨林中的红色精灵“红腿象龟”　红腿象龟是象龟属的重要成员，是南美洲的瑰宝。前腿布满红色的鳞片，龟体色彩非常鲜艳，具有很高的观赏价值。互动性好，容易饲养。但属于 SITES 附录Ⅱ的品种，未经许可不得从原产国进口。但目前国内通过不同渠道进口量不小。值得欣慰的是，很多国家都有大规模的繁殖场，人工繁殖数量猛增，可以逐步满足人们观赏的需求，目前国内进口的大多是人工繁殖的幼体和亚成体（图 1-49）。

（2）黄腿象龟　黄腿象龟是红腿象龟的近亲，二者生活习性相近，不同之处是黄腿象龟对湿度的要求更高。另外在体型和体色上有差异，黄腿象龟体型大得多，但体色不如红腿象龟鲜艳。黄腿象龟市面上少，价格高。在南美洲有专业繁殖场，目前市面上见到的大多是人工繁殖的个体（图 1-50）。

（3）印度星龟　印度星龟因背甲上每一个鳞甲都有一个星星图案而得名，一般 8～12 个放射花纹，根据花纹的粗细又可分为印度

图 1-49 红腿象龟
（来源：PetEra 宠物世纪网站）

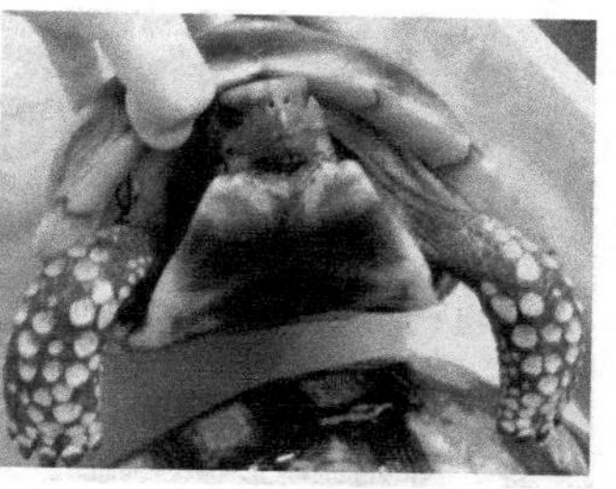
图 1-50 黄腿象龟

星龟（图 1-51、图 1-52）与斯里兰卡星龟（图 1-53），两者最大的区别在于，前者辐射纹粗细较一致，而后者辐射纹由细到粗。

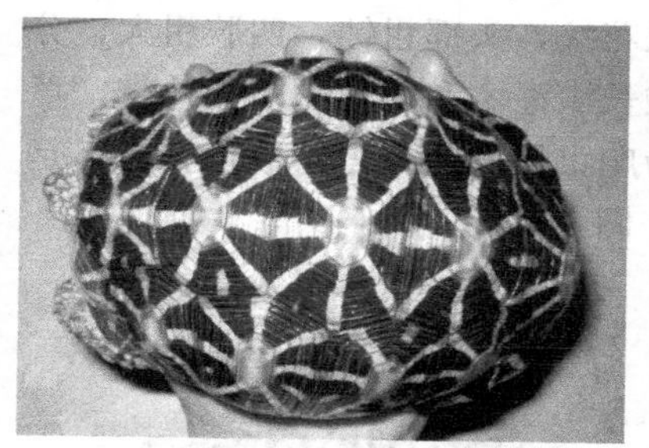
图 1-51 印度星龟背面
（来源：老莱帮子）

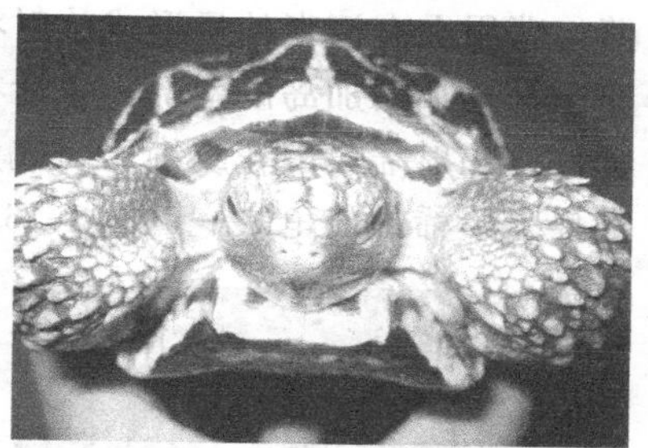
图 1-52 印度星龟正面
（来源：老莱帮子）

（4）缅甸星龟 缅甸星龟与印度星龟的最大区别是：背部中部有无纵纹，前者没有，后者有。缅甸星龟背甲上一般有 6 条清晰的辐射纹，末端相连，排列整齐。而印度星龟一般有 8 条，末端不相连，排列不整齐（图 1-54）。

（5）亚达伯拉象龟 亚达伯拉象龟适应能力强，个体庞大，性情温和。气温高时，喜欢泡水，容易饲养（图 1-55）。

图 1-53 斯里兰卡星龟

图 1-54　缅甸星龟

图 1-55　亚达伯拉象龟背面
（来源：老莱帮子）

（6）陆龟中的太阳神“辐射陆龟”　背甲高耸隆起，但与印度星龟不同之处，每片背甲中央平滑，背甲中央为橘色或黄色放射纹路，背甲上有清晰的星形或放射状花纹，头部粗钝，四肢粗大，分布于马达加斯加岛的南部，生活在长满灌木和森林的干燥地带，草食性。辐射陆龟因花纹绚丽而成为爬虫界宠儿，野外数量稀少，是世界上珍稀的陆龟之一（图 1-56、图 1-57）。

图 1-56　辐射陆龟背面
（来源：老莱帮子）

图 1-57　辐射陆龟侧面
（来源：老莱帮子）

（7）苏卡达象龟　是世界上最大的陆龟，适应能力强，易饲养，可作为入门龟。但由于生长速度快，体型大，要有足够的养殖空间。美国每年可以繁殖出大量的龟种供应市场，在世界各地广受欢迎（图 1-58）。

（8）安哥洛卡象龟　安哥洛卡象龟别名犁头龟，因为胸甲向前延伸探出形同犁头故而得名。体型呈高圆拱形，背甲上有非常浅的

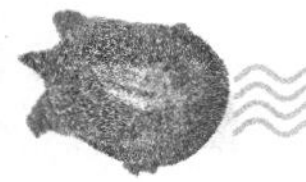

放射条纹，在肋盾处有浅棕色与棕色的交替的楔形图案。价高稀有。幼龟适应能力弱，难养（图 1-59）。

图 1-58 苏卡达象龟
（来源：中国龟友网）

图 1-59 安哥洛卡象龟
（来源：老莱帮子）

（9）非洲大草原的行者“豹纹陆龟” 甲纹丰富而漂亮，不同亚种背壳图案显著不同，是爬虫界有名的观赏龟类。豹纹陆龟栖息于非洲半干旱草原，常藏在豺、狐狸、食蚁兽所挖的洞穴中，主要以植物为食，喜欢果类和仙人掌植物（图 1-60）。

27. 陆龟“四爪陆龟属”大家族

主要有如下种类。

（1）四爪陆龟 这种陆龟每个脚上有 4 个趾甲，故而得名。生活在 700～1000 米的丘陵草原荒漠地带，在我国新疆也有分布。喜欢高温干燥的环境。有冬眠和夏蛰的习性。容易饲养（图 1-61）。

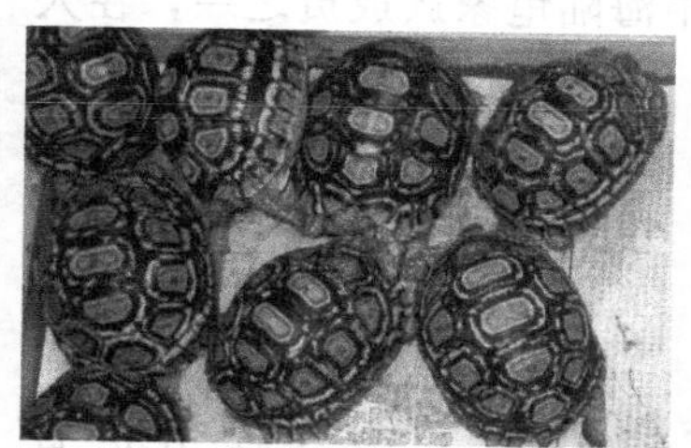

图 1-60 豹纹陆龟
（来源：老莱帮子）

图 1-61 四爪陆龟
（来源：老莱帮子）

（2）赫曼陆龟 赫曼陆龟属于温带陆龟，分布于南欧地中海周围地区，有冬眠的习性。聪明活泼，是欧系陆龟的代表品种之一，

也是温带陆龟的代表。饲养容易，入门龟种。但其攻击性强，最好单养。繁殖容易。

（3）四趾陆龟　四趾陆龟是族群庞大的地中海陆龟，适宜的入门龟种。分布于欧亚大陆的最北方，能忍受低温。人工养殖条件下，要创造较为干燥和凉爽的环境。由于其前脚趾锋利容易抓伤，最好单养（图 1-62）。

（4）缘翘陆龟　缘翘陆龟属温带陆龟，外形最奇特的地方是背甲后缘成裙带状，雄龟最为明显。有冬眠的习性。适应力强，饲养容易，繁殖容易（图 1-63）。

图 1-62　四趾陆龟

图 1-63　缘翘陆龟

（5）欧洲陆龟　欧洲陆龟在欧洲是最普遍的陆龟，在地中海陆龟中仅次于四趾陆龟，是数量第二大的陆龟，容易饲养，入门龟种，广受欢迎（图1-64）。

（6）埃及陆龟　埃及陆龟属于地中海陆龟家族成员之一，在人工养殖条件下喜欢干燥凉爽的环境。应激能力差，比较脆弱，饲养难度较大。

图 1-64　欧洲陆龟
（来源：老菜帮子）

28. 陆龟“凹甲陆龟属”家族

（1）雨林铁甲坦克“凹甲陆龟”　凹甲陆龟又名麒麟陆龟、山龟、龟王，是最接近原始龟类的陆龟。外形奇特，前额有 2 对对

称的大鳞片，背甲前后缘呈明显的锯齿状。与同属的靴脚陆龟相似，其背甲的每块甲盾，特别是脊盾成凹陷状，故而得名“凹甲陆龟”。生活在东南亚雨林中，因此被称为“雨林铁甲坦克”。由于生活在高山之上雨林中，因此人工养殖条件下，要求凉爽高湿的气候条件，比较难养，成活率低。一般尽量挑选规格大一点的饲养。

（2）原始古朴的“靴脚陆龟” 靴脚陆龟是原产亚洲的第一大陆龟，是中国古代四大神兽之一“玄武”的原型。外形与其他陆龟有较大差异，其他陆龟背甲一般呈圆凸性，靴脚陆龟一般比较平整。在人工养殖条件下，与凹甲陆龟相似，喜欢比较凉爽和高湿的环境。在养殖爱好者眼中，虽然没有出色的体色，但通体透出一种原始粗犷的气质，颇受欢迎（图 1-65、图 1-66）。

图 1-65 靴脚陆龟背面

（来源：老菜帮子）

图 1-66 靴脚陆龟腹面

（来源：老菜帮子）

29. 饼干龟

饼干龟龟壳扁平带有美丽图案，背甲深红色，背甲和腹甲的盾片上长有棕色和黑色的斑纹。外形不像陆龟。行动敏捷，攀岩高手，在人工养殖条件下注意防逃。容易饲养繁殖。

30. 鳖类家族

我国目前养殖的鳖类可分为两类：一类是我国土著品种，主要有中华鳖（图 1-67、图 1-68）、山瑞鳖，中华鳖又包括多个品种，如黄河鳖、黄沙鳖、湖南鳖、江西鳖、台湾鳖等；另一类是进口种

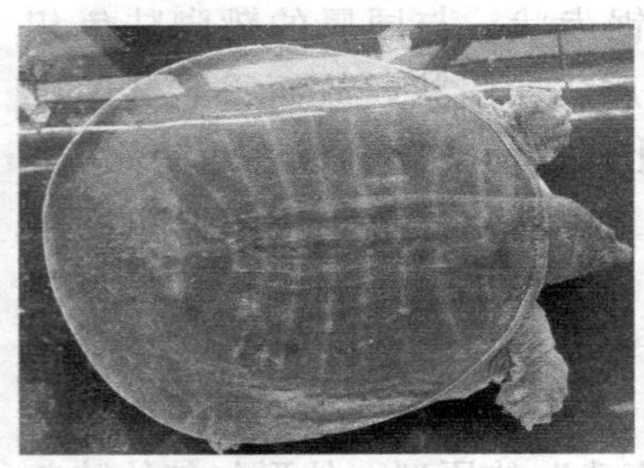

图 1-67　中华鳖
（来源：周嗣泉）

图 1-68　中华鳖
（来源：周嗣泉）

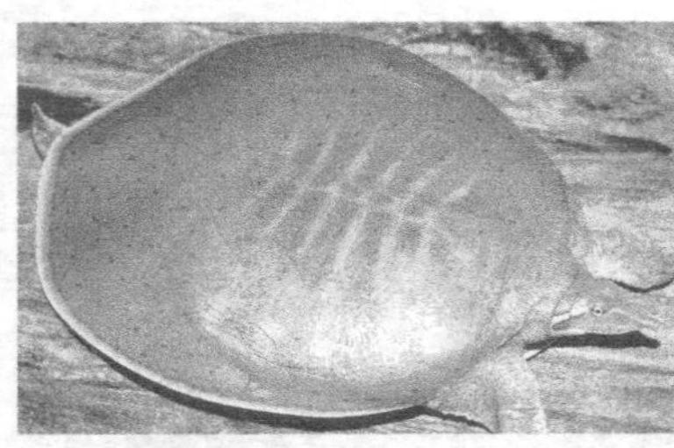

图 1-69　美国珍珠鳖

图 1-70　角鳖（刺鳖）

类，主要有日本鳖、泰国鳖、珍珠鳖（图 1-69）、刺鳖（图 1-70）等。

五、国外进口主要龟鳖种类

目前国内进口种类繁多，现汇总部分如下，以供参考。值得注意的是，在做进出口贸易时不要违反《濒危野生动植物种国际贸易公约》和我国龟鳖类贸易管理的有关规定。

1. 陆龟

苏卡达陆龟、豹纹陆龟、辐射陆龟、蛛网陆龟、缘翘陆龟、欧陆陆龟、埃及陆龟、俄罗斯陆龟、挺胸陆龟、亚达伯拉陆龟、缅甸星龟、印度星龟、斯里兰卡星龟、荷叶折背陆龟、钟纹折背陆龟、安格洛卡陆龟、红腿陆龟、黄腿陆龟、缅甸陆龟、印度陆龟、凹甲陆龟、靴脚陆龟、饼干陆龟等。

2. 水龟和半水龟类

星点水龟、欧洲泽龟、黄泽泥龟、红面泥龟、巨头麝香、黄头侧颈、虎纹麝香、密西西比麝香、剃刀、钻纹、日本石龟等。

3. 鳖类

日本鳖、泰国鳖、佛罗里达鳖（珍珠鳖）、刺鳖（角鳖）等。

第二节

龟鳖养殖概述

龟鳖养殖，大体上可分为观赏养殖和食用养殖两种类型。龟类以观赏养殖为主，近几年发展迅速，异常火热，目前，全国约有25万珍稀淡水龟养殖户（场点），其中广东、广西各占40%，其它省份占20%。2014年，全国养殖总量约为2200万只；少数水龟和鳖以食用养殖为主，目前走势低迷。下面针对以上两种养殖类型，对龟鳖的养殖情况做一简单介绍，主要目的：一是方便下面章节内容的叙述，二是能够让读者更好地理解本书有关内容。

一、观赏龟的养殖

目前绝大多数龟作为观赏来养殖，只有极少数作为食用来养殖。据统计，全国珍稀淡水龟类养殖品种超过30个，其中主要养殖品种为三线闭壳龟、黄缘闭壳龟、广西拟水龟、安南龟、广东黑颈龟5种。

1. 养殖类型

观赏龟的养殖类型大体可分为三类。

（1）家庭养殖。由于受场地的限制，规模较小。养殖种类单一，数量少，主要以观赏为目的，注重品相与健康，不追求生长速度。

（2）养殖场控温和常温养殖。规模较大，品种数量较多，以出售商品观赏龟为目的。要兼顾品相与生长速度两个方面，这种养殖

方式养成的龟，其品相比野生龟差。

(3) 养殖场仿野生养殖。主要是在环境、饲料种类及饲料投喂方面模仿野生龟养殖。这种养殖方式养出的龟，其品相可与野生龟相媲美，而且繁殖性能高。金源龟鳖种苗基地，在这方面做过黄喉拟水龟亲龟的对比（表1-6）。

表1-6　黄喉拟水龟亲龟外塘仿野生养殖与普通养殖对比

项目	控温普通养殖	常温仿野生养殖
生长环境	水泥池	外塘(仿野生条件)
冬眠情况	全程加温,不冬眠	全程不加温,自然冬眠
投喂次数	每天1次或1次以上	3～5天饱食1次
投喂食物	鱼肉、虾肉、猪肉等高热量高营养食物以及配合饲料	热量较低、营养适度的复合食物
投喂数量	在规定时间内吃完	按计划量投喂
身体机能	饱食终日,运动量少,抵抗力差	半饿半饱,运动量大,抵抗力强
生长速度	商品龟吃得多长得快,生长期(1～4周年)每年增加重量0.3～0.6千克	仿野生龟吃得少长得慢,生长期(1～8周年)每年增加重量0.15千克左右
外形特征	4周年商品龟的底板生长线消失或淡化	6周年仿野生龟的底板生长线清晰
成熟时间	第4周年有50%以上母龟产蛋;第5周年以上全部母龟产蛋	第6周年有5%～10%产蛋;第7周年有10%～60%产蛋;第8周年基本全部产蛋
产蛋数量	4周年产蛋,每年1次,每次1～5个;第5～7周年每年1～2次,每次1～5个;第8～13周年每年产蛋1～3次,每次1～5个,年均产蛋10个左右;第14周年开始进入淘汰期,产蛋量逐年减少	第6～8周年,每年1次,每次1～6个;第9～10周年,每年1～2次,每次1～6个;第11～50周年,每年1～3次,每次1～6个,年均产蛋10个左右
产苗数量	4～7周年母龟年均产龟苗1～3个,8～13周年3～5只,第14年开始产苗量减少进入淘汰期,14～20周年3～1个,20年左右基本不产蛋	6～8周年母龟年均产龟苗1～2个,9～10周年2～6个,第11～50周年6～8个,50周年以上年均8～1个
产苗质量	龟苗先天畸形或后天养殖出现的畸形率、死亡率较高	龟苗体质比较强壮,基因变异率、畸形率、死亡率低

续表

项目	控温普通养殖	常温仿野生养殖
主要功能	主要用于食用、药用、观赏	仿野生龟主要用于做种繁殖后代
养殖主体	龟鳖养殖户、龟鳖养殖场	龟鳖种苗场

2. 养殖场所

(1) 家庭养殖

① 陆龟家庭饲养场所一般分为庭院饲养场所（图 1-71）和室内饲养场所。

庭院饲养场所又分为全室外庭院饲养场所和半室外庭院饲养场所，前者是指完全在室外庭院饲养，不在室内饲养；后者是指一段时间在户外饲养，当环境条件不适宜时再移到室内饲养。

室内饲养场所是指在室内为陆龟布置一个适宜的生活场所，通常为饲育箱（图 1-72）。

图 1-71 陆龟庭院饲养场所
（来源：中国龟友网）

图 1-72 陆龟家庭室内饲养场所
（来源：龟友之家）

无论饲养在何处都要满足陆龟对温度、湿度、光照、水和底材的不同要求。

② 半水龟和水龟饲养场所，可以在室内建池（图 1-73）或利用饲养缸饲养，也可以在庭院、阳台、天台等空闲地建池饲养（图 1-74）。

家庭饲养场所由于受场地影响，一般面积和规模较小，以个人

图 1-73　水龟家庭室内饲养场所（来源：龟友之家）

图 1-74　水龟家庭庭院养殖池（来源：龟友之家）

观赏为目的。

（2）养殖场养殖　一般为水泥池，规模较大。稚、幼龟阶段一般控温养殖，养殖场地为室内水泥池。成龟阶段一般为常温养殖，养殖场地为水泥池。

图 1-75　观赏龟外塘养殖池（来源：老菜帮子）

（3）养殖场仿野生养殖　养殖场地为室外土池，规模较大，模仿野生龟的生态条件（图 1-75）。

3. 温度控制

一般分为控温养殖和常温养殖两类。

（1）家庭控温养殖主要针对生活在热带地区不能冬眠的观赏龟。观赏龟以品相健康为重，一般不追求速度，因此，能够冬眠的观赏龟尽量采用常温养殖。

（2）养殖场控温养殖主要是针对半水龟和水龟的稚、幼龟，成龟和亲龟一般采取常温养殖。

（3）仿野生养殖一般采用常温养殖。

4. 饲料种类

（1）家庭观赏龟饲养，陆龟饲料以植物为主，配合饲料为“零食”。半水龟和水龟饲料有的以天然动、植物饲料为主，配合饲料

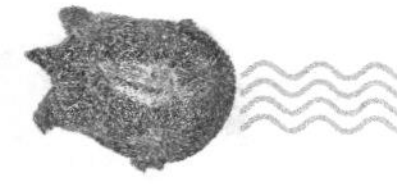

为辅；有的以配合饲料为主，天然动、植物饲料为辅。可根据具体情况而定。

（2）养殖场观赏龟养殖，主要为半水龟和水龟。饲料可以根据供应情况而定，既可以动物饲料为主，配合饲料为辅；也可以配合饲料为主，动物饲料为辅。要根据龟不同生长阶段的要求而定。因此，要合理搭配好动、植物饲料和配合饲料的比例。

半水龟和水龟，摄食动物性饵料和配合饲料都不成问题，在这两种饲料并存的情况下，龟是不会首先摄食植物饲料的，但为了龟的健康成长，就必须想办法让龟摄食，比如采取交替投喂、混合投喂等方法。

（3）外塘仿野生养殖以天然动、植物饲料为主。

5. 投喂方法

（1）家庭养殖饲料投喂以维持龟的正常生命活动即可，不追求龟的生长速度。因此与养殖场相比，饲料投喂频率的间隔时间相对长，投饵率相对低。详见配合饲料投喂部分的内容。

（2）养殖场饲料投喂要兼顾健康和生长两个方面，因此与家庭养殖相比，饲料投喂频率的间隔时间相对短，投饵率相对高。但不要只追求生长速度，而忽视健康与品相。详见配合饲料投喂部分的内容。

（3）外塘仿野生养殖投喂频率和投喂量模仿野生龟摄食规律（见表 1-6）。

二、食用龟鳖的养殖

国内食用龟鳖养殖，主要是指鳄龟、中华花龟、草龟、巴西彩龟、中华鳖、日本鳖、珍珠鳖等的养殖。

1. 养殖类型

大体可分为温室控温与保温养殖、外塘常温生态养殖和外塘常温仿野生养殖三种类型。

（1）温室控温、保温养殖　控温养殖一般采用全程控温，使龟鳖处于最佳生长温度范围内，生长速度快，养殖产量高，但品质不如生态、仿野生养殖（见表 1-6）。南方多采用此方式。

保温养殖采用阶段保温的方式，主要是在春秋季节，温室采用塑料薄膜保温以延长龟鳖的生长期，在北方一般能够延长2个月左右。

(2) 外塘常温生态养殖　一般全程采用常温养殖的方式，饲料以配合饲料为主，与控温养殖相比，天然动、植物饲料的投喂量大大增加。这种养殖方式，生长速度比控温养殖慢，但品质要优于控温养殖。目前北方多采用这种养殖方式，南方也在逐渐增多。

(3) 外塘常温仿野生养殖　主要在环境、食物和饲料投喂方面模仿野生龟鳖的习性。这种养殖方式大大提高了龟鳖的品质，可以媲美野生龟鳖。

2. 养殖场所

一般为水泥池或土池。控温和保温养殖场所一般为室内水泥池(图1-76)；常温养殖一般为水泥池或土池（图1-77)。

图1-76　温室养鳖水泥池（来源：周嗣泉）

图1-77　室外生态或仿野生养鳖土池（来源：刘鹏）

3. 温度控制

一般分为控温养殖和常温养殖两种方式。温室养殖一般采用控温养殖，全程把温度控制在龟鳖最适宜的温度范围内。生态养殖和仿野生养殖一般为常温养殖。

4. 饲料种类

温室控温养殖，以配合饲料为主；生态养殖以配合饲料为主，适当增加天然动、植物饲料的比例；龟鳖仿野生养殖以动物性饲料为主，植物饲料为辅。

5. 投喂方法

控温养殖一般每天多次投喂，投喂量以龟鳖吃饱或“七八成饱”为准；生态养殖饲料投喂方式与控温养殖差不多，但受环境因素影响较大，投喂次数和投喂量要根据水温和天气情况合理调整；仿野生养殖一般与生态养殖类似。

食用龟与观赏龟的控温养殖饲料投喂是有区别的，前者主要以配合饲料为主，每天投喂多次，一般饱食量投喂，追求的是生长速度。后者投喂间隔时间长，一般隔天投喂，且注意动、植物饲料的合理配比，追求的是品相与健康。

由以上分析可见，龟鳖不同的养殖方式将影响到龟鳖饲料的合理选用和投喂。

第二章

龟鳖的摄食与食性

龟鳖为了维持正常的生命活动和满足机体生长、发育的需求，必须不断地从外界摄取食物，获得机体生长所需的营养物质。了解龟鳖的摄食与食性对于龟鳖营养需求与饲料的研究具有重要意义。

第一节 龟鳖摄食器官及摄食方式

一、龟的摄食器官与摄食方式

1. 龟的摄食器官

由于龟种类繁多，生活习性千差万别，因此摄食器官也多有变化。

(1) 喙部及功能　陆龟主要以陆地上的植物为食，喙部形状变化不大。

半水龟中偏陆地生活的龟，既食陆地上植物，也食陆地上动物，因此喙部形状多有变化，如锯缘摄龟、黄缘盒龟和箱龟的上喙呈明显的钩曲状，适宜在泥土中寻找蚯蚓和蜗牛等动物性饵料，也可以方便切开蜗牛的壳。

水龟中比较凶猛的，如平胸龟、窄桥麝香龟等喙部呈鹰钩状(图 2-1、图 2-2)，对具有坚硬甲壳的动物也能进食。如平胸龟在自然条件下可以轻易切开活螃蟹坚硬的外壳。

(2) 角质喙（牙）　角质喙是龟重要的摄食器官，俗称“全牙”，坚硬锋利，能行使牙的功能。陆龟和偏陆地觅食的半水龟一般用于啃噬、咬碎食物，偏水中觅食的半水龟和水龟一般用于咬住和咬碎食物。

(3) 爪子及功能　爪子是龟协助摄食的重要器官。陆龟是植物食性，爪子主要是作为附肢的一部分，用来行走，对摄食的作用不

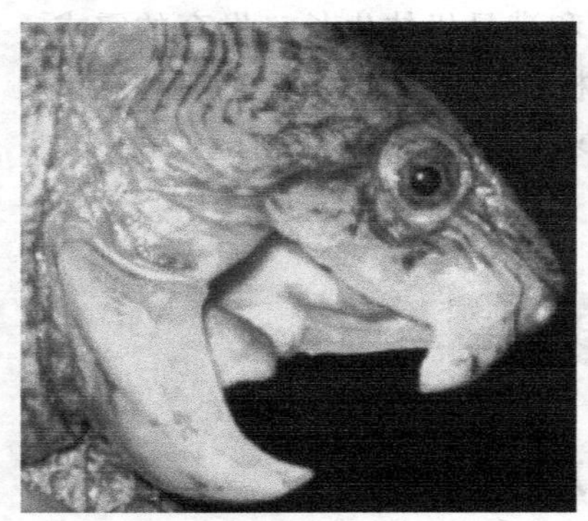

图 2-1　平胸龟锐利的喙　　　　图 2-2　窄桥麝香龟锐利的喙

大。而对于半水龟和水龟而言，爪子是重要的辅助摄食的器官，如西部锦龟（见图 2-3），生活在水中，以水中的鱼虾为主，进食时需要用爪子来撕碎食物，因此爪子特别锋利。这就要求在养殖过程中要注意对龟爪子的保护，不要因为容易划伤人就把它的爪子剪掉。

（4）上下颚及功能　上下颚是龟摄食的主要器官，一般来说上下颚发达、口裂大的龟，就比较凶猛，如平胸龟（图 2-1）、鳄龟（图 2-4）。

图 2-3　西部锦龟的前爪

图 2-4　鳄龟宽大的口裂

（5）舌及功能　陆栖龟类在陆地上摄食，舌头较灵活（图 2-5），有利于食物的吞咽。半水龟类的舌不如陆龟灵活，摄食时虽

不依赖水，但需较湿润的环境，才有利于食物的吞咽。水龟舌头的灵活度比陆龟和半水龟差，食物基本囫囵吞下，必须在水中摄食，否则吞咽困难或无法吞咽。如完全水中生活的玛塔龟在吞食猎物时，是借助水压的作用把水夹带着猎物挤进真空的口腔内，再闭合双颌挤出水而把猎物留在口中，靠着颈部有力的肌肉收缩把食物挤进胃中而完成整个捕食过程的。此龟从不咀嚼食物而是生吞活咽，因此必须借助水来完成整个吞咽过程。西部锦龟是杂食性的，但由于它们的舌头是固定的，所以无法在陆地上吞咽。显然，水龟须在水里觅食和进食。

图 2-5　陆龟口内三角形的舌

2. 摄食方式

（1）陆龟摄食方式　陆龟利用角质喙，俗称“牙”，啃噬咬碎食物，然后在舌的协同下完成吞咽。陆龟在人工饲养条件下，很容易出现角质喙增生的现象，主要原因是因为长期投喂粗纤维少或切碎的食物，陆龟无法像在自然界那样啃噬食物，角质喙得不到磨损，长此以往不仅造成陆龟啃噬能力的下降，还容易造成角质喙的增生。

（2）半水龟摄食方式　半水龟偏陆地觅食的种类，摄食方式与陆龟近似。但食物不能过于干燥，否则影响吞咽。活食、蔬菜水果等天然饵料中水分含量较高，吞咽不成问题。而对于配合饲料就要注意加工与投喂方式，粉状料最好做成软颗粒投喂；膨化颗粒饲料，稚、幼龟阶段，直接在水中投喂即可，成龟阶段在陆地上投喂，最好先软化一下再投喂。

半水龟偏水中觅食的种类，一般在水中摄食，其摄食方式与水龟相似，可参见水龟的摄食方式。

(3) 水龟摄食方式　水龟的摄食方式与鳖相似，首先借助于视觉、嗅觉和听觉等来发现、辨别、定位食物，然后通过喙、爪、口、上下硬腭和舌的协同来完成摄食。以下介绍几种水龟的摄食方式。

① 小鳄龟稚龟在人工饲养条件下，袁先春（2014）的研究表明，摄食行为以主动捕食为主，偶尔潜伏待食。主要利用视觉系统搜索食物、锁定目标。摄食时头部稍前伸并贴近容器底部，颈部绷紧且头颈交接部向上隆起，瞄准后颈部迅速前伸，并张口由斜上方对猎物进行攻击。咬住猎物后依靠头颈的摆动以及前肢的辅助，调整食物方向，用角质喙压（切）食物，并迅速将食物吞入口中。捕食猎物较大时，咬住食物后，在前肢的配合下先将猎物撕裂后再吞入口中。

② 鳄龟主要在水中觅猎食物，在摄食过程中并不主动出击，一般潜伏在水中草丛中，待食物接近时，突然袭击猎物，规格小的猎物可直接吞食，规格过大的猎物先用前爪把猎物撕碎，然后吞食。因此鳄龟的摄食方式为吞食。鳄龟生性贪食，在密养条件下，当缺乏食物时会互相撕咬争食，同类残食现象相当严重。

③ 平胸龟一般在水中主动摄食，利用宽大的口裂和强大有利的上下颚，在前爪的协同下，将食物咬断撕碎后吞入口中完成摄食。

④ 欧洲扁龟当它们抓住动物饵料后，会用前爪撕开食物，还将自己的头部向一侧猛扯，用这种动作帮助摄食。

⑤ 玛塔龟捕食时潜伏或潜行在水中，利用头两侧的听觉系统耳鼓，通过感觉猎物造成的水震动，来确定猎物在水中的位置，待其猎物靠近或接近猎物后发动突然袭击捕食猎物，头部迅速前伸，同时张开大嘴吞食猎物。嘴位于头部的前下方，口裂很大，脖子也粗大，很容易把猎物整个吞进口中。

二、鳖的摄食器官与摄食方法

1. 摄食器官

鳖的摄食器官为口（图 2-6），口位于头部腹面，口裂宽，向

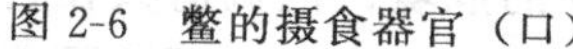

图 2-6 鳖的摄食器官（口）

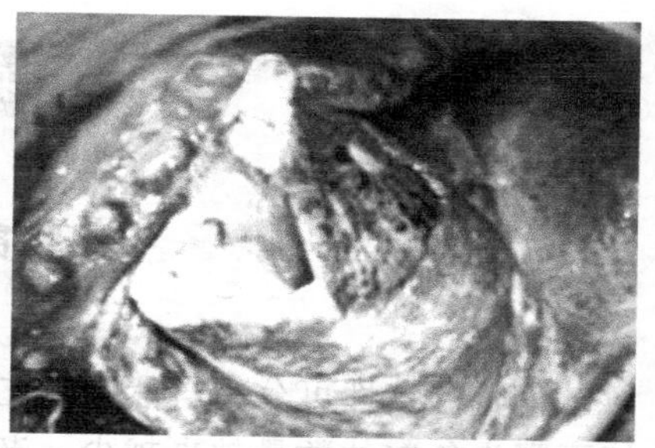

图 2-7 鳖粉红色的舌和角质喙

后衍生达眼后缘。口的上颚稍长于下颚。口内有锐利的角质喙（图2-7）及唇状的皮肤皱褶，咬肌有利。角质喙俗称“全牙”，能行使牙的功能，用以咬住或切碎食物。口腔内有肌肉质舌（图2-7），舌小呈三角形，舌上有倒生的锥形小突起，可防止鱼虾等饵料的滑脱，有利于吞咽。舌仅具有吞咽功能，不能伸展。从鳖的口及附属器官来看，鳖是一种凶猛好斗、以动物性饵料为主的动物。

2. 摄食方式

鳖在摄食过程中，一般不主动追袭，往往潜伏于水中，待猎物接近时，突然伸颈把猎物吞入口中，经上下颚胶质喙的切割、压碎并拌以唾液吞入食道。鳖也喜欢在水底潜行觅食底栖动物。对于配合饲料的摄食，由于其性胆怯，警惕性高，在环境安静、没有干扰、感觉安全时，才浮出水面，迅速伸颈，把食物吞入口中，然后迅速潜入水中，完成吞咽过程。因此，鳖在喂食过程中应尽量保持环境安静。

3. 摄食特点

（1）喜欢水下摄食。弱光中采食迅速、敏捷。

（2）胆小喜静。摄食过程中，一般将食物拖入水中吞食，如遇动静会迅速潜入水中。

（3）嗅觉灵敏，对食物的选择性很强。喜食鱼肉、螺肉等鲜活饵料。配合饲料要求诱食效果好。

第二节

龟鳖食性

龟鳖的食性可分为自然和人工两种环境下的食性，虽然自然环境下野生龟鳖的数量越来越少，濒临灭绝的危境；但搞清其在自然环境下的食性很有必要，只有如此，才能更好地为人工环境下养殖提供科学的依据。

自然环境下野生龟鳖的食性，是经过漫长的时间形成的，具有一定的遗传性、地域性。总的来说陆龟偏草食性；偏陆地生活的半水龟偏中间食性；偏水中生活的半水龟、水龟和鳖偏动物食性。当然这里面还有特殊的。

一、龟的食性特点

1. 陆龟食性特点

陆龟属变温动物，由于生理上受环境温度的限制，因此在自然界的分布，远不如一般的哺乳动物和鸟类，但比水栖和半水栖龟类分布广泛。亚洲、非洲、美洲、欧洲都有分布，涵盖温带至热带地区。温暖潮湿的灌木林和热带雨林、干燥的草原与高地、甚至高温的沙漠与莽原都有其踪影。

不同的生态环境造就了其不同的食性，不像一般的水栖和半水栖龟类有许多共性来归纳。尽管如此，从总的方面来说，陆龟的食性可分为两类：一是草食性，这类龟主要是生活在草原与沙漠的陆龟；二是杂食性，这类龟主要生活在雨林中，杂食偏植物食性，动物饵料比例很低，见表 2-1。

多数陆龟在原生地日常食用的植物种类繁多，人类搭配的食物远没有大自然提供的健康，这就要求对其自然条件下的食性进行科学研究分析，尽量制定出更健康、更合理的食谱，见表 2-1。

陆龟食性的共同之处，主要归结为以下几点。

(1) 高纤维　陆龟在野外的主食是低蛋白植物，植物的纤维含量一般在30%左右，因此陆龟的食性特点之一是高纤维。

不同生活环境的陆龟对纤维的需求量是有差异的，大体可分为三类：

一是生活在高温干燥莽原沙漠的陆龟，如饼干龟、四趾陆龟、豹纹陆龟、埃及陆龟、挺胸龟、阿根廷陆龟及地鼠陆龟等，对粗纤维的需求量最高；

二是生活在干燥稍带湿度草原灌丛的陆龟，如缅甸星龟、苏卡达龟、欧洲陆龟、缘翘陆龟等，对粗纤维的需求量低于前一类龟；

三是生活在高湿热带雨林的陆龟，如黄腿陆龟、红腿陆龟等，对粗纤维的需求量低于前两类。

目前人工养殖环境条件下，给陆龟投喂最多的是各种蔬菜，其粗纤维含量在5%左右，因此，在养殖过程中有必要补充一部分陆龟爱吃的粗纤维高的植物，对维持陆龟消化系统的健康和控制陆龟的生长有重要的作用。

(2) 高钙及高钙磷比　钙是陆龟骨骼和甲壳生长的关键物质，缺乏会造成骨质疏松和甲壳病变，因此在生长期和产卵期需要更多的钙质。陆龟野外所食的野草、野菜类，钙含量一般都较高，比如陆龟主食之一的干西洋蒲公英钙的含量就高达1.3%左右，鲜的为0.2%左右。因此陆龟的食性特点之一是高钙。

磷也是陆龟骨骼的重要组成部分，但过高会影响钙的吸收利用，因此钙磷要有一个合适的比例，总原则是高钙磷比——一方面要求高钙，另一方面要求钙磷比要适宜，二者要兼顾。据德国Dennert的建议，陆龟食材中钙质的干重含量最好达到1.5%，磷质为0.8%，钙磷比接近2∶1。大多数植物都含磷，要尽量选用陆龟爱吃的钙磷比高的食物。

人工养殖条件下，投喂最多的植物是蔬菜，钙含量要比陆龟在野外所食植物低得多，比如陆龟爱吃的油麦菜其钙含量为0.07%，磷含量为0.031%，钙磷比为2.6∶1。虽然符合高钙磷比的要求，但钙含量过低。为此在陆龟日常膳食中要注意选用钙含量高的植物

或补充一部分钙质。

另外，陆龟对钙质的利用还需要维生素 D 的帮助，否则补充再多也无法有效利用。因为植物中维生素 D 含量很低或没有，因此需要在陆龟日常膳食中需要适当补充一部分维生素 D。德国陆龟营养博士 Dennert 建议：陆龟每千克体重每周约需 150 国际单位的维生素 D_3。也可通过晒太阳或紫外线灯照射由机体来合成一部分，但最好定期适当补充一部分。

(3) 低蛋白质　陆龟在野外的主食是野草、野菜类，其蛋白质含量较低，如陆龟爱吃的鲜西洋蒲公英蛋白质含量为 2.7%左右。因此，总的来说，陆龟对饲料蛋白质的需求量较低。人工养殖，投喂量较大的蔬菜类蛋白质含量都不高，因此不用担心。但对于选择投喂龟粮来说，就要注意其蛋白质含量。配合饲料一般作为“零食”投喂，蛋白质高点或低点影响不大，关键是控制好投喂量。

陆龟投喂高蛋白质食物，对陆龟健康的影响主要是痛风和尿酸结石的产生，虽然短时间内看不出来，但长时间会带来严重后果。

(4) 少水果　陆龟要依靠肠道内细菌来发酵消化植物饲料，虽然陆龟喜欢吃水果，也要尽量少给或不给。因为水果中糖分和水分的含量一般比较高，会改变消化道内的 pH 值，进而破坏肠道内细菌的微生态平衡，从而造成体内病菌的孳生，引起陆龟肠道疾病的发生，最常见的就是腹泻。建议：生活在干燥沙漠和半干燥草原的陆龟，尽量不要投喂含糖量高的水果等，因为在野外也很少能吃到树上落下的浆果；生活在热带雨林的陆龟，会经常吃到树上落下的浆果，因此可以少量投喂。

(5) 低草酸　草酸会影响到陆龟对钙的吸收利用，主要原因是草酸会和钙质结合形成不溶于水的草酸钙，从而影响钙的吸收利用，严重者会造成肾结石。因此人工养殖条件下，在选择蔬菜、水果等植物饵料时要注意草酸的含量，尽量选用草酸含量低的。

(6) 喜食人工龟粮　可以在市场中购买陆龟的专用龟粮，要根据所养陆龟的营养需求特点来科学地选择。可作为陆龟的“零食”来使用，尤其是在稚、幼龟阶段，这毕竟是营养最丰富均衡的食

物，但要控制好投喂量。

（7）适当补充营养添加剂 益生菌：可在饲料中适当添加，如乳酸菌片中的活菌，能够在陆龟肠壁上形成健康菌群，从而起到抑制病菌生长、改善胃肠道内细菌微生态平衡作用。对于提高陆龟食欲、减少肠道疾病有辅助作用。

补钙剂：适量添加能够补充饲料中钙质的不足，从而减少钙缺乏症的发生。主要有碳酸钙、乳酸钙、墨鱼骨等，尽量不要使用含磷的钙物质。

维生素补剂：由于人工投喂的植物饲料，无论在种类上和搭配上都是无法跟野外相比的，有可能造成陆龟维生素的缺乏，因此要有针对性地定期补充一部分维生素，如维生素 A、维生素 D 等。

总之，陆龟食物要遵循多样化的原则，经常更换食谱，不要依陆龟对食物的喜好来选择食物。另外还要根据不同陆龟的食性特点来选择，这一点也很重要。不同陆龟亚、成体龟的自然食性及人工天然动植物饲料配比见表 2-1。

表 2-1 国内常见亚、成体陆龟的自然食性及人工天然动植物饲料配比

地区	种类	食性	自然食性	人工天然动植物饲料配比
亚洲大陆	印度星龟	草食性	杂草为主食，喜食果类、仙人掌、茎叶肥厚的植物	粗纤维野草和野菜 50%～60%、粗纤维蔬菜 25%～35%、瓜果和低纤维蔬菜 15%
	缅甸星龟	草食性	杂草、果类、仙人掌、多肉植物	粗纤维野草和野菜 50%～60%、粗纤维蔬菜 25%～35%、瓜果和低纤维蔬菜 15%
	缅甸陆龟	杂食性	花、草、野果、真菌类植物、昆虫、节肢动物、蠕虫	粗纤维野草和野菜 30%、高纤维蔬菜 50%、瓜果和低纤维蔬菜 15%、动物食物 5%
	印度陆龟	杂食性	水果、野菜、昆虫、动物腐尸	粗纤维野草和野菜 30%、高纤维蔬菜 50%、水果和低纤维蔬菜 15%、动物食物 5%

续表

地区	种类	食性	自然食性	人工天然动植物饲料配比
亚洲大陆	凹甲陆龟	杂食性	竹笋、杂草、野果、昆虫、动物腐尸	粗纤维野草和野菜30%、高纤维蔬菜50%、瓜果和低纤维蔬菜15%、动物食物5%
	靴脚陆龟	杂食性	青草、野菜、果实、蠕虫、小鱼虾、螺类	粗纤维野草和野菜30%、高纤维蔬菜50%、瓜果和低纤维蔬菜15%、动物食物5%
欧洲大陆	赫曼陆龟	草食性	野草、野菜、豆类植物,偶吃软体动物	粗纤维野草和野菜50%～60%、高纤维蔬菜25%～35%、瓜果和低纤维蔬菜15%
	四趾陆龟	草食性	野草、野菜、嫩芽、花、果实	粗纤维野草和野菜50%～60%、高纤维蔬菜25%～35%、水果和低纤维蔬菜15%
	缘翘陆龟	草食性	杂草、菊科植物,幼体及亚成体之间经常捕食蚯蚓、蜗牛等	粗纤维野草和野菜50%～60%、高纤维蔬菜25%～35%、瓜果和低纤维蔬菜15%
	欧洲陆龟	草食性	杂草、植物花、叶	粗纤维野草和野菜50%～60%、高纤维蔬菜25%～35%、瓜果和低纤维蔬菜15%
非洲大陆	苏卡达象龟	草食性	野草、野菜、仙人掌、莴苣	粗纤维的草类60%～80%,高纤维的蔬菜10%～30%、瓜果和低纤维蔬菜10%
	豹龟	草食性	牧草、青草、莴苣,间食仙人掌	粗纤维野草和野菜60%～80%、高纤维的蔬菜30%～10%、瓜果和低纤维蔬菜10%
	饼干龟	草食性	青草、野菜、花、芦荟、深绿色植物	粗纤维野草和野菜60%～80%、高纤维的蔬菜10%～30%、瓜果和低纤维蔬菜10%
	折背陆龟	杂食性	牧草、青草、叶、花和果实等,也吃蜗牛、小型昆虫和动物的尸体	粗纤维野草和野菜30%、高纤维蔬菜50%、瓜果和低纤维蔬菜15%、动物食物5%
	挺胸龟	草食性	一年生植物及多肉植物	粗纤维野草和野菜60%～80%、高纤维的蔬菜10%～30%、瓜果和低纤维蔬菜10%

续表

地区	种类	食性	自然食性	人工天然动植物饲料配比
非洲大陆	几何星丛龟	草食性	粗草及沙漠植物	粗纤维野草和野菜60%～80%、高纤维的蔬菜10%～30%、瓜果和低纤维蔬菜10%
	鹰嘴陆龟	草食性	青草、菊科、桑科、车前草	粗纤维野草和野菜60%～80%、高纤维的蔬菜10%～30%、瓜果和低纤维蔬菜10%
	埃及陆龟	草食性	野草、多肉植物(叶、果实、花)、仙人掌、雨后一年生植物	粗纤维野草和野菜60%～80%、高纤维的蔬菜10%～30%、瓜果和低纤维蔬菜10%
	北非陆龟家族	草食性	野草、野菜、植物树叶、果实、花朵	粗纤维野草和野菜60%～80%、高纤维蔬菜10%～30%、瓜果和低纤维蔬菜10%
中南美洲	红腿象龟	杂食性	青草、多肉植物、浆果、蘑菇、腐肉	粗纤维野草和野菜30%、高纤维蔬菜50%、水果和低纤维蔬菜15%、动物食物5%
	黄腿象龟	杂食性	杂草、浆果、多肉植物、腐肉	粗纤维野草和野菜30%、高纤维蔬菜50%、水果和低纤维蔬菜15%、动物食物5%
	阿根廷陆龟	草食性	野草、野菜、浆果	粗纤维野草和野菜60%～80%、高纤维蔬菜10%～30%、瓜果和低纤维蔬菜10%
北美洲大陆	德州地鼠龟	草食性	高纤维草、仙人掌	粗纤维野草和野菜60%～80%、高纤维蔬菜10%～30%、瓜果和低纤维蔬菜10%
	沙漠地鼠龟	草食性	青草、花、仙人掌、芙蓉属植物	粗纤维野草和野菜60%～80%、高纤维蔬菜10%～30%、瓜果和低纤维蔬菜10%
离岛地区	加拉巴戈斯象龟	草食性	野草、树叶、果实、仙人掌	粗纤维野草和野菜50%～60%、高纤维蔬菜25%～35%、水果和低纤维蔬菜15%
	亚达伯拉象龟	杂食性	草、植物果实、茎叶,喜食多汁绿色仙人掌类,偶食软体动物和动物腐尸	粗纤维野草和野菜50%～60%、高纤维蔬菜25%～35%、水果和低纤维蔬菜15%

续表

地区	种类	食性	自然食性	人工天然动植物饲料配比
离岛地区	辐射龟	草食性	野草、植物果实、茎叶、仙人掌	粗纤维野草和野菜 50%～60%、高纤维蔬菜 25%～35%、水果和低纤维蔬菜占 15%
	安哥洛卡龟	草食性	野草、树叶、果实	粗纤维野草和野菜 50%～60%、高纤维蔬菜 25%～35%、水果和低纤维蔬菜占 15%
	蛛网龟	杂食性	青草、果实、洋菇及少许动物食物	粗纤维野草和野菜 30%、高纤维蔬菜 50%、瓜果和低纤维蔬菜 15%、动物食物 5%

2. 半水栖龟类食性特点

半水龟的食性比陆龟和水龟要复杂得多，这主要是由于其生活环境的复杂所致。半水龟食性总的来说是杂食性的，又可分为杂食偏植物食性、杂食中间食性（动、植物比例相当）、杂食偏动物食性。

（1）杂食偏植物食性　主要是偏陆地生活，且远离水源的一类龟，如生活在高山或丘陵地带的锯缘摄龟、黄缘闭壳龟等。

（2）杂食中间食性　主要是偏陆地生活，且靠近水源的一类龟，如黄额盒龟、亚洲巨龟、南美木纹龟、地龟、箱龟属种类等，这一类型的龟数量较多。

（3）杂食偏动物食性　主要是偏水中生活的一类龟，如安布闭壳龟、三线闭壳龟、金头闭壳龟、沼泽箱龟等。

国内常见半水龟自然食性及人工天然动植物饲料配比详见表 2-2。

表 2-2　国内常见半水龟自然食性及人工天然动植物饲料配比

属、种		食性	自然食性	人工天然动、植物饲料配比
闭壳龟属	安布闭壳龟	杂食性	蜗牛、蠕虫、昆虫、鱼、虾、泥鳅、水生昆虫、植物茎叶、水生植物、水藻	幼龟偏肉食：动物性饵料 80%，水果蔬菜等 20%； 成龟偏素食：动物性饵料 30%，水果蔬菜 60%，粗纤维植物 10%

续表

属、种		食性	自然食性	人工天然动、植物饲料配比
闭壳龟属	三线闭壳龟	杂食偏动物食性	鱼虾、贝类、蚯蚓、昆虫为主,偶尔食落果、草类、植物茎叶	动物性饵料 70%～80%,植物性饵料 20%～30%
	金头闭壳龟	杂食偏动物食性	鱼虾、溪蟹、螺类、水生昆虫、野菜、野果	动物性饵料 80%,水果蔬菜等 20%
盒龟属	黄缘闭壳龟	杂食中间食性	昆虫、蜗牛、蚯蚓为主食,也食落果、植物茎叶	动物性饵料 40%,水果蔬菜 50%,粗纤维植物 10%
	黄额盒龟	杂食中间食性	昆虫、蠕虫、幼鼠、落果、植物茎叶	动物性饵料 50%,水果蔬菜 40%,粗纤维植物 10%
锯缘摄龟属	锯缘摄龟	杂食偏植物食性	果实、种子、植物茎叶、蜗牛、蠕虫、昆虫	动物性饵料 30%,水果蔬菜 60%,粗纤维植物 10%
齿缘摄龟属	齿缘摄龟	杂食偏动物食性	蚯蚓、蜗牛、昆虫、虾、果实、植物茎叶	幼龟偏肉食:动物性饵料 80%,水果蔬菜等 20%;成体:动物性饵料 50%,水果蔬菜 40%,野草、野菜 10%
东方龟属	亚洲巨龟	杂食中间食性	植物茎叶、果实、块根、蚯蚓或蛞蝓	动物性饵料 50%,水果蔬菜 40%,野草、野菜 10%
木纹龟属	南美木纹龟(美鼻龟)	杂食性	幼体偏向虫类。成体杂食:落果、植物茎叶、蠕虫、昆虫	幼体偏肉食:动物性饵料 80%,水果蔬菜等 20%;成体:动物性饵料 50%,水果蔬菜 40%,野草、野菜 10%
地龟属	地龟	杂食中间食性	昆虫、蠕虫、蜗牛、落果	动物性饵料 50%,水果蔬菜 40%,野草、野菜 10%
箱龟属	东部箱龟	杂食中间食性	蚯蚓、蜗牛、蛞蝓、野菇、浆果、小昆虫、植物茎叶	动物性饵料 50%,食用菌类、水果蔬菜 40%,野草、野菜 10%

续表

属、种		食性	自然食性	人工天然动、植物饲料配比
箱龟属	锦箱龟	杂食中间食性	甲虫、蚂蚱、知了、毛虫、腐肉、浆果	动物性饵料 50%，食用菌类、水果蔬菜 40%，野草、野菜 10%
	湾岸箱龟	杂食中间食性	浆果、草类、食用菌类、蚯蚓、蜗牛、昆虫	动物性饵料 50%，食用菌类、水果蔬菜 40%，野草、野菜 10%
	佛罗里达箱龟	杂食中间食性	浆果、草类、蚯蚓、蜗牛、昆虫、鱼虾	动物性饵料 60%，水果蔬菜 30%，野草、野菜 10%
	沼泽箱龟	杂食偏动物食性	昆虫幼虫、甲壳类、贝类、鱼类、两栖类、水生植物、水果。有时陆上觅食	动物性饵料 80%，水果蔬菜等 20%

3. 水龟的食性特点

水龟食性具有一定的规律性，除少数龟偏植物食性外，总的来说偏动物食性，这与水龟主要在水中觅食有关。大体可分为三种食性：肉食性、杂食偏动物食性和杂食偏植物食性。

（1）肉食性　这一类型的龟主要是蛇颈龟属和长颈龟属的种类，如玛塔龟、希氏长颈龟等，属于完全水栖性，没有晒太阳的习性，很少上岸活动。天生性情凶猛，属于完全肉食性，捕食活体饵料能力强。喜食各种水中昆虫、蛙类、蝌蚪、螺类、鱼、虾。家庭饲养没什么难度，很容易适应环境，并能快速开食。

（2）杂食偏动物食性　这一类型的龟占绝大多数。这其中有些龟高度偏肉食性，很少吃植物性饲料，比较凶猛，如平胸龟只有在饥饿状态下才摄食植物饲料。还有些龟属于条件性杂食，不挑食，动物蛋白饲料和植物蛋白饲料皆可，有什么吃什么。如动胸龟属和乌龟属的种类，这一类龟可根据当地动、植物蛋白源饲料的情况合理安排投饲。另外，有些杂食偏植物食性的龟，其幼龟阶段一般偏动物食性。

（3）杂食偏植物食性　这一类型的龟所占比例不高，如猪鼻龟、黄头侧颈龟、中华花龟及伪龟属的种类。

国内常见水龟自然食性及人工天然动植物饲料配比见表 2-3。

表 2-3　国内常见水龟自然食性及人工天然动植物饲料配比

属	种	食性	自然食性	人工天然动植物饲料配比	备注
平胸龟属	平胸龟	杂食高偏肉食性	螺、蚬、鱼、虾、贝、蟹、蛙、蜗牛、蛇	动物性饵料>90%，植物性饵料<10%	难养，凶猛，喜活食
乌龟属	黑颈乌龟	杂食偏肉食性	水生动物、鱼虾、螺蚌、水生植物	幼体：80%动物性饵料，20%植物性饵料；成体：动物性饵料50%～80%，植物性饵料20%～50%	易养，不挑食
	乌龟	杂食偏肉食性	鱼、虾、蟹、螺蚌、蛙类、昆虫、水生植物	动物性饵料50%～80%、植物性饵料20%～50%	易养，不挑食
	大头乌龟	杂食偏肉食性	鱼、螺类、昆虫、水生植物	动物性饵料50%～80%、植物性饵料20%～50%	易养，不挑食
拟水龟属	黄喉拟水龟	杂食偏肉食性	鱼虾、螺蚌、水生昆虫幼虫、水生植物	动物性饵料70%～80%，植物性饵料20%～30%	易养
	艾氏拟水龟	杂食偏肉食性	鱼虾、螺蚌、昆虫、水生植物	动物性饵料70%～80%，植物性饵料20%～30%	易养
眼斑水龟属	四眼斑龟	杂食偏肉食性	果实、水生植物（水绵）、鱼、虾、昆虫	动物性饵料80%，植物性饵料20%	易养
花龟属	中华花龟	杂食性	水生植物、昆虫、蠕虫、甲壳类、腐肉	幼体：80%动物性饵料，20%植物性饵料；成体雌龟：动物性饵料20%，植物性饵料80%；成体雄龟：动物性饵料60%，植物性饵料40%	易养
池龟属	斑点池龟	杂食偏肉食性	甲壳类、贝类等	动物性饵料80%，植物性饵料20%	活泼，易养
彩龟属	红耳彩龟	杂食偏肉食性	鱼类、贝类、虾类、鼠类、蟹类、鸟类、蛙类、蜥蜴类、凤眼莲、空心莲子草等	动物性饵料80%，植物性饵料20%	活泼，易养

续表

属、种		食性	自然食性	人工天然动植物饲料配比	备注
安南龟属	安南龟	杂食偏肉食性	鱼虾、植物	动物性饵料80%，植物性饵料20%	易养
鳄龟属	大鳄龟	杂食偏肉食性	鱼类、水鸟、蝾螈、水蛇、鸭、虾、螺、龟、腐肉、野果、水生植物	动物性饵料80%，植物性饵料20%	易养，凶猛
拟鳄龟属	小鳄龟	杂食偏肉食性	鱼、虾、蛙、蝾螈、蛇、鸭、水鸟、野果、水生植物	动物性饵料80%，植物性饵料20%	易养，凶猛
地图龟属	北部黑瘤地图龟	杂食偏肉食性	昆虫、贝类、鱼虾、水蚯蚓、蜗牛	动物性饵料80%～90%，植物性饵料10%～20%	易养
	密西西比地图龟	杂食偏肉食性	昆虫、螺类、软体类、腐肉，少量水生植物	动物性饵料80%～90%，植物性饵料10%～20%	易养
伪龟属	纳氏伪龟（火焰龟）	杂食性	水生植物、鱼虾、贝类、昆虫	幼体偏肉食性：鱼虾、昆虫50%～80%，植物性饵料20%～50%；成体偏植物食性：动物性饵料30%，植物性饵料70%	活泼，易养
	红肚甜甜圈	杂食性	水生植物、鱼虾、贝类、昆虫	幼体偏肉食性：鱼虾、昆虫50%～80%，植物性饵料20%～50%；成体偏植物食性：动物性饵料30%，植物性饵料70%	活泼，易养
锦龟属	西部锦龟	杂食性	蜗牛、蛞蝓、昆虫、小龙虾、蝌蚪、小鱼、腐肉、水生植物、水藻	幼龟：肉食；成龟杂食偏肉食：动物性饵料80%，植物饵料20%	活泼，易养
菱斑龟属	菱斑龟	杂食偏肉食性	鱼、贝类、虾、蟹、蜗牛，偶食植物	动物性饵料80%，植物性饵料20%	难养

续表

属、种		食性	自然食性	人工天然动植物饲料配比	备注
麝香龟属	麝香动胸龟	杂食偏肉食性	贝类、鱼、鱼卵、虾、蜗牛、水生植物（浮萍）、藻类	高度肉食：动物性饲料80%，植物性饲料20%	易养，凶猛
动胸龟属	东方动胸龟	杂食偏肉食性	条件性杂食，蜗牛、虾、鱼卵、水草、藻类	条件性杂食：动物性饲料50%～80%、植物性饲料20%～50%	易养，凶猛
	白唇动胸龟	杂食偏肉食性	条件性杂食，水果、种子、花瓣、植物嫩芽、水生昆虫、蜘蛛、蜗牛、蠕虫、鱼虾、蝌蚪	条件性杂食：动物性饲料50%～80%、植物性饲料20%～50%	易养
蟾龟属	希氏蟾龟	杂食偏肉食性	鱼类、软体动物、昆虫、蠕虫为主，偶食水生植物、果实	动物性饲料80%、植物性饲料20%	胆小怕人
澳龟属	圆澳龟(红腹短颈龟)	杂食偏肉食性	鱼、虾、螺、蠕虫、水生植物，几乎吃任何食物	动物性饲料50%～80%、植物性饲料20%～50%	易养，不挑食，喜食鱼肉
侧颈龟属	黄头侧颈龟	杂食性	昆虫及其幼体、软体动物、死鱼、水生植物、落果	幼体(10厘米以下)杂食偏肉食：动物性饲料80%，植物性饲料20%；亚成体(15厘米以上)偏素食性：动物性饲料30%，植物性饲料70%	易养
长颈龟属	希氏长颈龟	肉食性	青蛙、蝌蚪、小老鼠、鱼、甲壳类动物	动物性饲料100%	易养
扁龟属	红头侧颈龟	杂食偏肉食性	昆虫、蠕虫、蜗牛、鱼、植物	动物性饲料80%，植物性饲料20%	胆怯怕人
蛇颈龟属	玛塔龟	肉食性	水生昆虫、鱼类、蠕虫、螺类、虾、蛙类、蝌蚪、泥鳅	动物性饲料100%	主动捕食

续表

属、种		食性	自然食性	人工天然动植物饲料配比	备注
泽龟属	欧洲泽龟	杂食性	水生昆虫、蚯蚓、蜗牛、小鱼、小虾、小螃蟹、死鱼、水生植物	动物性饵料 50%～80%、植物性饵料 20%～50%	易养
两爪鳖属	猪鼻龟	杂食偏植物食性	落到水中的果实、种子、花朵；水生植物、软体动物、甲壳动物、昆虫幼体、鱼类及哺乳类动物尸体	幼体：动物性饵料 40%，植物性饵料 60%；成龟：动物性饵料 30%，植物性饵料 70%	易养，不挑食

4. 几种有代表性龟野外食物组成

(1) 陆龟

① 沙漠陆龟“坦桑尼亚豹龟”野外食物组成。据 Kabigumila (2001) 报道，坦桑尼亚豹龟（124 例）的食物组成：98.7%植物，2.2%骨头或遗骸。

双子叶植物 74.5%，其中葡萄科多肉植物圆叶粉藤（又名圆叶葡萄）（图 2-8）占了 23.5%，是豹龟最喜食的植物；豆科植物木蓝占 8.8%，具有抗菌、护肝、抗溃疡的作用，又名木蓝山豆根，是中药山豆根的代用品；爵床科某种爵床植物占 4.4%，具有活血止痛的功效；蒺藜科多肉植物刺蒺藜（图 2-9）占 4.4%，具有多种药理作用；葫芦科多肉植物笋瓜占 3.7%。

图 2-8　多肉双子叶植物圆叶粉藤

图 2-9　刺蒺藜

单子叶植物 23.3%。其中莎草科高纤维植物占 16.8%；某种鸭拓草科多肉植物鸭拓草占 3.7%，具有多种药用功效，龟爱吃；禾本科高纤维植物龙爪茅占了 3.1%；禾本科高纤维植物黄背草（图 2-10）和虎尾草占 2.2%，虽然这两种植物在原生地分布极广，但豹龟不太爱吃。虽然圆叶葡萄、木蓝、爵床、刺蒺藜、鸭拓草等多肉植物分布数量较少，但龟会专门挑选这些植物吃，多肉植物占了整个食物的 51%左右，多刺仙人掌占 0.7%。

图 2-10　禾本科高纤维植物黄背草

沙漠陆龟是纯草食性的动物，按理说高纤维的植物所占比例应该最高；但由以上可见，多肉植物所占的比例反而最大，因此，对陆龟食性的传统认识应该进一步研究。另外，由以上还发现陆龟所食植物中有很多种类具有多种药理作用，对野外生活的陆龟的健康具有重要意义，值得研究借鉴。

② 草原陆龟“希腊陆龟”（*Testudo graeca*）野外食物组成。据 Rouag 等（2008）报道，希腊陆龟（欧洲陆龟）44 例，生活在面积 30 公顷的公园内，公园内植物组成：双子叶植物 31 种，单子叶植物 7 种，裸子植物 2 种。其食物组成如下。

双子叶植物 13 种，其中茎叶占整个食物的 51%，花朵和种子占 7.8%，二者合计近 60%。三叶草分布面积较大，龟也爱吃，占了双子叶食物的第 1 名；报春花科植物琉璃繁缕（图 2-11），具有驱虫药效，虽然对草食性哺乳动物有毒，但却占了食物的 3.7%～7.3%，比例很高。

单子叶植物 3 种，百慕达草（图 2-12）和鼠大麦是分布数量最多的植物，龟吃下的数量相当多；百合科的书带草，又名麦冬，具有多种药理作用，虽然在试验地分布数量不大，但成龟吃的比例较大，幼龟不食。

无脊椎动物 3.2%。还有 6.59%～9.95%的食材无法辨认。

图 2-11　双子叶植物琉璃繁缕

图 2-12　单子叶植物百慕达草

以上试验是在一个较小的区域，且植物、动物食材有限的条件下进行的，希腊陆龟也只能在这些食材中进行选择，因此，无法与真正野外食材相比。但从中可以发现，希腊陆龟对食材的摄取还是有选择性的。另外，动物食材也占了一定的比例，尤其幼龟高达7.21%左右。由此可见，在野外陆龟还是爱吃动物性饵料的，只不过觅食机会少不容易得到，这可作为陆龟食物不足的有益补充。在人工养殖条件下，食物比较充足，动物性饵料就要慎重投喂。

(2) 半水龟"美国东部箱龟"野外食物组成　其生活习性跟我国盒龟属的种类，如黄缘闭壳龟、黄额盒龟近似。其野外食物组成如下。

动物性饵料占总食物的 55%左右，主要是蜗牛、甲虫、蛾类、蝗虫、蚯蚓、蟋蟀、毛虫、多足虫、腐肉等。

植物性饲料占总食物的 45%左右，主要是浆果、蘑菇、叶芽、种子等。

(3) 水龟类

① 黄喉拟水龟野外食物组成。据安徽师范大学（1981）报道，安徽皖南地区黄喉拟水龟 34 例，野外食物组成：水生昆虫 43%、鱼类 28%、两栖动物 10%、软体动物 6%、水生植物 4%、环节动物 3%、虾 2%、其他 4%。由以上可见，黄喉拟水龟饵料中动物性饵料占 90%以上，比例最高的是水生昆虫，其次为鱼类。植物性饵料在 10%以内，主要为水生植物。

② 巴西彩龟野外食物组成。据刘丹（2011）报道，在海南万

泉河，对野外 64 例巴西彩龟样品进行了食物的研究分析，结果见表 2-4。

表 2-4 海南万泉河巴西彩龟野外食物构成

植物性饵料			动物性饵料		
种类	频次	比例/%	种类	频次	比例/%
凤眼莲	9	26.47	鱼类	39	50
空心莲子草	4	11.76	瘤拟黑螺	7	8.97
大藻	4	11.76	大川蜷	7	8.97
刺花莲子草	3	11.76	海南沼虾	5	6.41
鸭趾草	3	8.82	闪蚬	4	5.13
榕属	3	8.82	斜肋齿蜷	4	5.13
禾本科	3	8.82	菲律宾偏顶蛤	3	3.85
水竹	2	5.88	角偏顶蛤	2	2.56
刺竹	1	2.94	鸟类	2	2.56
浮萍	1	2.94	鼠类	2	2.56
大戟科	1	2.94	球形无齿蚌	1	1.28
			多棱角螺	1	1.28
			河蚬	1	1.28

从表 2-4 中可见，植物性饵料出现的频次占动植物整个频次的 30.36%，重量占 20.11%（三个试验点的平均数）；动物性饵料出现的频次占整个动植物频次的 69.67%，重量占 79.89%（三个试验点的平均数）。总的来说，巴西彩龟的食性是杂食偏动物食性。

③ 鳄龟成体野外食物组成。据 Ruth M. EIsey（2006）报道，在美国路易斯安那州与阿肯色州流域，对 109 例真鳄龟野外食物组成进行了研究分析，结果见表 2-5。

表 2-5 美国路易斯安那州与阿肯色州流域真鳄龟食物构成

项目	出现频次(109 例)	食物平均质量/克	占总重/%
螃蟹	1.83	0.94	0.077
龙虾	51.83	9.32	0.77
软体动物	47.71	3.53	0.29
昆虫	22.02	0.30	0.025
以上无脊椎动物合计	123.39	14.09	1.16
鲤鱼	22.94	110.95	9.14
鲶鱼	2.75	21.96	1.81
雀鳝	20.18	68.09	5.61
不可辨别的鱼类	79.82	26.47	2.18
以上鱼类合计	125.69	227.47	18.75
蛇	6.42	16.74	1.38
龟	30.28	16.66	1.37
鸟	5.50	3.51	0.29
犰狳	0.92	123.62	10.19
麝鼠	0.92	133.8	11.03
河狸	21.10	273.76	22.56
负鼠	0.92	44.33	3.65
野猪	1.83	18.81	1.55
浣熊	0.92	26.68	2.20
松鼠	0.92	252.26	20.79
不可辨别哺乳动物	7.34	5.53	0.46
不可辨别骨头	14.68	10.08	0.83
卵壳	6.42	3.21	0.26
脊椎动物合计(鱼除外)	98.17	928.99	76.56
植物	99.08	40.12	3.31
无法识别物质	96.33	2.71	0.22
总计		1213.38	

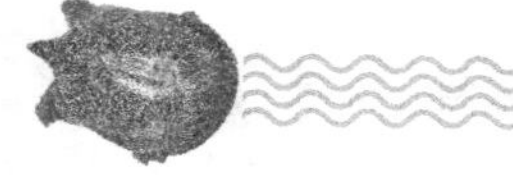

从表 2-5 中可见，动物食物出现频次从高到低依次为：鱼类、龙虾、软体动物、龟、水生昆虫、河狸、蛇、鸟、螃蟹。动物食物占食物总重量比率从高到低依次为：河狸、松鼠、鱼类、麝鼠、犰狳、负鼠、浣熊。河狸出现频率为 21.2 次，鱼类出现频次 125.69 次，但由于河狸个体重量大，所以河狸重量占总食物量的比率比鱼类高。植物食物出现的频次仅为 99.08 次，其重量占总食物量的 3.31%，由此可见，鳄龟食性是杂食高度偏肉食性。

二、鳖的食性特点

我国鳖养殖种类主要是中华鳖，近几年又先后引进了日本鳖、泰国鳖和美国珍珠鳖等。从栖息地来看，鳖是水栖型的，比龟简单得多，因此食性比较一致；从分布来看，虽然在国内有很多不同的地理品系，也有从国外引进的，但因为都是水栖，因此食性差异不大。从目前人工养殖情况来看，国内养殖基本上以投喂配合饲料为主，而忽视了天然动、植物饵料的使用，这方面应引起业界的重视，尤其在目前鳖市场低迷的状况下，如何改变重速度轻品质的传统观念显得尤为迫切。

1. 以动物性饵料为主，也食植物性饲料

自然环境条件下，所食动物性饵料主要包括水蚤、水生昆虫、水蚯蚓、鱼、虾、蟹、蛙、螺、蚌、蚬等，在人工养殖条件下，还可以投喂蚯蚓、蝇蛆、黄粉虫、蚕蛹、鸡肉、畜禽副产品等。植物饲料包括藻类、水生植物、瓜果蔬菜和杂粮。鳖一般喜食动物性饵料，不喜食植物性饲料，因此瓜果蔬菜一般榨汁拌入粉状配合饲料中投喂，可补充维生素的不足。

2. 喜食人工配合饲料

配合饲料包括粉状和膨化饲料两种，要求营养全面，易消化吸收，且以动物蛋白为主，以植物蛋白为辅，动物蛋白主要是白鱼粉。粉状饲料已经普遍使用。膨化颗粒饲料近几年开始推广使用，取得了较好的经济、生态效益，是未来饲料业发展的方向。

3. 贪食

由于自然条件下，食物不会很容易得到，因此鳖养成了贪食的

习惯，即使不新鲜和腐败的鱼虾等动物性饵料也吃，尤其在食物缺乏时。在人工养殖条件下即使食物丰富也贪食。这就要求在饲料投喂时一定要注意不投喂过期和不新鲜的饲料，防止中毒，另外还要控制好投喂量。

4. 耐饥饿

在食物缺乏的情况下，鳖耐饥能力很强，相当长的时间内不会死亡，但会停止生长，体重减轻。因此饲料投喂要及时，不要让鳖经常处于饥饿状态。

5. 相互残食

处于饥饿状态或鳖规格不整齐时，容易出现残食同类的现象。因此饲料要及时投喂，投喂量要充足。另外规格要整齐，一是防止大鳖残食小鳖；二是防止小鳖抢不到食物，影响生长。使用粉状料容易出现这种情况，往往是大鳖吃完后，才轮到小鳖吃，造成了出池时商品品率低。膨化饲料克服了这一缺点，鳖无论大小强弱都得到了均等吃食的机会，所以出池规格比较整齐。

三、龟鳖不同生长阶段的食性特点

1. 龟不同生长阶段的食性特点

(1) 陆龟不同生长阶段的食性特点

① 稚、幼龟对蛋白质的需求量高于亚、成体龟。总的来说陆龟规格越小对蛋白质的需求量就越高。

② 稚、幼龟对粗纤维的需求低于亚、成体龟。对陆龟来说，需要高纤维的食物，这是针对陆龟亚、成体而言。而对稚、幼龟来说，国外不少研究表明，稚、幼龟的消化系统跟成龟不一样。稚、幼龟由于大肠发育不完全，后肠发酵系统不能像成龟一样工作，所以消化粗纤维的能力非常弱。美国学者 Mazard 等人（2009），针对沙漠陆龟的幼龟，进行了不同种类纤维植物营养消化吸收的对比研究，结果表明，陆龟幼龟很不爱吃高纤维低蛋白质的禾本科牧草，而且越吃体重损耗越大；很爱吃较低纤维和较高蛋白质的非禾本科的宽叶草，且体重有所增长。由此可见，纤维过高的青牧草会对幼龟的生长不利。另外很多研究还表明，当陆龟体重达到一定程

度后，才能有效地利用青牧草的营养，也就是说陆龟体重最好达到一定程度再投喂青牧草。

阿尔及利亚 Rouaq 等人对阿尔及利亚东北部野外希腊陆龟（欧洲陆龟）的食物组成进行了研究，通过对其粪便的研究来推断食物的种类和比例，结果发现，野生希腊陆龟幼龟摄食高纤维单子叶植物的比例较成龟低，幼龟完全不吃粗纤维含量高的书带草，而公龟和母龟却吃下了较高比例的书带草，尽管书带草在原生地分布并不广。这表明：一方面幼龟不喜食粗纤维高的植物，另一方面也表明成龟对高纤维植物也是有选择性的。

③ 稚、幼龟对动物蛋白需求量高于成龟。多项研究表明，野外生活的某些陆龟稚、幼龟会经常捕食蜗牛、蚯蚓等无脊椎动物，其食性为杂食性，越接近成体越趋于植物食性。

阿尔及利亚 Rouaq 等人对阿尔及利亚东北部的希腊陆龟（欧洲陆龟）研究表明，幼龟摄食无脊椎动物的比例较高达 7.21%，而成龟公龟仅 0.36%。

因此人工养殖条件下，在陆龟稚龟、幼龟阶段要注意两点：一是不要喂食粗纤维含量过高的植物饲料，二是可以喂食少量容易消化吸收的天然动物饲料作为补充。

陆龟稚龟在卵黄囊（图 2-13）吸收完后，就需要喂食，可喂龟粮、蔬菜丁、少许水果沙拉、鸡蛋黄等容易消化吸收的物质。

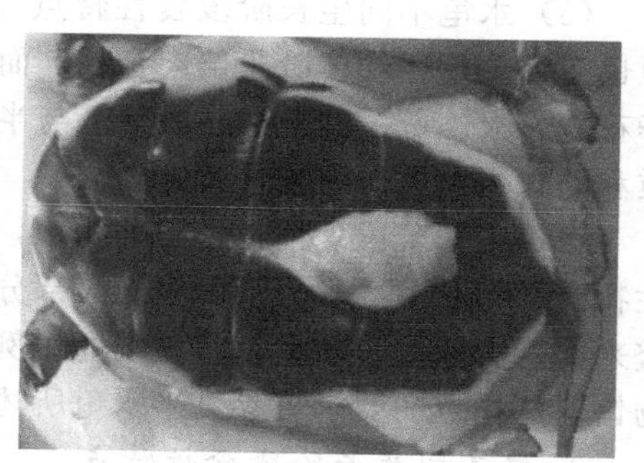

图 2-13　稚龟卵黄囊

幼龟由于生长速度快，可偶尔提供蚯蚓、蜗牛等动物蛋白以满足生长需要，但要控制好投喂量和频率，因为它们的肠道缺乏消化动物蛋白的酶类，如果频繁投喂会导致一系列健康问题，如消化不良等。

亚成体或成体阶段草食性陆龟，如苏卡达、豹龟等有时也主动去啃食肉类，但最好不要喂食。杂食性的雨林陆龟，如缅甸陆龟、

靴脚陆龟、红腿陆龟、黄腿陆龟、荷叶陆龟等，可适当投喂肉类。

（2）半水龟不同生长阶段食性特点

① 稚、幼龟对蛋白质的需求量高于成龟。总的来说，规格越小对蛋白质的需求量越高。

② 稚、幼龟对动物蛋白的需求量高于成龟。很多半水龟幼体阶段偏肉食性，而到了成龟阶段则偏植物食性，如安布闭壳龟、齿缘摄龟等。总的来说规格越小对动物饵料的需求量越高。

半水龟不同生长阶段的食性特点与鳖大体相似，可参见“鳖不同生长阶段食性特点”的有关内容。但由于大多作为观赏龟来养殖，相对于鳖来说，天然动、植物饵料的投喂比例比鳖高得多。因此，在这里重点强调一下天然动、植物饵料选择上的要求。在动物饵料方面，一是要根据龟的不同食性特点，尽量选择容易消化吸收的动物饵料，如蚯蚓、蜗牛、虾、鱼等；二是尽量不投喂畜禽的下脚料和副产品，这一点与鳖是有差别的，因为鳖是食用为主，因此在成鳖阶段可以投喂一部分新鲜的畜禽的下脚料和副产品，而对作为观赏的龟来说，就要慎重选择使用。在植物饵料方面，稚、幼龟以瓜果、蔬菜为主，尽量不投喂粗纤维含量高的植物，成龟阶段可少量投喂。

（3）水龟不同生长阶段食性特点　水龟总的来说偏动物食性，但也有部分龟，幼体阶段偏肉食性，而成体阶段偏植物食性，如中华花龟、火焰龟、红肚甜甜圈等。与半水龟相似，规格越小对蛋白质和动物蛋白质的需求量就越高。

水龟不同阶段食性特点与鳖相似，可参见“鳖不同生长阶段食性特点”的有关内容。但由于绝大部分作为观赏龟来养殖，相对于鳖来说，天然动、植物饵料投喂的比例比鳖高得多，在天然动、植物饵料选择上的要求可参见半水龟所述内容。

2. 鳖不同生长阶段食性特点

（1）稚鳖食性

① 稚鳖食性转化特点。稚鳖一般指体重50克以下的鳖。刚出壳的鳖体重在5克左右，其腹部常可见一淡红色圆斑，即为卵黄囊。开始1～3天，稚鳖以卵黄囊中的卵黄为营养，称为内

源性营养阶段。

随着卵黄逐渐减少，大约 10 天完全消失。这一时期稚鳖一方面以卵黄为营养，另一方面在孵出 5 天后开始摄食外界食物，称为混合营养阶段。这一阶段应及时投饲。

卵黄囊消失后，稚鳖完全靠摄食外界食物为营养，称为外源性营养阶段。

通过以上可见，稚鳖从孵出，至食性完全转化，需 10～15 天的时间，这一时期称为暂养阶段。这一阶段稚鳖摄食能力弱，需精心饲养。稚鳖经过暂养阶段后就可以完全进入正常摄食状态，进入正式饲养阶段。

② 自然条件下稚鳖的食性特点。在自然环境条件下，稚鳖主要摄食枝角类、水生昆虫、水蚯蚓、虾的蚤状幼体、虾苗、鱼苗等。而对较大型的螺、蚌及水生植物则不能直接摄食。因此在人工养殖条件下，要投喂营养全面、容易消化吸收的鲜活动物饵料，脂肪含量高或不宜消化吸收的，如大肠、蚕蛹、肉粉等应尽量少投喂。开口料以枝角类为最好，亦称水蚤，俗称“红虫”，生活在水流缓慢、肥沃的水体中，如小水沟、精养鱼塘等，是水体一类大型浮游动物。水蚤蛋白质含量高，营养成分全面，容易消化吸收，所以是稚鳖优质的开口料。

③ 人工条件下稚鳖的食性特点。在人工养殖条件下，稚鳖一般分为两个养殖阶段：一是暂养阶段，二是正式养殖阶段。

在暂养阶段，一般从第三天就开始投饵。所投饵料一般为蛋黄和水蚤，开始时可把蛋黄和水蚤散放于水中，让鳖在水中摄食。饲养 3～5 天后，可投喂水蚯蚓、蚯蚓等。还可以投喂绞成糜状的鱼肉、螺肉、虾肉、鸡肝、猪肝。天然动物饵料可以跟配合饲料搭配在一起使用。到暂养阶段结束后，要逐渐过渡到以配合饲料为主，为正式养殖阶段打下基础。如果天然动物饵料缺乏时，也可单独投喂人工配合饲料。人工配合饲料有两种：粉状饲料和膨化饲料，蛋白质含量在 45%左右。目前以粉状料为主，膨化饲料近两年也得到了快速推广应用。从应用情况来看，膨化稚鳖料完全可以用于稚鳖的开口料，无论吃食、生长、健康、规格整齐度等都具有明显的

优势，是将来发展的方向。

进入稚鳖正式养殖阶段，其饲料应以配合饲料为主，天然动物饵料为辅，适当补充一部分植物性饲料。动物饵料可切成碎块投喂，也可绞成糜状与配合饲料搭配在一起投喂。植物饲料以蔬菜、瓜果为主，可打成汁拌入配合饲料中投喂。

由于稚鳖的摄食能力和消化能力弱，所以饲料要求精、细、软、嫩，易于消化吸收，营养全面。

(2) 幼鳖的食性　幼鳖一般是指体重250克左右的鳖。

幼鳖阶段比稚鳖消化吸收功能强，因此食谱有所扩大，但同样要求饲料精、细、软、嫩，营养全面，易消化。

配合饲料蛋白质含量在41%左右，且以动物蛋白为主。目前养殖过程中以粉状料为主，鲜活动物饵料为辅。膨化饲料也已推广使用，诱食效果很好，幼鳖不经驯化就可正常摄食，即投即食。但不同厂家的产品可能有区别。有些厂家为了降低成本，可能对主要原料过多使用替代产品，从而造成了产品诱食效果不好，影响了鳖的吃食。

对于天然动物饵料来说，幼鳖喜食，如蚯蚓、蝇蛆、鱼肉、螺肉、蚌肉、黄粉虫等，可以切成小块单独投喂，也可以绞成肉糜与配合饲料搭配在一起投喂。从健康角度出发，在天然动物饵料充足的情况下，最好加大其投喂量，与配合饲料搭配投喂养殖效果比较好，至于二者的比例可根据具体情况而定。另外，还要适当增加瓜果、蔬菜等植物饵料的投喂量，以补充维生素的不足，可打成汁拌于饲料中投喂。

(3) 成鳖的食性　成鳖一般是指500克左右的鳖。

成鳖阶段消化吸收能力更强，因此食谱更广，但仍要求饲料营养全面，易消化吸收。

配合饲料蛋白质含量38%左右，且以动物蛋白为主。目前养殖过程中以粉状料为主，天然动、植物饵料为辅。膨化饲料也已推广使用，但要注意的是，如果成鳖以前未投喂过膨化饲料，改喂后就需要经过一个驯化过程才能正常摄食。但如果在稚鳖或幼鳖就开始投喂，那就不存在问题。

天然动物饵料除上面幼鳖阶段所提到的种类以外，还可以适量投喂一部分新鲜的畜禽副产品。既可以切成块投喂，也可绞成肉糜与配合饲料搭配在一起投喂。另外还要加大瓜果、蔬菜的投喂量。

（4）亲鳖的食性　亲鳖一般是指体重800克以上的鳖。亲鳖的食性与成鳖基本相似。

配合饲料蛋白质含量38%左右。亲鳖饲料以配合饲料为主，但要加大天然饵料的投喂量，以满足鳖的生殖需求。注意投喂容易消化吸收的动植物饵料，如鱼肉、螺肉、西红柿等。

总之，鳖在不同的生长阶段，其食性是有区别的，要根据具体情况，最大限度地满足其生长发育的需求。有些养殖户因目前产品价格低迷，不再投喂商品配合饲料，而是采用自配饲料，为了降低成本这也是可以理解的，但要注意以下三点：一是配比要合理，这是最起码的，否则会造成鳖生长慢或出现病变，如隆背、裙边薄等，甚至有些养殖户，专门喂鸡肠子、鸡肝等动物性饲料，短时间内可能没问题，但长此以往肯定是要出问题的；二是要注意各生长阶段的食性差异，有些养殖户各个生长阶段用同一种料，这种做法肯定会影响到鳖的正常生长发育；三是要注意原料的新鲜度，这一点是非常重要的，否则会造成各种疾病的发生。

第三节

影响龟鳖摄食的因素

影响龟鳖摄食的因素不外乎龟鳖自身、养殖环境、饲料、人为这几大因素。

一、龟鳖自身因素对摄食的影响

1. 龟鳖健康状况

龟鳖得病后消化能力下降，就会造成摄食量减少，严重时甚至

拒食。为此在治病过程中不要喂太多食物，待病症有所减轻后可适当增加食物。停药后，也不要急于投喂大量食物，因为龟鳖的消化能力还没有完全恢复，要待其恢复后再正常喂食。因此在投饲过程中要细心观察，发现情况及时处理。

2. 龟鳖的应激反应

龟鳖的应激反应在养殖过程中比较常见，比如水温变化大、缺氧、抓捕运输、水质恶化等都有可能引起龟鳖的应激反应，从而造成摄食量减少、转化率降低、生长速度减慢等反应。比如家庭新购入的观赏龟，由于胆子小，在到了新环境后，因环境的改变很容易出现拒食的现象，在这种情况下，最好不要急于喂食，先饿上几天，待其对新环境适应后再开食。

3. 龟鳖规格

龟鳖越小代谢强度越大，相对生长速度越快，其摄食率就越高。因此，随着龟鳖的不断增长，要适时调整其投饵率。

4. 龟的体型

体型较大的龟生长速度比体型小的快，因此龟的体型大小会影响到龟的摄食量。

二、养殖环境对龟鳖摄食的影响

1. 温度对龟鳖摄食的影响

温度是影响龟鳖摄食的第一因素，在适宜温度范围内，随着温度的提高，龟鳖的摄食量逐步递增。总的来说，龟鳖都有适宜和最适的摄食温度范围，只有在最适水温条件下，龟鳖摄食最好，生长最快，饵料系数最低。

气温主要影响陆龟和半水龟，水温主要影响水龟和鳖。气温与水温最大的不同是，气温受外界因素的影响大，易变化；而水温相对较稳定。

（1）温度对陆龟摄食的影响　不同陆龟生活的最适温度见表2-6。只有在最适温度范围内，陆龟摄食量达最高，生长速度最快，低于或高于都会降低陆龟的摄食量和生长速度。

表 2-6　常见陆龟最适温度、湿度

项目	白天温度/℃	夜晚温度/℃	湿度/%
缅甸陆龟	26～28	20～24	60～80
印度陆龟	26～28	20～24	60～80
印度星龟	28～32	24～26	40～50
缅甸星龟	30～32	24～26	50～70
凹甲陆龟	25～28	20～22	70～80
红腿象龟	26～28	20～23	70～80
黄腿象龟	27～30	20～24	70～80
四爪陆龟	27～30	20～24	30～40
赫曼陆龟	26～29	20～22	40～50
欧洲陆龟	28～30	18～22	35～45
豹纹陆龟	32～35	24～26	30～40
苏卡达龟	30～34	24～26	40～50
放射陆龟	27～30	22～24	60～70
蛛网龟	30～32	18～22	70～80
饼干龟	32～35	20～24	40～50
荷叶折背	26～30	20～22	70～80
亚达伯拉象龟	28～32	22～24	70～80

（2）温度对半水龟摄食的影响　温度是影响半水龟摄食的第一因素。

据周工健（1998）报道，温度影响到半水龟的活动和摄食，如三线闭壳龟适宜的温度范围为 18～32℃，超出这个范围，便蛰居洞穴“冬眠”或“伏夏”。而 23～30℃是其最适宜的摄食生长温度，在此范围内随着温度的提高，摄食量逐渐增高。

据黄斌等（2007）报道，黄缘闭壳龟适宜的温度范围为 26～33℃；最佳摄食、活动、生长温度为 30℃；20～25℃时活动量明显减少；15℃钻入泥沙中；12℃冬眠；超过 34℃纷纷爬入水池中或钻入沙中，或进入阴暗的龟巢中不动，将头部、四肢缩入壳内，

进入“伏夏”。

(3) 温度对水龟摄食的影响　温度是影响水龟摄食的第一因素。

由文辉等（1993）的研究表明，环境温度对乌龟幼龟摄食量有显著影响，一龄幼龟对比目鱼的摄食量25℃、30℃时比20℃时平均分别高33%、65%；二龄幼龟25℃、30℃时比20℃时平均分别高81%、149%。一龄幼龟对面包虫的摄食量25℃、30℃时比20℃时平均分别高35%、159%；二龄幼龟25℃、30℃时比20℃时平均高220%、437%。

在人工控温养殖条件下，要尽量把温度控制在最适温度范围内，有时水温变化1～2℃，就有可能造成吃食的明显变化，影响龟的生长。如人工控温养鳄龟，水温变化1～2℃，就会明显影响鳄龟的摄食，可使日增重率相差一倍。另外，在控温养龟过程中，一定要注意气温和水温不要相差过大，否则会对用肺呼吸的龟造成应激反应，从而影响龟的正常摄食。

(4) 温度对鳖摄食的影响　温度是影响鳖摄食的第一因素，水温的变化对鳖的摄食影响显著。

据苏礼荣、江东（2014）报道，水温大于32℃时，消化酶的活性降低，吃食量减少，生长减慢；水温30～32℃，消化酶的活性最强，吃食最旺、生长最快，是鳖的最适摄食温度范围；28～30℃消化酶活力降低，吃食量开始减少；25～28℃时，消化酶急剧减少，摄食的饲料不能完全消化，利用率低，造成饵料系数高，生长速度慢；小于25℃时，基本停食。

因此，在人工控温养殖条件下，要尽量把温度控制在最适温度范围内，有时水温变化1～2℃，就有可能造成吃食的明显变化，影响鳖的生长。另外，在控温养鳖过程中，一定要注意气温和水温不要相差过大，否则会对用肺呼吸的鳖造成应激反应，从而影响鳖的正常摄食。

2. 水质对龟鳖摄食的影响

有人认为，龟鳖用肺呼吸，可以直接呼吸空气，不像鱼虾那样用鳃呼吸，水质的好坏对龟鳖的摄食影响不大，这种观点是不正确

的。从摄食角度来看，龟鳖在日常生活中是要经常喝水的，这一点陆龟和半水龟最容易观察到，水龟和鳖长期生活在水中不容易观察到，因此在养殖过程中往往忽略这一点。另外水龟和鳖在吃食过程中，要把饲料拖入水中吞咽，一方面饲料要吸收一部分水，另一方面在吞咽过程中也会有部分水被带入体内。因此如果水质差，病菌和有毒物质多，龟鳖在喝水与吃食过程中就会把大量病菌和有毒物质带入体内，从而影响到龟鳖的健康，进而影响到龟鳖的摄食。据章剑（2015）报道，黄喉拟水龟、黄缘盒龟在养殖过程中如果换水不及时，水质恶化，龟喝了脏水后会四肢无力肿胀，眼睛无神，消化道功能紊乱，甚至停食。因此，龟鳖生活在良好的水质环境中，健康状况就好，食欲就旺盛，摄食就量大，生长就快；反之，则食欲差，摄食量小，生长慢。

3. 光照对龟鳖摄食的影响

在水生生物生活的环境中，光照有多方面的生态作用，直接或间接地影响动物的摄食、生长发育和生存。

（1）光照对陆龟摄食的影响　通过太阳光里 UVB 射线的照射，陆龟体内能够合成维生素 D_3，从而帮助陆龟吸收食物里的钙质。

（2）光照对半水龟摄食的影响　光照强度对半水龟的活动与摄食影响明显。

据周工健（1998）研究表明，三线闭壳龟洞外活动受温度和光照的双重控制，当温度超出 18～33℃范围时，便蛰入洞穴。但在适宜温度范围内，同时又受光照强度的控制，当自然光照超过 5000 勒克斯时，尽管温度适宜，照样蛰居。只有低于 500 勒克斯以下时，才进行洞外活动。但也有例外，当冬季晴天中午温度超过 20℃时，尽管光照强度超过 5000 勒克斯时，也会偶尔出洞，进行饮水等洞外活动。这也说明对温度和光照两个因素来说，温度的影响相对要大一些。通过人工控制温度和光照强度，可人为创造金钱龟生长和发育适宜的外部条件，以延长摄食等活动时间，促进其新陈代谢，有利于其生长发育。

据黄斌（2007）的研究表明，黄缘闭壳龟的活动和摄食与光照

有很大的关系，当光照在30～400勒克斯时，集群堆积活动减弱，个体活动加强，几乎所有龟都离巢到池内活动，饮水、吃食、交配产卵。当光照低于30勒克斯时，活动开始减弱；当光照强度高于400勒克斯时，随着光照的增强黄缘闭壳龟的活动量逐渐减少；超过3000勒克斯时，只有少数龟在活动，大部分进入龟巢；当超过4500勒克斯时，各种活动基本停止。如果养殖池不设置人工龟巢，则龟表现焦躁不安，围绕池边爬行，寻找阴暗处。黄缘闭壳龟适宜的光照强度为30～400勒克斯。

另外研究还表明光照对黄缘闭壳龟的吃食有非常明显的影响：在适宜的光照强度下，强度的变化对日均摄食量和生长影响很明显。日均摄食量随着光照强度（在50～400勒克斯范围内）的增加而减少，50勒克斯的光照强度摄食量最大，400勒克斯最小。一般情况下其活动在早晨5:00～7:00，傍晚18:00～19:00两个时间段最活跃。其次是夜晚的活动量较大。中午大部分时间栖息在龟巢。阴雨天活动量较大，大部分离开龟巢在池中活动。因此要根据活动规律合理安排饲料投喂时间。

(3) 光照对中华鳖摄食的影响　光照强度对中华鳖摄食量影响显著。

据周显青（1998）研究报道，中华鳖稚鳖在10～3000勒克斯光照强度范围内随着光照强度的减弱，最大日摄食量逐渐增加。在10勒克斯光照强度下，达到了最大日摄食量和最大特定生长率；在3000勒克斯照度下摄食量较少，活动较少，基本处于静止状态；在1000勒克斯照度下，活动较弱；在10～300勒克斯照度下，活动积极。

另外研究还表明，光照强度对鳖特定生长率有明显影响，二者之间关系密切。在3000勒克斯照度下，特定生长率最低。而后随光照强度的减弱而增大，在10勒克斯时达到最大。

以上所述表明，强光对鳖的活动有抑制作用。这一特性与鳖的生态习性有关，鳖喜欢夜晚觅食，依靠嗅觉探知食物。虽然经过驯化白天可以吃食，但摄食量仍以夜晚为多。因此在饲料投喂时，晚上可根据情况投喂1次，并合理安排好白天与晚上的投喂比例。由于膨化饲料投喂比较方便，晚上可以考虑投喂膨化颗粒饲料。

4. 湿度

湿度与温度对陆龟和偏陆地活动的半水龟的影响同样重要，但是一般饲主较注重温度，而忽略了湿度的环境营造。温度的影响是直接的，而湿度的影响则是缓慢的，长久处于不适宜的湿度条件下，虽然不会立即造成威胁，但往往发现时，大都为时已晚。因此在陆龟和半水龟养殖过程中既要控制好温度，又要兼顾湿度，只有二者协调好，才有利于摄食与生长。一般来说陆龟对湿度的要求从高到低依次为：雨林型陆龟、草原型陆龟、沙漠型陆龟。半水龟对湿度的要求较复杂。

三、饲料种类对龟鳖摄食的影响

许多研究表明，龟鳖对各种饲料的嗜食程度有很大差异，这影响到龟鳖的摄食率，进而影响到龟鳖的生长。有时适口性的作用甚至超过营养水平的影响。

陈春山等（2012）研究表明，不同饲料对三线闭壳龟 2 龄成龟的摄食率有显著影响。这三种饲料是：成龟配合饲料（蛋白质 35.2%）；鲜活泥鳅；混合饲料，50%命脉成龟饲料，50%鲜活泥鳅。从饱食投饵率来看，鲜活泥鳅为 5%，配合饲料为 1%，按干物质计算，每次摄食鲜活泥鳅的蛋白质摄取量是配合饲料的 2.65 倍。由此可见，三线闭壳龟还是比较喜食鲜活动物性饵料的。

据安莹（2011）报道，人工饲养条件下，幼体四眼斑龟、中华花龟、红耳彩龟对各种饲料具有不同的嗜食程度（表 2-7）。

表 2-7 各种幼体龟对饲料的嗜食程度

项目	最喜食（摄食率 80%以上）	喜食（摄食率 50%～80%）	相对喜食（摄食率 30%～50%）	一般取食（摄食率 20%～30%）	偶尔取食（摄食率 10%～20%）	基本不食（摄食率 10%以下）
四眼斑龟	瘦猪肉、虾、西瓜、猪肝、鱼、木瓜、瘦牛肉	鸡蛋白、香蕉、冬瓜、豆腐、青瓜、菜花、莴苣叶、苹果	茄子、猪血、黄豆			

续表

项目	最喜食（摄食率80%以上）	喜食（摄食率50%～80%）	相对喜食（摄食率30%～50%）	一般取食（摄食率20%～30%）	偶尔取食（摄食率10%～20%）	基本不食（摄食率10%以下）
红耳彩龟	虾、瘦牛肉	鸡蛋白、鱼、西瓜、瘦猪肉、猪肝、猪血、豆腐、香蕉	木瓜、莴苣叶	青瓜、冬瓜、茄子	苹果	黄豆
中华花龟	虾、瘦牛肉、豆腐、瘦猪肉、西瓜、猪血	猪肝、鸡蛋白、鱼、木瓜、莴苣叶、苹果	香蕉	青瓜、冬瓜	茄子	菜花、黄豆

钱国英（2002）研究表明，在人工养殖条件下，中华鳖稚鳖对于不同饲料的选择差异明显，选择顺序从高到低依次为：蚯蚓、鱼糜、配合饲料。

四、饲料颜色对龟鳖摄食的影响

动物对食物的选择，一般是通过视觉、嗅觉、味觉和听觉等器官联合作用来实现的。很多人认为陆龟对食物没有选择，遇到什么吃什么。但在养殖过程中，观察到陆龟对食物是有选择的。据德国A. Simang女士（2010）对纳米比亚小豹龟的试验表明，对颜色的敏感程度从高到低依次为：红色、浅绿色、橄榄色、白色、黄色、土色、橙色，对黑色、褐色和深绿色不敏感。据观察缅甸星龟对浅绿色植物感兴趣，而对深绿色的植物不感兴趣，当两种植物放在一起时，会喜食浅绿色植物，而对深绿色食物基本不食。当深绿色的植物和红色蚯蚓放在一起时，也只对红色的蚯蚓感兴趣，而不理会深绿色的植物。以上说明，陆龟的视觉具有分辨和选择颜色的能力。因此，通过配制不同颜色的食物来增强陆龟的食欲应该是可行的。目前市售的陆龟饲料也正是如此。对巴西龟的研究表明，其对紫色、蓝色、绿色和红色很敏感。

总之，影响龟鳖吃食的因素很多，这就要求要抓住主要因素，尽量为龟鳖创造有利于其摄食与生长的良好生活条件，促进龟鳖健康地生长。

第三章

龟鳖消化吸收

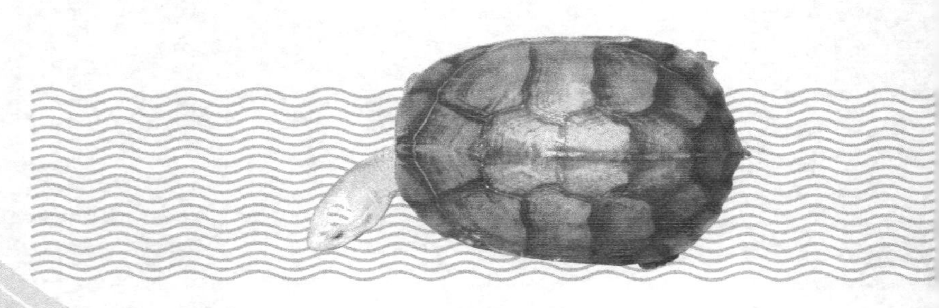

第一节

龟鳖的消化系统

龟鳖的消化系统大致相同，包括两大部分：消化管和消化腺。雌龟的消化系统见图 3-1。鳖的消化系统见图 3-2。

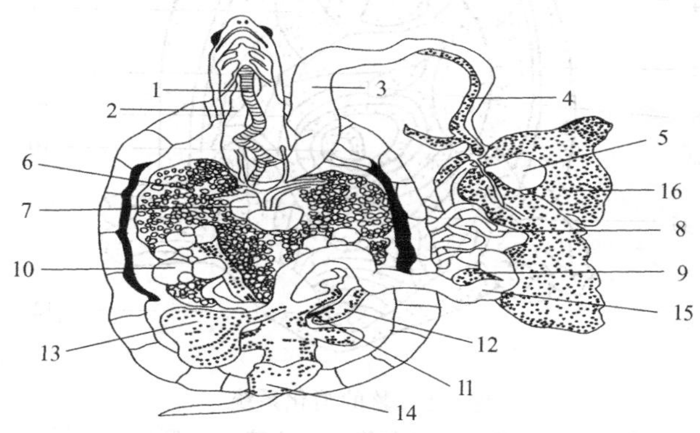

图 3-1 雌龟的消化系统

1—气管；2—食道；3—胃；4—胰脏；5—胆囊；6—肺；7—心脏；8—小肠；9—脾脏；10—卵巢；11—输卵管；12—肾脏；13—膀胱；14—泄殖腔；15—大肠；16—左叶肝

一、消化器官

消化器官主要由口、口咽腔、食道、胃、小肠、大肠以及泄殖腔组成。

（1）口、口咽腔　龟鳖口裂的上下颌无牙，内有锐利的角质喙，俗称“全牙”，能行使牙齿的功能。口咽腔的前部为口腔，后部为咽腔。口腔底部有发达的肌肉质舌，舌表面有角质凸突起，具有可防止鱼、虾等饵料滑脱及感触功能。舌仅具有吞咽功能，不能

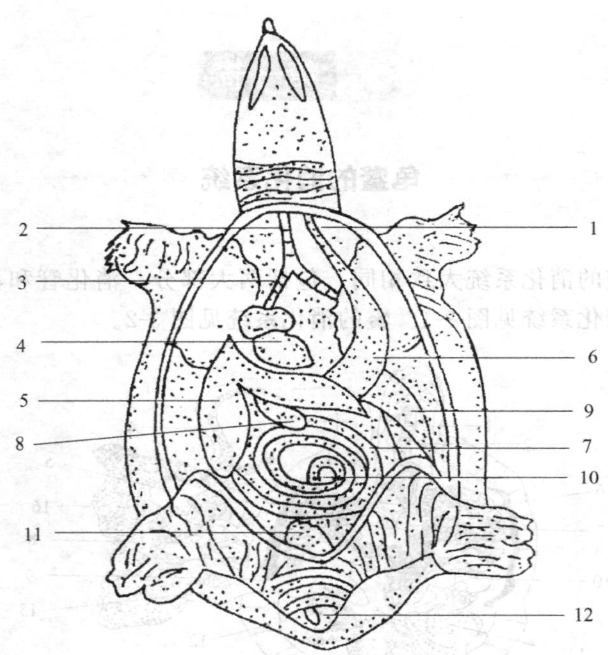

图 3-2　鳖的消化系统

1—食道；2—气管；3—支气管；4—心脏；5—肝脏；6—胃；7—肠；8—胆囊；9—胰脏；10—直肠；11—膀胱；12—泄殖孔

伸展。咽位于口腔后面，为一宽而短的管道，咽壁上有许多颗粒状的小乳突，黏膜上富有微血管。

（2）食道　位于口咽腔之后，内壁上有纵行的皱褶，食管肌肉质，扩展性强。食道可通过上皮杯状细胞分泌黏液来润滑食物。

（3）胃　位于食道和小肠之间，是食道的膨大部分。胃具有以下功能：储存食物；搅拌磨碎食物；分泌消化液分解食物。陆龟的胃不如半水龟、水龟和鳖的胃发达。主要原因是因为陆龟是纯植物食性，所食高纤维植物无法在胃中进行初步分解，用进废退，造成了陆龟的胃逐步退化。半水龟、水龟和鳖所食食物在胃中能够得到初步分解后，再进入小肠内，所以胃相对于陆龟而言要发达。其胃

肌层的发达程度与其食性有关，如偏植物食性的要比偏动物食性的相对发达，因为植物不易消化，需要胃肌的强力收缩使胃内食糜和胃液充分混合，达到促进消化的目的。

（4）小肠 小肠是消化道的主要部分，分十二指肠、回肠。小肠是动物性饵料消化吸收的主要场所，其肠腺发达，毛细血管网丰富，有利于食物的消化吸收。半水龟、水龟和鳖一般以动物性饵料为主，因此小肠比大肠发达。陆龟一般为草食性，食物的消化吸收主要在大肠内进行，因此其小肠不如大肠发达。

总的来说半水龟、水龟和鳖的小肠比大肠发达，因此蛋白质、脂肪和糖的分解主要在小肠内进行，小肠是其食物消化吸收的主要场所；陆龟的小肠不如大肠发达，因此小肠不是其食物消化吸收的主要场所；陆龟的小肠不如半水龟、水龟和鳖的小肠发达。

（5）大肠 为消化道最末端，连接回肠。分盲肠、结肠和直肠三部分。龟鳖种类不同，其大肠的作用也不相同，一般来说，大肠是植物纤维分解消化的主要场所，因此对于植物食性的陆龟来说，大肠是其食物消化吸收的主要场所；而半水龟、水龟和鳖主要以动物饲料为主，因此大肠的主要作用是重新吸收小肠来不及吸收的营养物质。

盲肠起源于爬行动物，其发达程度与动物的食性有关，如纯植物性的陆生龟四爪陆龟，盲肠长度占消化道总长的5%左右；杂食偏植物食性的中华花龟，其盲肠占消化道总长的近4%；偏动物食性的四眼斑龟，盲肠不发达；偏肉食性的中华鳖亦是如此。

有的龟直肠比较发达，如黄喉拟水龟的直肠部分异常粗大，甚至超过了自身胃的粗度，经过消化吸收的食物残渣储存到这里，进行进一步的吸收，达到重复利用的目的，增加了食物的消化吸收率。

一般来说，陆龟的大肠比小肠发达，因此大肠是其食物消化吸收的主要场所，但要注意的是稚龟、幼龟大肠的发育程度与成龟还是不同的，稚、幼龟由于发育还不完善，所以大肠不能像成龟那样工作，对粗纤维的分解消化能力是有限的，因此在饲料选择时，就不要过多投喂粗纤维含量高的植物饲料。半水龟、水龟和鳖的大肠

不如小肠发达，因此大肠不是其食物消化吸收的主要场所。

总的来说，消化道的长度决定了食物在肠道消化和吸收的时间，一般来说，偏植物食性的水龟和半水龟，其肠道长度要比偏肉食性的长，如中华花龟成龟杂食高偏植物性，其肠道长度是杂食中间食性的黄缘闭壳龟的 2～3 倍。这主要与食物的消化难易有关，也是在漫长的进化过程中形成的。植物食物难消化需要增加肠道长度，以延长消化时间。动物食物易消化，所以肠道长度相对要短些。从肠道与体长的关系中也可以看出这一点，如纯植物食性的四爪陆龟消化道的长度是其体长的 4.5～4.8 倍，偏植物食性的中华花龟是 4.2 倍，偏中间食性的黄缘盒龟是 3.5～4.2 倍，偏动物食性的四眼斑龟是 3.8～5.8 倍，偏动物食性的中华鳖是 2～3 倍。

由以上可见，通过对龟鳖消化道的解剖能更比较准确地了解和把握龟鳖的食性，为龟鳖的食性研究提供科学的依据。

(6) 泄殖腔　直肠末端膨大为泄殖腔，泄殖腔背面有一开口接直肠，腹面在膀胱颈旁有一输尿管的开口，输尿管后还有一对输精管或输卵管的开口。泄殖孔纵列开口于尾基部的腹面。

二、消化腺

消化腺包括肝脏、胰脏、胆囊、肠腺等，分泌消化食物的各种消化酶。

(1) 肝脏　肝脏是最大的消化腺。基本功能是储存糖原、合成蛋白质、解毒和生成胆汁。肝细胞合成的胆汁储藏在胆囊内，帮助分解脂肪。

肝脏储藏较多的营养物质，能耐饥饿。如黄缘盒龟肝脏重量约占体重的 5%；四眼斑龟约占 6%；四爪陆龟肝脏大，充满胸腹腔前部，约占体重的 2.9%，再加上内脏之间，肌肉之间占体重 2.6%的脂肪块，因此耐饥、耐旱、抗病能力强。再如中华鳖肝脏很大，分左右两叶，呈深褐色。在肝脏中埋藏有一个暗绿色的胆囊，呈圆形，有胆管通入小肠，储存有黄绿色脂肪体和糖原，可为鳖在缺食和冬眠时提供营养。

(2) 胰脏　胰脏位于十二指肠前后侧，为浅红色不规则的腺体，胰腺通过胰管通入小肠。

第二节

龟鳖的消化酶

饲料中的营养物质，只有借助于消化酶，才能最终被分解成为能够被龟鳖消化吸收的营养成分。这方面的研究还相对滞后，今后应结合生产实践加强这方面的研究。

一、龟类消化酶及特点

有关龟类消化酶的研究报道很少。据杜杰（2006）研究报道，巴西龟内源消化酶特性和活性分布具有一定差异，胃、胰、前肠、中肠、后肠各部位蛋白酶的最适温度和 pH 依次为 40℃、2.5；50℃、8.5；50℃、7.0；50℃、8.0；50℃、8.5。活力从高到低依次为：前肠、胃、胰脏、后肠、中肠。这表明蛋白质的消化主要在胃和前肠，其次是中后肠，胰脏是分泌蛋白酶的主要场所。胃、胰、前肠、中肠、后肠各部位淀粉酶的最适温度和 pH 依次为 40℃、8.0；30℃、7.5；40℃、7.0；50℃、8.0；50℃、8.0。活力从高到低依次为：前肠、胰、中肠、后肠、胃。这表明淀粉的消化主要在肠道，在胃内几乎不被消化。胃和肠道的 pH 值分别为：pH2.0～2.5、pH6.5～7.0。

二、鳖消化酶及特点

鳖消化腺分泌的消化水解酶主要为蛋白酶、淀粉酶和脂肪酶等。

据龙良启等（1996）报道，蛋白酶有胃蛋白酶、胰蛋白酶和肠组织蛋白酶，其活力从大到小依次为：胃、胰、小肠、后肠。因此鳖对饲料蛋白质的消化主要在胃内。据陈焕铨（1998）研究报道成

鳖胃蛋白酶的活力为7.785活力单位/克，胰肠蛋白酶活力为4.49活力单位/克，前者高出后者75.39%。幼鳖胃蛋白酶的活力为7.127活力单位/克，胰肠蛋白酶的活力为2.04活力单位/克，前者高出后者249.36%。由以上数据可见，成鳖蛋白酶的活力要高于幼鳖，尤其是胰蛋白酶高出120.10%，成鳖对饲料蛋白质的消化能力高于幼鳖。胃、胰和肠组织蛋白酶最适pH分别为2.2、6.2、7.6，可见鳖消化腺分泌的蛋白酶以酸性和中性为主。

据陈焕铨（1998）研究报道，淀粉酶有胃淀粉酶、胰淀粉酶和肠淀粉酶。胃淀粉酶的活力要远远低于胰肠淀粉酶。成鳖胃淀粉酶的活力为422.4活力单位/克，胰肠淀粉酶的活力为1240活力单位/克，后者比前者高出193.56%。幼鳖胃淀粉酶活力为303.6活力单位/克，胰肠为924活力单位/克，后者比前者高出2043.5%。由此可见，成鳖淀粉酶的活力高于幼鳖，鳖对饲料淀粉的消化主要在小肠内。

据陈焕铨（1998）研究报道，脂肪酶有胃、胰和肠脂肪酶。胃脂肪酶的活力低于胰肠脂肪酶。成鳖胃脂肪酶活力为18.66活力单位/克，胰肠脂肪酶活力为29.32活力单位/克，后者高出前者57.13%。幼鳖胃脂肪酶活力为13.22活力单位/克，胰肠脂肪酶活力为23.22活力单位/克，后者高出前者74.94%。由此可见，成鳖脂肪酶的活力高于幼鳖。

由以上分析可见，成鳖主要消化酶的活力高于幼鳖。因此，在外源蛋白酶的使用上，幼鳖比成鳖更有必要。

第三节

龟鳖的肠道微生物

由于食性的不同，造成了陆龟消化系统与半水龟、水龟和鳖的差异，从而造成了肠道微生物的不同。

胃具有储存、搅拌磨碎、分泌消化液分解食物的功能。陆龟的胃不如半水龟、水龟和鳖的胃发达。主要原因是因为陆龟是纯植物食性，所食高纤维植物无法在胃中进行初步分解，用进废退，造成了陆龟的胃逐步退化。半水龟、水龟和鳖所食食物在胃中能够得到初步分解后，再进入小肠内，所以胃相对于陆龟而言要发达。

小肠是动物性饵料消化吸收的主要场所，半水龟、水龟和鳖一般以动物性饵料为主，因此小肠比大肠发达。陆龟一般为草食性，食物的消化吸收主要在大肠内进行，因此其小肠不如大肠发达。

大肠是植物纤维分解消化的主要场所，因此对于植物食性的陆龟来说，大肠是其食物消化吸收的主要场所；而半水龟、水龟和鳖主要以动物饲料为主，因此大肠的主要作用是重新吸收小肠来不及吸收的营养物质。

由以上分析可见，由于食物消化吸收的需要，造成了陆龟肠道中的菌群与半水龟、水龟和鳖是有很大区别的，尤其是大肠中的菌群。陆龟以植物为主，大部分成分为粗纤维，必须依靠大肠中的细菌帮助分解才能消化吸收营养，因此肠道微生物在陆龟食物消化利用过程中具有不可替代的作用。

第四节

龟鳖的消化和吸收

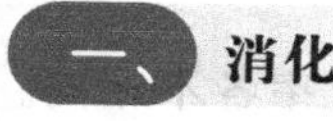

一、消化

龟鳖将食物改变成被吸收利用的过程称为消化，即食物中营养物质在消化道内被分解的过程。

龟鳖所摄食的天然饵料或人工配合饲料中的营养物质，如蛋白质、脂肪、碳水化合物等，都不能直接被吸收利用，必须在消化道内经过消化，分解成结构简单的可溶性化学物质，才能被吸收利用，如蛋白质分解成氨基酸，脂肪分解成甘油和脂肪酸，碳水化合物分解成单糖等。

龟鳖对食物的消化，主要可分为两种方式：一种是通过消化道肌肉的收缩运动，将食物磨碎，同时使食物和消化酶充分混合，将食物不断地向消化道下方运送，这种消化方式被称为机械消化；另一种是通过消化腺分泌消化酶，如蛋白酶、糖化酶和脂肪酶等进行化学分解，使其成为可被机体吸收的小分子，这种消化方式被称为化学消化。如蛋白质、脂肪和糖类的消化可简单用如下方式表示：

蛋白质⟶肽·胨⟶氨基酸

脂肪⟶甘油＋脂肪酸

糖⟶糊精⟶双糖⟶单糖

一般情况下机械消化和化学消化是同时进行，互相配合的。陆龟对食物的消化方式有别于以上两种方式，主要通过细菌的帮助来消化食物的。

饲料消化的快慢，一般用消化速度来表示。消化速度是指饲料在胃或整个消化道全部排空所需要的时间。

二、吸收

食物经过消化产生的各种营养物质，通过消化道的黏膜上皮细胞进入血液循环的过程被称为吸收。被吸收的营养物质随血液循环而到达身体各组织器官，参与正常的生命活动。

饲料消化吸收的程度，一般用消化吸收率来表示，简称消化率。消化率是指龟鳖消化吸收的量占所摄食该饲料的百分率。龟鳖消化吸收饲料中某营养成分的量占所摄食该饲料中某营养成分的百分率，称为某营养成分的消化率。

鳖对配合饲料中蛋白质、脂肪、碳水化合物的消化率各不相同。据陈焕铨（1998）研究报道，蛋白质的消化率较高，为86.99％；其次为脂肪，为80.41％；碳水化合物的消化率最低，为65.31％。

第五节

影响龟鳖消化吸收的因素

一、影响龟消化吸收的因素

1. 温度对龟消化吸收的影响

温度对龟消化吸收的影响，主要是由于温度对消化酶活性的影响造成的。一般龟处于最适生长温度范围内，其消化酶的活性也最高，因此饲料效率也最高。

① 温度对陆龟消化吸收的影响。陆龟由于生活在陆地上，所以摄食与消化吸收受气温的影响较大，以缅甸陆龟为例，当环境温度12～15℃时，开始摄食水果，但消化不良；17～20℃时，仅摄食少量食物；22～33℃时，消化正常，摄食量加大，在此温度范围内，随着温度的升高，摄食量呈递增的趋势，表明其消化能力也逐步提高。因此在陆龟养殖过程中，要把气温控制在适宜的温度范围内。

② 温度对半水龟消化吸收的影响。半水龟由于水陆都能生活，所以同时受气温和水温的影响。偏陆地生活的受气温影响大，偏水中生活的受水温影响大。

据刘翠娥等（2006）研究表明，偏陆地生活的黄缘盒龟稚龟，当环境温度28～30℃时，食量最大，体重明显加快。当降到24～26℃时，食量明显减少，体重几乎不增长。由此可见，如果把28～30℃作为最适摄食温度范围的话，温度降低2℃左右就会大大影响稚龟的摄食与消化吸收，这与稚鳖有相似之处。至于幼龟和成龟是否如此还有待验证。

③ 温度对水龟消化吸收的影响。水龟生活在水中，饲料的消化吸收主要受水温的影响。据由文辉等（1993）研究表明，以乌龟

为例，一龄幼龟食三文鱼的消化时间在20～30℃范围内随温度的提高在逐渐降低，25℃、28℃、30℃比20℃平均分别降低24%、35%、51%；二龄幼龟25℃、28℃、30℃比20℃平均分别降低28%、43%、55%。一龄幼龟食面包虫消化时间，25℃、28℃、30℃比20℃平均分别降低16%、31%、45%；二龄幼龟25℃、28℃、30℃比20℃平均分别降低31%、41%、46%。

2. 食物种类对消化吸收的影响

食物种类影响到龟的消化和吸收。同一种龟对不同的食物消化吸收不相同；不同的龟对同一种食物消化吸收也不相同。龟与鳖相比，种类繁多，食性复杂，既有动物食性的，也有植物食性的；既有偏动物食性的，也有偏植物食性的。因此，研究食物种类对龟的消化吸收的影响很有必要。

据魏成清等（2010）研究报道，黄喉拟水龟稚龟摄食鱼肉、黄粉虫、配合饲料（粗蛋白41%）等不同饲料，对其生长的影响表明，平均日增重鱼肉最高为0.13克，配合饲料次之为0.12克，再次为黄粉虫组为0.09克；饵料系数鱼肉组最高为6.38，黄粉虫组次之为3.56，配合饲料组最低为1.83。由此可见，配合饲料的消化吸收率最高，其次为黄粉虫，再次为鱼肉。饵料不同消化吸收率不同，生长速度也不相同。

据刘海情等（2013）研究报道，蛇鳄龟分别投喂冰鲜鱼、配合粉料、膨化颗粒料等三种不同的饲料，对其生长效果的影响见表3-1。

表3-1　不同饵料养殖蛇鳄龟的生长效果

项目	日增重/克	蛋白质效率	饵料系数	饲料单价/(元/千克)	饲料成本/(元/千克鳖)
冰鲜鱼	0.55	0.732	6.42	5	32.08
配合粉料	0.90	0.546	3.69	10.5	38.77
膨化颗粒料	1.21	1.108	1.92	12.5	23.99

从表3-1中可见，膨化颗粒料的消化吸收率最高，其次为配合粉料，再次为冰鲜鱼。

3. 蛋白质水平对饲料消化吸收的影响

蛋白质水平高低将影响到龟对饲料的消化吸收。据刘翠娥等（2006）研究报道，黄缘盒龟摄食不同蛋白质水平的饲料的生长效果不同（表 3-2）。饲料以进口鱼粉、进口肝末粉、豆粕为主，历时 150 天。

表 3-2　不同蛋白质水平养殖黄缘盒龟稚龟的生长效果比较

项目	蛋白质/%	日增重/克	饲料系数	蛋白质效率
A	50.16	0.25	1.93	1.03
B	46.49	0.35	1.65	1.22
C	42.66	0.25	2.18	0.93

从表 3-2 中可见，饲料蛋白质含量 42.66%的 C 组，蛋白质效率最低；含量 46.49%的 B 组最高；含量 50.16%的 A 组，虽然蛋白质最高，但蛋白质效率不如 B 组。由此可见，粗蛋白并不是越高越好，高到一定水平，就会影响饲料的效率。

4. 龟不同生长阶段对饲料消化吸收的影响

龟的年龄影响到饲料的消化吸收，这主要是由于不同生长阶段消化功能的差异造成的。

据由文辉（1993）研究表明，一龄乌龟的蛋白质消化率为 77.89%，二龄乌龟为 92%，二龄龟大于一龄龟。对脂肪的消化率，二龄幼龟也显著大于一龄幼龟。说明乌龟在不同生长阶段消化吸收功能确有差异，随着年龄的增长消化吸收功能逐渐提高。

5. 摄食频率对饲料消化吸收的影响

摄食频率对人工养殖而言就是多少天投饲一次饲料的问题，也可称为投饲频率。

投饲频率影响到龟对饲料的消化吸收周期，即粪便排出的时间长短。有观赏龟爱好者做过这方面的试验，很有启发性。具体做法：用不易消化的胡萝卜作为测试食物，记入进食胡萝卜后出现在粪便中的间隔时间就是大致的消化周期。开始试验时让龟肠胃排

空。分为三组。第一组，饲喂少量胡萝卜丝和甘蓝，结果：消化周期5～10天不等，平均为7天。粪便很硬，消化很充分。第二组，隔天饲喂如上食物，结果：消化周期3天左右，粪便成形，消化充分。第三组，天天足量饲喂如上食物，结果：消化周期大致1～2天，粪便不成形，消化不充分。由以上可见，饲喂频率影响到饲料的消化周期，投喂过频将缩短消化周期，有可能造成食物来不及充分消化吸收就排出体外，从而影响到龟对食物的消化吸收率。

因此，经过对各种龟消化周期的观察，确定一个合适的投喂频率是非常重要的，关系到饲料的消化吸收和龟的健康生长的问题。适宜的投喂频率，既不会给龟的消化吸收带来负担，影响健康，又不至于造成浪费。

6. 投饵量对饲料消化吸收的影响

投饵量是指在摄食频率确定后，每天的投喂重量。在自然条件下，龟的摄食量因为各方面的原因不可能像人工养殖条件下那样容易获取，因此形成了贪食的习性，这就要求在人工养殖条件下，控制好投喂量。投喂量过多，一方面龟来不及完全消化吸收就排出体外，即造成了浪费，也加重了对水体的污染；另一方面加重了龟体的代谢负担，造成了各种消化疾病的发生。

由此可见饲喂频率和投饵量都影响到龟的消化吸收，这就要求在饲料投喂过程中，既要控制好饲喂频率，即投喂饲料的间隔时间；也要控制好投喂量，即每次饲料的投喂重量。要协调好二者之间的关系。

7. 龟的种类对饲料消化吸收的影响

不同种类的龟，对食物的消化吸收不同。

陆龟不同的种类，对食物的消化时间不太一样。美国加州的沙漠地鼠陆龟食物的消化周期约18天。加拉巴哥象龟（*Geochelone nigra*）为8～18天。

水龟不同种类，对同一种食物的消化吸收有差异。周贵谭等（2003）研究表明，乌龟、黄喉拟水龟及黄缘盒龟摄食同一种饲料，在饱食状态下的生长效果不同（表3-3）。

表 3-3 几种龟对同一种饲料在饱食条件下生长效果的对比

项目	日增重/克	摄食率/%	饲料系数	饲料蛋白质/%
乌龟	1.22	1.22	1.79	46.5
黄喉拟水龟	2.11	2.11	1.09	46.5
黄缘盒龟	1.35	2.73	2.73	46.5

从表 3-3 中可见，这三种龟在饱食状态下，在相同饲料、相同条件下，其对饲料的消化利用率不同，其中黄喉拟水龟对饲料的利用效率最高，乌龟次之，黄缘盒龟最差。

8. 龟食性对饲料消化吸收的影响

总的来说，龟的食性影响饲料的消化吸收，消化率随食性的不同而变，肉食性种类一般为 70%～98%，草食性种类一般为 30%～58%。

二、影响鳖消化吸收的因素

1. 水温对消化吸收的影响

水温对鳖消化吸收的影响，与龟一样，也是由于水温对酶活性的影响造成的。一般来说，鳖的适宜生长温度范围为 20～32℃，最适生长温度范围为 30～32℃。在 20～32℃温度范围内，饲料转换率随温度升高而升高。在 30～32 温度范围内，鳖的消化酶活性最高，饲料效率也最高。试验表明：温度 20℃，饲料效率为 28%；25℃饲料效率为 40%；30℃饲料效率为 67%；35℃饲料效率又降为 40%。

2. 光照对消化吸收的影响

周显青等（1998）的研究表明，光照强度对中华鳖稚鳖的最大日摄食量和特定生长率有显著影响，在 3000～101 勒克斯之间，二者随光照强度的减弱而增加，在 101 勒克斯光照强度下，日摄食量和特定生长率达最大值。因此在建造温室时，就要考虑到温室的光照强度问题。

周显青等（1999）的研究表明，光照周期在水温（29±1)℃，光照强度 500 勒克斯条件下，对中华鳖稚鳖特定生长率、同化效

率、消化时间、生长效率无显著影响。

3. 食物种类对消化吸收的影响

食物种类对中华鳖消化吸收有很大影响。据吴君等（2013）研究报道，中华鳖幼鳖投喂三组不同的饲料：A组投喂40%活鱼、40%冰鲜鱼和20%田螺；B组投喂60%人工配合饲料、30%西红柿和黄瓜、10%黄粉虫；C组投喂人工配合饲料。结果表明：B组和C组各项生长指标均优于A组，B组各项生长数据略优于C组。其中：A组饵料系数为4.13，B组饵料系数为1.87，C组饵料系数为1.98。

4. 微生态制剂对消化吸收的影响

微生态制剂对鳖的消化吸收有明显影响。

① 益生素对消化吸收的影响。水产益生素是针对水产动物的生理特点和养殖问题，专门生产的生物活菌制剂，包括芽孢杆菌、酵母菌、乳酸菌等为主体的多种有益菌，经常饲喂可促进肠道健康，利用益生菌的“占位性保护、免疫抑制与排斥”等作用，可有效抑制肠内致病菌的孳生；防治肠内腐败发酵；改善肠内生态环境，维持肠内生态平衡；帮助消化，增强对饲料的消化吸收，促进鳖的生长；提高鳖的免疫力和抗病力等。

据周贵谭（2004）报道，稚鳖饲料中添加0.20%的产酶益生素，可提高增重1.27%，降低饲料系数12.41%，提高成活率4.30%，养殖水体氨氮降低39.60%，化学需氧量降低28.39%。产酶益生素是由高酶活芽孢杆菌、乳酸菌、酵母菌及其代谢产物组成。

② 益生元对消化吸收的影响。水产益生元是一种能够选择性地刺激肠内有益菌生长繁殖，而不被消化，具有维护肠道微生物菌群平衡，并进行免疫调节功能的一种微生态调节剂。益生元主要包括各种寡糖类物质（低聚糖），由2～10个分子单糖组成。

据肖明松等（2004）报道，在稚鳖基础饲料中添加不同浓度的低聚木糖，能起到提高增重率、降低饵料系数、提高消化酶活力、优化肠道菌群的作用。其最适添加量为100～200毫克/千克。

③ 益生素与益生元配伍对消化吸收的影响。益生素与益生元配伍，将会发挥各自更大的功效，产生叠加效应。

据周环等（2010）报道，在中华鳖稚鳖基础饲料中枯草芽孢杆菌和低聚木糖配伍可以促进稚鳖的生长，降低饲料系数，提高肠道淀粉酶和蛋白酶活性，对血液生化指标也有一定影响。枯草芽孢杆菌在中华鳖稚鳖饲料中推荐添加量为 1 克/千克，低聚木糖为 200 毫克/千克。

5. 摄食水平对消化吸收的影响

摄食水平对中华鳖饲料转化效率的影响很大。据叶世州等（2004）研究报道，在 30℃ 水温条件下设四个摄食水平：饥饿、1%、2%和饱食，研究对中华鳖生长的影响。结果表明，摄食水平对饲料转换效率有显著影响（表 3-4）。

表 3-4 摄食水平对中华鳖幼鳖饲料转化效率的影响

项目 \ 摄食水平	1%	2%	饱食
实际投食率/%	1.01	1.80	3.23
干物质转化效率/%	20.58	27.47	23.63
蛋白质转化效率/%	24.21	31.78	27.55

从表 3-4 中可见，摄食率对中华鳖饲料转化效率的影响很大，2%组转化效率最高，饱食一组反而下降，不如 2%一组。由此可见，投饵率并不是越高越好，在养殖过程中，一定要根据具体情况确定一个合理的投饵率。

6. 投喂频率对消化吸收的影响

投喂频率对配合饲料的消化吸收有显著影响。据叶世州等（2005）研究报道，在 30℃水温条件下，对幼鳖进行投喂频率的试验，分 1 次/天和 2 次/天两个组，分别投喂配合饲料和鲜鱼肉，结果表明投喂频率对配合饲料的消化吸收有显著影响（表 3-5）。

表 3-5 投喂频率对幼鳖配合饲料消化吸收的影响

组别	指标	投喂频率	
		1 次/天	2 次/天
配合饲料	表观消化率/%	82.11	72.36
	蛋白质表观消化率/%	91.49	78.05

续表

组别	指标	投喂频率	
		1次/天	2次/天
鲜鱼肉	摄食率/%	0.61	0.59
	表观消化率/%	92.07	92.05
	蛋白质表观消化率/%	95.27	96.84

从表3-5中可见，在饱食状态下，投喂频率对配合饲料组幼鳖的表观消化率和蛋白质表观消化率均有显著影响。每天1次组的消化率显著高于每天2次组。这说明配合饲料投喂频率确实对鳖的饲料利用率有显著影响，但这个试验是在鳖饱食状态下的投饵率。但只要掌握好投饵间隔时间和每次投喂量，采用量少次多的投喂方式也是可行的。

7. 膨化工艺对消化吸收的影响

目前龟鳖膨化颗粒饲料已得到广泛推广应用，从使用情况来看，膨化工艺可以提高饲料的消化吸收率（10%～20%），这主要有以下几个方面的原因：一是膨化工艺要求原料的粉碎粒度更细，因此提高了消化吸收率；二是膨化提高了淀粉的熟化度，提高了淀粉的利用率，从而提高了饲料的利用率；三是提高了蛋白质的利用率，膨化一方面可以钝化蛋白质饲料中的抗营养因子，另一方面使蛋白质变性，从而提高蛋白质的消化吸收率。

第四章

龟鳖对饲料蛋白质的营养需求

蛋白质是生命的物质基础，在生命活动中起重要作用。龟鳖体的物质组成若以干物质计，其肌肉粗蛋白的含量高达90%以上。我们所讲的龟鳖的生长，主要就是指蛋白质在龟鳖体内的积累。因此，弄清龟鳖对蛋白质的营养需求具有重要意义。

第一节

龟鳖对蛋白质的营养需求

一、龟鳖对蛋白质需求的特点

1. 龟对蛋白质的需求特点

(1) 多样性　龟分布在世界各地，有的生活在陆地上，有的水陆两栖，有的生活在水中，因此食性千差万别，这也造成了其蛋白质需求的多样性的特点。

① 陆龟、半水龟、水龟对配合饲料蛋白质需求量不同，陆龟7%～13%，半水龟25%～45%，水龟35%～47%。

② 陆龟、半水龟、水龟对天然动、植物饲料的需求不同。陆龟以低蛋白质植物饲料为主，对动物蛋白质需求量很低，因此在天然动、植物饲料搭配时，动物饲料的比例控制在10%以内，低蛋白质植物饲料的比例一般控制在90%以上。详见第二章有关内容。

半水龟对天然动、植物蛋白质饲料的需求比较复杂，二者要合理搭配，天然动物蛋白质饲料比例一般为30%～80%，天然植物饲料的比例一般为20%～70%。详见第二章有关内容。

水龟对天然动、植物蛋白质饲料的需求比较复杂，二者要合理搭配，天然动物蛋白质饲料的比例一般为50%～100%，天然植物蛋白质饲料的比例一般为0%～50%。详见第二章有关内容。

(2) 复杂性

① 陆龟、半水龟、水龟中的不同类型，对配合饲料蛋白质需求不同。陆龟大体可分为雨林、草原、沙漠三种类型，总的来说对蛋白质的需求从高到低依次为：雨林型陆龟、草原型陆龟、沙漠型陆龟。

半水龟大体可分为偏陆地生活、偏水中生活两种类型，总的来说前者对蛋白质的需求低于后者。

水龟大体可分为肉食性、杂食偏肉食性、杂食偏植物食性三种类型，总的来说对蛋白质的需求量从高到低依次为：纯肉食、杂食偏动物食性和杂食偏植物食性。

② 食性转化影响蛋白质需求。很多水龟和半水龟幼龟阶段偏肉食性，而到了成龟阶段偏植物食性，因此影响了蛋白质的需求。

③ 龟不同生长阶段对蛋白质需求不同。一般来说，稚、幼龟对蛋白质的需求高于亚、成体龟。如对于陆龟饲料，一般认为陆龟需要低蛋白质、高纤维的饲料，这对于亚、成体阶段是合适的，但对于幼龟就不合适。美国研究学者 Hazard 等人，在 1999 年对沙漠陆龟苏卡达象龟的幼龟进行了低蛋白质高纤维的研究，结果见表 4-1。

表 4-1 苏卡达象龟的幼龟摄食低蛋白质高纤维饲料的研究

项目	青牧草		宽叶草	
	原生种	外来种	原生种	外来种
能量/(千焦/克干重)	17.2	17.4	16.6	17.5
氮(干重)/%	0.65	0.86	2.93	4.22
纤维质(干重)/%	49.8	50.1	36.7	19.2
进食率/%	1.65	1.43	4.05	4.22
成长率/%	−0.05	−0.04	0.14	0.16

由表 4-1 可见，青牧草进食率和成长率远远低于宽叶草，分析认为，宽叶草的氮含量约是青牧草的 5 倍，而纤维含量仅是青牧草的 19%～37%，陆龟幼龟在吃宽叶草时都能成长，而吃青牧草时成负增长。整个研究过程发现，陆龟幼龟不爱吃蛋白质含量低、纤维含量高的青牧草，而喜食较高蛋白质和较低纤维的宽叶草，对其

他陆龟的研究也表明这一点。目前市售的陆龟饲料大多标注以青牧草为原料，这是不科学的，对于陆龟稚、幼龟是不适用的。

④ 同一种龟不同的季节，其饲料也有变化。如地中海陆龟，春天的时候，摄食蛋白质含量高的植物新鲜幼芽和花朵；夏天主要是纤维质高的干草；秋天青绿色植物。这种食物季节的变化，不可避免造成了地中海陆龟饲料蛋白质的变化。

总之龟对蛋白质需求的复杂性体现在多方面，这就要求我们注意加强对这方面的研究。

（3）均衡性　龟主要以观赏为目的，目前在饲料的使用上，一般天然动、植物饲料的使用比例较高。因此要特别注意饲料营养的均衡性，即饲料的合理搭配问题。

2. 鳖对饲料蛋白质需求的特点

（1）需求量高　鳖对饲料蛋白质的需求与肉食性鱼类相近，比其他食性的鱼类都高，总的来看需求量比较高。

尽管如此，但也不是没有限制地越高越好。许多研究表明，当蛋白质含量达到一定限度以后，若再继续增加，则不仅不能提高蛋白质的利用率和加快鳖的生长速度，而且往往会产生有害的作用。

日本学者曾对稚鳖的蛋白质的需求量进行了研究（表 4-2），结果表明：蛋白质含量 50％时，鳖的增重率、饲料效率最高；超过 50％效果不佳；超过 60％时最差。

表 4-2　饲料蛋白质水平对鳖养殖效果的影响

蛋白质含量/％	40	45	50	55	60
饲料效率/％	44.1	56.3	71.0	51.9	38.3
增重率/％	159.9	236.9	314.9	190.0	146.0

（2）偏重于动物蛋白质　鳖偏重于动物蛋白质，这与鳖的食性有关。据任泽林等（1977）研究表明，粉状饲料中动植物蛋白质比 6：1 时，稚鳖日增重、增重率、成活率、饵料系数最好（表 4-3）。据贾艳菊（2002）研究表明，稚鳖膨化饲料动植物蛋白质的适宜比例为 3：1。由以上可见，鳖对动物蛋白质的需求比例远高于植物

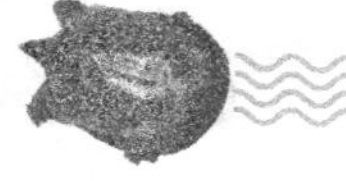

蛋白质。

表 4-3 饲料动植物蛋白质比对鳖生长的影响

项目		1号	2号	3号
饲料组成/%	白鱼粉	65	60	57
	豆粕	8	12	15
	酵母	2	3	3
	α-淀粉	18.5	18.5	18.5
	其他	6.5	6.5	6.5
蛋白质/%		45.78	45.80	45.12
动植物蛋白质比		11∶1	6∶1	4.8∶1
日增重/克		0.42	0.8	0.25
增重率/%		4.7	9.1	2.8
饲料系数		8.5	3.6	11.9
成活率/%		90	97	90

(3) 对植物蛋白质的利用能力低 林让二(1987)研究了鳖对植物蛋白质的利用能力，见表 4-4。结果表明：在粗蛋白含量基本相同的条件下，随着植物蛋白质饲料豆饼比例的增加，鳖的增重率明显降低，饲料系数明显上升，特别是豆饼比例达 30%时差异更明显。由此可见，鳖对植物蛋白质的利用能力比动物蛋白质低，添加量过高会影响到鳖的生长。从这个试验来看，豆饼的比例在 20%左右为宜。当然从经济角度来看，由于植物蛋白质的价格比动物蛋白质的价格低，因此在不影响鳖的正常生长的前提下，应尽量利用植物蛋白质饲料，降低饲料成本，获得最佳经济效益。

表 4-4 鳖对植物蛋白质的利用能力

项目		1号	2号	3号	4号
饲料组成/%	鱼粉	54	48	42	35
	小麦粉	31	27	23	20
	豆饼		10	20	30
	其他	15	15	15	15

续表

项目	1号	2号	3号	4号
蛋白质/%	44.4	44.5	44.6	44.2
增重倍数	1.46	1.41	1.38	1.29
饲料系数	1.75	1.89	2.02	2.77

二、影响龟鳖对蛋白质需求的因素

1. 个体大小、年龄、不同发育阶段

一般来说，年龄越小，个体越小，其代谢就越旺盛，增重率就越高，对蛋白质的需求量就越高。龟鳖不同发育阶段需求量从高到低依次为：稚龟鳖、幼龟鳖、成龟鳖、亲龟鳖。

2. 饲料蛋白质质量

饲料质量主要是指氨基酸的平衡，只有各种氨基酸的数量和比例适宜，才能最大限度地合成龟鳖体的蛋白质，否则，就不能被龟鳖充分利用，造成浪费。因此饲料中蛋白质的质量对蛋白质的需求量影响很大。任泽林等（1977）研究表明，饲料中使用不同的鱼粉，由于质量上的差异，就会产生不同的养殖效果（表 4-5）。

表 4-5　白鱼粉和红鱼粉对鳖生长的影响

项目		1号	2号
饲料组成/%	白鱼粉	60	
	秘鲁鱼粉		60
	豆粕	12	12
	啤酒酵母	3	3
	α-淀粉	15.4	15.4
	其他	9.6	9.6
粗蛋白/%		48.16	46.35
增重率/%		153.6	42.5
饲料系数		2.7	3.5
日增重率/%		0.46	0.14
成活率/%		63.8	46.3

由表 4-5 可见，白鱼粉对鳖生长的各项指标都优于红鱼粉，鳖对白鱼粉的相对需求量要低于红鱼粉。因此在配方设计时，可以根据不同的蛋白质源，设计不同的蛋白质营养指标，当然，这要在试验的基础上来确定。

3. 能量饲料的比例

能量饲料主要是指脂肪和碳水化合物，二者在饲料中的比例，影响龟鳖对蛋白质的需求量。如果二者在饲料中的比例适宜，就会减少蛋白质的能耗，起到节约蛋白质的功效，从而起到相对降低蛋白质的需求量结果。能量饲料的价格比蛋白质饲料相对低，因此，研究能量饲料与蛋白质饲料的比例具有重要意义。

4. 添加剂

添加剂的种类和数量也影响蛋白质的需求量。

5. 天然饵料

在天然饵料充足的环境下，龟鳖可以从其中获得部分营养物质，可以相对降低龟鳖对配合饲料蛋白质的需求量。

6. 养殖目的

家庭观赏龟养殖，关注的是龟的健康和美观，而不是生长速度，因此对饲料中的蛋白质的含量不做过高要求；而对于生产单位而言，以出售商品为目的，不仅要关注品质，还要兼顾生长速度，因而对饲料蛋白质的需求量的要求相对高一点。

7. 养殖方式

控温养殖，要求龟鳖能快速生长，缩短养殖周期尽早上市，因此对饲料蛋白质的需求量要求高；生态养殖，要兼顾品质和生长速度，因此对饲料蛋白质的需求量要相对低些。

由于影响龟鳖对蛋白质需求的因素很多，这就要求在配方设计时，抓住主要因素，根据具体情况，灵活设计，尽量做到既合理又经济，充分发挥饲料蛋白质的效率，取得最佳效果。

三、龟鳖对蛋白质的需求量

1. 龟对蛋白质的需求量

(1) 陆龟对蛋白质的需求量　目前关于陆龟对蛋白质需求的研

究报道很少，主要原因：一是陆龟种类繁多，食性复杂；二是目前陆龟饲料，多以天然植物为主食，配合饲料只是作为“零食”；三是陆龟为观赏龟，人们追求的是观赏性，并不太在意其生长的速度。由于以上原因，所以人们对其蛋白质需求的研究很少。

目前陆龟饲料可分为三类：一是低蛋白质天然植物饲料，一般作为主食；二是天然动物蛋白质饲料，投喂量少或不投喂；三是目前市场上种类繁多的龟粮，一般作为“零食”。

① 陆龟对天然植物饲料的蛋白质需求。陆龟野外以野菜和野草为主食，蛋白质的需求特点为：低蛋白质。因此人工养殖条件下，在植物饲料选择方面，要尽量选择低蛋白质的。由于陆龟天然植物饲料种类繁多，因此合理配比非常重要。各种亚、成体陆龟天然植物饲料配比见表 4-6。至于稚、幼体陆龟的配比，现在研究得比较少，今后应加强对这方面的研究。

表 4-6 亚、成体陆龟对各种天然动植物饲料需求的推荐配比

项目	热带雨林型/%	草原型/%	沙漠型/%
高纤维野草、野菜	30	50～60	60～80
低纤维蔬菜、水果	65	50～40	40～20
动物食物	5	0	0

② 陆龟对天然动物饲料的蛋白质需求。陆龟对动物蛋白质的需求量很低，草食性陆龟除稚、幼龟阶段少量补充外，亚、成体一般不投喂。杂食性陆龟虽然可以少量补充，但在饲料供应充足的饲养条件下，也要尽量少投喂，一般在 5%左右。亚、成体陆龟天然动、植物饲料推荐配比参见表 4-6。

③ 陆龟对配合饲料的蛋白质需求。优质龟粮少量补充，对于营养不良、厌食的龟来说，能够达到补充营养、增强体质的效果。但龟粮大多蛋白质含量偏高、粗纤维含量偏低，正常情况下一般不用来作为主食，而是作为龟的补充饲料，形象一点来说，就是“点心”、“零食”，但不要小看它，因为它的营养比较全面，不是其他单一植物食物所比拟的，就看你如何根据具体情况来正确使用它。现在陆龟爱好者绝大多数会有一个共同的概念，那就是陆龟需要低

蛋白质的饲料，否则会对陆龟的健康造成危害。但任何事物都是相对的，就看你如何把握一个“度”的问题。其实对陆龟而言，蛋白质的影响不是一个高或低的问题，而是一个“量”的问题，也就是陆龟摄取量的问题。

关于陆龟对蛋白质的需求，由于研究报道非常少，也不系统，因此把市面上一部分龟粮的蛋白质含量汇总（表 4-7），以供参考。

表 4-7 陆龟龟粮及特点汇总 %

龟粮种类		产地	主要成分	蛋白质含量	纤维含量	特点
M 粮 Mazuri	5M21	美国	大豆壳、苜蓿草粉、燕麦、豆粕等	15	18	增重较快、油性大
	5E5L	美国	大豆壳、苜蓿草粉、燕麦、豆粕等	12	22	高纤维、低淀粉、水果味
Z 粮 Zoo Med	旱地沙漠型	美国	牧草、植物嫩叶	9	26	高纤维低蛋白质、大便成形、适口性较差。适合四爪、欧陆、苏卡达、赫曼、豹龟、饼干龟等沙漠型陆龟
	天然森林型	美国	牧草、植物嫩叶、水果、动物蛋白质	13	23	适合雨林陆龟黄腿、红腿、缅陆、荷叶、靴脚等
T 粮 T-REX	水果味	美国	谷物、麦麸、燕麦、苜蓿草	13	10	颜色多样、适口性好，陆龟容易接受
	超级	美国	苜蓿叶粉、无花果粉、麦胚芽、螺旋藻粉、海带粉等	13	15	可与其他植物搭配使用，无需再补充钙质和维生素
SUDO	天然草香	日本	紫花苜蓿			低蛋白质、高纤维，防隆背和器官病变
JBL		德国	蔬菜、干草	12.5	22	低蛋白质、高纤维、防隆背和器官病变

续表

龟粮种类		产地	主要成分	蛋白质含量	纤维含量	特点
命脉	幼龟粮	中国	猫尾草、苜蓿草、燕麦草、仙人掌、蒲公英、车前草、金钱草、各类蔬菜	11	12.2	低蛋白质
	成龟粮	中国	猫尾草、苜蓿草、燕麦草、仙人掌、蒲公英、车前草、金钱草、各类蔬菜	7	13	低蛋白质
素食者	旱地沙漠型	中国	禾本科、菊科、豆科、车前科、旋花科、仙人掌科植物			适合苏卡达、豹龟
	灌木型	中国	菊科、豆科、车前科、桑科、锦葵科、葡萄科、蔷薇科植物			适合辐射、星龟

(2) 半水龟对饲料蛋白质的需求量　半水龟饲料主要分为两大类：一是各种天然动物蛋白质饲料和植物饲料；二是配合饲料，包括各种龟粮。其需求特点如下。

① 半水龟对各种天然动物、植物饲料的需求。偏水中觅食型半水龟，这类龟可以作为水龟来饲养，其食性总的来说偏动物食性，动物蛋白质饲料的比例一般要高于植物饲料的比例。偏陆地觅食型半水龟，这类龟的数量远超水中觅食型种类，其食性总的来说属于中间食性，动、植物饲料的比例接近。

总之，半水龟天然动、植物饲料配比与陆龟和水龟相比是比较复杂的。有些是在人工养殖条件下总结出来的，与野外相比还有差距，若不注意造成的养殖后果是观赏性和生理机能的衰退。如盒龟属的黄额盒龟，很多报道认为是偏动物食性的，但据野外调查研

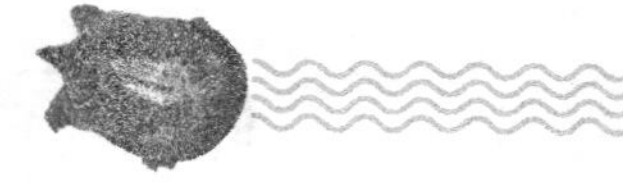

究，海南黄额盒龟经常采食蘑菇和落果，偏植物食性。其动物饲料大多是容易消化吸收的蜗牛、蚯蚓、昆虫等。但人工养殖大多以动物饲料为主，且还投喂牛肉、动物内脏等不容易消化的动物饲料。由于只根据其对食物的喜好来投喂，没有关注其是否能够消化吸收得了，结果经常造成其肠道疾病的发生而“暴毙”。因此，半水龟天然饲料的配比，建议遵循如下原则：偏水中觅食的龟，动物蛋白质饲料的比例大于植物饲料；偏陆地觅食的龟，动物蛋白质饲料和植物饲料比例接近。

半水龟对天然动、植物饲料需求的推荐配比参见表 4-8。因为半水龟的食性千差万别，还有许多特例，还需在养殖实践中不断地总结。

表 4-8　半水龟对天然动、植物饲料需求的推荐配比

项目	偏水中觅食型/%	偏陆地觅食型/%	
		高偏陆地觅食型	一般偏陆地觅食型
动、植物饵料配比	(70～80)：(20～30)	(40～50)：(50～60)	(50～60)：(40～50)

② 半水龟对配合饲料蛋白质的需求。总的来说，半水龟对配合饲料蛋白质需求的研究报道非常少，滞后于半水龟产业的发展。现在国内也有很多龟用配合饲料生产厂家，但所生产的产品，大多都是通用的。另外国外生产的产品也不一定适合国内龟的营养需求。因此，随着我国半水龟养殖规模的不断扩大和产业化水平的提高，其营养需求的研究成为当务之急。

偏陆地觅食型半水龟饲料蛋白质需求推荐量见表 4-9。动物蛋白质原料推荐以鱼粉、蚯蚓粉、昆虫粉为主。

表 4-9　偏陆地觅食型半水龟饲料蛋白质需求推荐量　　%

项目	稚龟	幼龟	亚、成体龟	
			一般偏陆栖型	高偏陆栖型
蛋白质	43	40	30	25
龟龄	0～1 龄龟	1～3 龄龟	3 龄以上	3 龄以上

续表

<table>
<tr><td rowspan="2">项目</td><td rowspan="2">稚龟</td><td rowspan="2">幼龟</td><td colspan="2">亚、成体龟</td></tr>
<tr><td>一般偏陆栖型</td><td>高偏陆栖型</td></tr>
<tr><td>适宜龟类</td><td></td><td></td><td>黄额盒龟、黄缘盒龟、地龟、箱龟属等</td><td>锯缘摄龟等</td></tr>
<tr><td>主要原料</td><td colspan="4">鱼粉、蚯蚓粉、昆虫粉、天然谷物</td></tr>
</table>

偏水中觅食型半水龟饲料蛋白质需求推荐量见表4-10。动物原料推荐以鱼粉、虾粉为主。

表4-10　偏水中觅食型半水龟饲料蛋白质需求推荐量　%

项目	稚龟	幼龟	亚、成体龟
蛋白质	45	40	35
龟龄	0～1龄	1～3龄	3龄以上
适宜龟类	金钱龟、金头龟、沼泽箱龟		
主要原料	鱼粉、虾粉、蚯蚓粉、昆虫粉、天然谷物		

③ 国内部分半水龟龟粮品牌简介参见表4-11。

表4-11　国内部分半水龟龟粮品牌

<table>
<tr><td rowspan="2">品牌</td><td colspan="3">蛋白质含量/%</td><td rowspan="2">原料</td><td rowspan="2">特点</td><td rowspan="2">备注</td></tr>
<tr><td>稚龟</td><td>幼龟</td><td>成体龟</td></tr>
<tr><td>LIFELIEN 命脉经典系列龟粮（中国）</td><td>45</td><td>40</td><td>25</td><td>粗粮：玉米、燕麦、黄豆；动物原料：进口鱼粉、蚯蚓、昆虫；海藻粉：螺旋藻、红球藻；益生菌</td><td>浮性</td><td>粗粮＋蚯蚓、昆虫＋海藻粉</td></tr>
<tr><td>T-RE 箱龟（美国）</td><td colspan="3">23</td><td>谷物，麦麸，燕麦，苜蓿草</td><td>浮性</td><td>粗粮＋水果＋植物</td></tr>
</table>

（3）水龟对饲料蛋白质的需求量　水龟饲料主要分为两大类：一是各种天然动、植物饲料；二是配合饲料，包括各种龟粮。其需求特点如下。

① 水龟对各种天然动、植物饲料的需求。水龟生活在水中，

主要在水中觅食进食，因此食性有一定的规律性。一般分为以下三种类型。

动物食性类型，这一类型的龟主要是蛇颈龟属和长颈龟属的种类，如玛塔龟、希氏长颈龟，属于完全水栖性，没有晒太阳的习性，很少上岸活动。天生性情凶猛，属于完全动物食性，捕食活体饵料能力强。喜食各种水中昆虫、蛙类、蝌蚪、螺类、鱼、虾。家庭饲养没什么难度，很容易适应环境和水质，并能快速开食。

杂食偏动物食性类型，这一类型的龟占绝大多数。这其中有些龟高度偏肉食性，很少吃植物性饲料，比较凶猛，如平胸龟只有在饥饿状态下才摄食植物饲料，因此其动物蛋白质饲料占比最高。还有些龟属于条件性杂食，不挑食，虽偏动物蛋白质，但动物蛋白质所占比例比高度偏肉食性的龟要低，且有一定的范围，如动胸龟属和乌龟属的种类。这一类龟可根据当地天然动、植物饲料的情况合理安排投饲。另外，有些杂食偏植物性的龟，幼龟阶段很多偏动物食性。

杂食偏植物食性类型，这一类型的龟所占比例也不高，如猪鼻龟、黄头侧颈龟、中华花龟及伪龟属的种类，其动物蛋白质饲料所占比例比以上两种类型都低。

三种类型水龟对天然动植物饲料需求的推荐配比参见表 4-12。因为水龟的食性差别很大，还需要在养殖实践中不断地进行总结。

表 4-12　水龟对天然动植物饲料需求的推荐配比

项目	纯动物食性类型	杂食偏动物食性类型		杂食偏植物食性类型
		高度偏动物食性	条件性偏动物食性	
动植物比例	100%动物饲料	(80～90)∶(10～20)	(50～80)∶(20～50)	(30～40)∶(60～70)

② 水龟对配合饲料蛋白质的需求。水龟大部分是作为观赏龟来养殖的，其饲料大多使用国产和进口的龟粮，种类繁多，用途多样，已经比较商业化。这类龟粮主要侧重于龟的品相和健康，不太关注其生长速度，再加上龟粮大多数是与天然饵料搭配投喂的，因此对观赏水龟配合饲料蛋白质的需求量，并未进行过多深入的研

究。目前国内对水龟类配合饲料蛋白质需求量的研究，主要集中在乌龟、中华花龟、黄喉拟水龟、鳄龟类、巴西彩龟等几种食用龟上。

国内部分观赏水龟龟粮蛋白质含量参见表4-13。几种食用水龟饲料蛋白质需求量参见表4-14。

表4-13 国内部分观赏水龟龟粮蛋白质含量与原料组成

品牌	类型	蛋白质含量/%			主要原料	说明	备注
		稚龟	幼龟	成体龟			
命脉（中国）	LIFELIEN经典系列龟粮	45	40	35	粗粮：玉米、燕麦、黄豆；动物原料：进口鱼粉、蚯蚓、昆虫；海藻粉：螺旋藻、红球藻；益生菌	浮性	粗粮＋蚯蚓、昆虫
	LIFELIEN缓沉幼龟粮	40			粗粮：玉米、燕麦、黄豆；动物原料：进口鱼粉、蚯蚓、昆虫；海藻粉：螺旋藻、红球藻；益生菌	沉性	适合深水龟
Tetra德彩（日本、德国）	Tetra Super超级龟粮	47			虾粉、磷虾、植物蛋白质、蔬菜、鱼粉、酵母	浮性	植物蛋白质＋虾，增色
	Tetra基本龟粮	39			蔬菜、鱼粉、植物蛋白质、藻类	浮性	植物蛋白质＋鱼粉＋藻类
	Tetra加强饲料	47和39			超级龟粮＋基本龟粮	浮性	营养均衡，不偏食
	淡水干虾				淡水虾经轻微日晒，再冷冻干燥		可与龟粮搭配使用

续表

品牌	类型	蛋白质含量/%			主要原料	说明	备注
		稚龟	幼龟	成体龟			
Hikari高够力（日本）	Hikari基础龟粮	38			鱼粉，面粉，豆粕，白糖糕，玉米，蛋白粉，啤酒酵母，消化酶	浮性	植物蛋白质＋鱼粉，可与善玉菌龟粮搭配使用
	Hikari三合一龟粮	40			鱼粉，面粉，豆粕，玉米，啤酒酵母，磷虾粉	浮性	植物蛋白质＋鱼粉＋磷虾粉。黄色颗粒：优质蛋白质原料；绿色颗粒：极易吸收的乳酸钙；红色颗粒：贝壳，甲壳类提取壳聚糖
	Hikari善玉菌龟粮	41			鱼粉，小麦粉，大豆粉，啤酒酵母，善玉菌，海藻粉	浮性	植物蛋白质＋鱼粉＋善玉菌。维持肠道和水体微生物平衡
	Hikari蛋龟龟粮	41			鱼粉，小麦粉，大豆粉，橡子粉，啤酒酵母	沉性	适合深水龟
ZOOMED（美国）	ZOOMED幼体开口	43			豆粕，鱼粉，小麦粉，麦麸，玉米蛋白粉，螺旋藻	浮性	植物蛋白质＋鱼粉＋螺旋藻粉
	ZOOMED亚成体	35			豆粕，鱼粉，小麦粉，麦麸，玉米蛋白粉，螺旋藻	浮性	植物蛋白质＋鱼粉＋螺旋藻粉
	ZOOMED成体	25			豆粕，鱼粉，小麦粉，麦麸，玉米蛋白粉，螺旋藻	浮性	植物蛋白质＋鱼粉＋螺旋藻粉

表 4-14　几种食用水龟饲料蛋白质需求量　　%

项目	稚龟	幼龟	成龟	亲龟	备注
蛇鳄龟	50	45	40	42	郐国民等
黄喉拟水龟	42	40	38	36	伍长源等
乌龟	41	39	37	40	吴遵霖等

2. 鳖对蛋白质的需求量

鳖是水栖的，其食性与水龟相似，主要作为食用来养殖。因此其蛋白质需求量的研究要比龟类更深入和全面，这方面的报道也非常多。其研究主要侧重于鳖的各项生长指标，因此蛋白质需求量，一般是在饱食的情况下试验取得的，据此所配制的饲料，可以满足鳖的快速生长，但健康很难保证。通过多年对鳖的解剖来看，因营养造成的疾病非常普遍和严重，尤其是脂肪肝病。目前人们也认识到这一点的重要性，因此在饲料蛋白质需求指标上，更加重视从健康养殖的角度来考虑。

目前鳖的养殖主要有三种模式：仿野生养殖，饲料一般以鲜活动物饲料为主，植物饲料为辅；生态养鳖模式，饲料一般以配合饲料为主，动物饲料和植物饲料为辅；控温养殖，饲料一般以配合饲料为主。下面主要针对这三种养殖模式对饲料蛋白质的需求做一总结。

（1）仿野生养殖动、植物饲料的配比　这种搭配方式一般用于仿野生养殖模式，一般不投喂配合饲料，以天然动物饲料为主，植物饲料为辅。天然动物饵料主要有水蚯蚓、蚯蚓、蝇蛆、新鲜野杂鱼和人工养殖的低值淡水活鱼、螺肉等。植物饵料主要有新鲜蔬菜、水果、瓜类、水生植物等。动、植物饲料搭配比例建议为(80%～90%)：(10%～20%)。这种方式养殖的鳖其风味与品质堪与野生鳖媲美。

（2）生态养殖动物、植物饲料与配合饲料配比　这种搭配方式一般用于外塘生态养殖模式，其天然动、植物饲料的种类与仿野生养殖相似。配合饲料有两种：粉状配合饲料和膨化配合饲料。各种饲料的搭配没有固定的比例，现在大多以配合饲料为主，天然动、植物饲料为辅。天然动物饲料比例越高，鳖的风味与品质就越接近野生鳖。

（3）各种养殖模式对配合饲料蛋白质的需求　就目前我国养殖模式来看，南方以控温养殖为主，养殖周期短，产量高，商品规格小，要求生长速度快，因此饲料蛋白质需求量要求高；北方以生态养鳖为主，养殖周期长，产量低，商品规格大，鳖的健康和质量最为重要，因此蛋白质需求量比南方控温养殖相对低。从长远来看，仿野生养鳖和生态养鳖是将来的发展方向，因此在蛋白质需求量的研究方面，要转变思路，重视鳖的健康和品质。

南方和北方所用鳖料的蛋白质含量汇总见表 4-15、表 4-16。从表 4-15 和表 4-16 可见，南方所用鳖料的蛋白质含量普遍高于北方。目前北方大多数养殖户因鳖效益低，因此不论混养和主养一般都用低蛋白质饲料，经过近几年的实际应用来看，虽然生长速度略受影响，但健康程度大大提高，鳖病明显减少。

表 4-15　南方控温、生态养殖饲料蛋白质含量

项目	稚鳖	幼鳖	成鳖	亲鳖	备注
蛋白质含量/%	46～48	45～46	42～45	40～43	控温养殖
蛋白质含量/%	46～48	45～46	42～45	40～43	生态养殖

表 4-16　北方生态养殖饲料蛋白质含量

项目	稚鳖	幼鳖	成鳖	亲鳖	备注
蛋白质含量/%	43	38	36	36	混养
蛋白质含量/%	46	40	38	38	主养

（4）鳖对饲料蛋白质需求推荐量　鳖对饲料蛋白质需求推荐量见表 4-17，由于养殖模式的不同，还要根据实际情况来确定。

表 4-17　鳖对配合饲料蛋白质需求推荐量

鳖	稚鳖	幼鳖	成鳖	亲鳖
蛋白质需求量/%	46	40	38	38

第二节

龟鳖对饲料氨基酸的需求

龟鳖对蛋白质的需求，从本质上讲，就是对氨基酸的需求，饲料中氨基酸的平衡非常重要。平衡程度高的饲料，蛋白质效率高，龟鳖吸收利用率高，有利于龟鳖的生长。因此，对于龟鳖饲料，不仅要注意饲料蛋白质的含量，更要重视蛋白质的质量，即氨基酸的平衡。

本节所述内容主要针对食用龟鳖，至于观赏龟类仅供参考。

一、龟鳖氨基酸营养需求的研究现状

总的来说，对龟类研究得非常少，主要集中在中华鳖上。陆龟草食性不需要研究，半水龟和水龟因为基本上都作为观赏龟来养殖，食物较杂，对其氨基酸需求的研究不重视。因此，对这方面的研究龟类不如鳖类。

栾兆双等（2012）、周小秋等（2001）对赖氨酸的需求研究表明，稚鳖赖氨酸的适宜需求量为2.62%～2.92%。

周小秋等（2003）对稚鳖蛋氨酸的需求研究表明，蛋氨酸适宜需求量为1.58%。

赵燕等（2007）对鳖饲料中添加半胱氨酸的研究表明，半胱氨酸对中华鳖具有促进生长、增强免疫力的作用，每天适宜添加量为0.1%。

周小秋等（2003）在鳖饲料中添加赖氨酸、精氨酸对中华稚鳖生长影响的研究表明，鳖饲料中高赖氨酸对精氨酸存在拮抗作用。

二、龟鳖氨基酸组成及特点

据生化分析测定，龟鳖肌肉中有20种氨基酸，可分为三类：

必需氨基酸、半必需氨基酸和非必需氨基酸。必需氨基酸的平衡是最重要的，饲料质量的高低主要取决于必需氨基酸是否平衡，因此在配方设计时要特别重视。

通过龟鳖的氨基酸组成的分析和研究，可以为龟鳖的氨基酸需求提供参考。

1. 龟体氨基酸组成及特点

（1）龟体氨基酸的组成　龟体氨基酸的组成，见表4-18、表4-19。

表4-18　几种常见龟氨基酸组成（占干重）

项目		黄喉拟水龟		金钱龟		小鳄龟		乌龟		鳄龟	
氨基酸		占肌肉干重	占氨基酸	占肌肉干重	占氨基酸	占肌肉干重	占氨基酸	占肌肉干重	占氨基酸	占肌肉干重	占氨基酸
非必需氨基酸	天冬氨酸/%	7.36	8.97	6.91	10.39	8.62	9.71	8.05	9.57	9.48	10.11
	谷氨酸/%	13.24	16.14	12.74	19.16	14.43	16.26	12.08	14.36	15.61	16.64
	丝氨酸/%	3.79	4.62	2.93	4.41	3.17	3.57	3.25	3.86	3.76	4.01
	甘氨酸/%	3.79	4.62	2.95	4.44	5.39	6.07	3.91	4.65	5.44	5.80
	丙氨酸/%	4.73	5.76	3.48	5.23	5.27	5.94	4.69	5.58	5.70	6.08
	胱氨酸/%	2.09	2.55	0.80	1.20	0.42	0.47	1.14	1.36	0.53	0.56
	酪氨酸/%	3.41	4.16	2.91	4.38	2.52	2.84	3.37	4.01	3.41	3.64
	脯氨酸/%			2.69	4.04	3.83	4.32	4.51	5.36	1.98	2.11
合计/%		38.41	46.82	35.41	53.25	43.65	49.18	41.00	48.75	45.91	48.95
必需氨基酸	苏氨酸/%	3.96	4.83	3.24	4.87	3.95	4.45	3.97	4.72	4.38	4.70
	缬氨酸/%	5.50	6.60	3.53	5.31	5.03	5.67	6.01	7.15	4.88	5.20
	蛋氨酸/%	2.20	2.68	1.68	2.53	2.40	2.70	2.64	3.14	3.49	3.72
	苯丙氨酸/%	3.74	4.56	3.24	4.87	4.49	5.06	3.85	4.58	4.95	5.28
	异亮氨酸/%	4.34	5.29	3.12	4.69	4.79	5.40	3.31	3.94	4.93	5.26
	亮氨酸/%	7.03	8.57	1.68	2.53	7.72	8.70	6.85	8.15	8.42	8.98
	赖氨酸/%	7.86	9.58	6.19	9.31	8.08	9.11	7.51	8.93	7.65	8.15
	精氨酸/%	5.49	6.69	4.29	6.45	5.93	6.68	5.89	7.00	6.22	6.63
	组氨酸/%	3.52	4.29	4.13	6.21	2.69	3.03	3.07	3.65	2.98	3.18
合计/%		43.64	53.19	31.10	46.77	45.08	50.80	43.10	51.26	47.90	51.10
氨基酸总量/%		82.05		66.51		88.73		84.10		93.81	
蛋白质含量/%		18.2		16.64		16.7		16.64		19.6	
备注		朱新平等（2005）		李贵生等（2000）		刘翠娥等（2007）		杜杰等（2006）		叶泰荣等（2007）	

表 4-19 鳄龟不同生长阶段氨基酸组成（占干重）

	氨基酸	稚龟	1 龄龟	2 龄龟	3 龄龟	平均	平均比例/% 占非必需氨基酸	平均比例/% 占氨基酸	变异系数/%
非必需氨基酸	天冬氨酸/%	9.55	8.64	8.24	10.19	8.94	19.84	9.62	7.11
	谷氨酸/%	15.65	14.23	15.12	16.82	15.45	34.31	16.63	7.14
	丝氨酸/%	6.95	3.48	3.58	3.95	3.72	8.27	4.01	6.27
	甘氨酸/%	5.94	4.61	5.26	5.75	5.39	11.97	5.80	11.22
	丙氨酸/%	5.89	5.11	5.51	6.09	5.68	12.62	6.12	7.82
	脯氨酸/%	2.02	1.29	1.90	2.63	1.96	4.35	2.10	8.75
	胱氨酸/%	0.88	0.35	0.34	—	0.52	1.15	0.56	0.63
	酪氨酸/%	3.54	3.06	3.24	3.66	3.38	7.50	3.63	8.29
	鸟氨酸/%	—	—	0.24	—				
必需氨基酸	苏氨酸/%	4.55	4.03	4.17	4.60	4.34	9.18	4.70	6.61
	缬氨酸/%	4.94	4.45	4.75	5.18	4.83	10.23	5.20	6.62
	蛋氨酸/%	3.37	3.21	3.4986	3.75	3.46	7.32	3.72	6.76
	苯丙氨酸/%	5.06	4.49	4.81	5.26	4.91	10.39	5.28	6.94
	异亮氨酸/%	4.90	4.45	4.80	5.40	4.89	10.35	5.26	8.16
	亮氨酸/%	8.57	7.69	8.18	8.96	8.34	17.65	8.97	6.54
	赖氨酸/%	8.30	6.46	6.20	8.44	7.58	16.05	8.16	12.83
	组氨酸/%	2.98	2.56	2.77	3.49	2.95	6.25	3.18	13.55
	精氨酸/%	6.70	5.45	5.66	6.83	6.16	13.05	6.63	11.73
必需氨基酸总量/%		49.36	42.78	44.86	51.91	47.23			
氨基酸总量/%		99.76	83.54	88.29	101.00	92.90			
备注		叶泰荣等(2007)							

（2）龟体氨基酸组成特点　从表 4-18 和表 4-19 中数据分析可见，龟体肌肉氨基酸的组成有如下特点。

① 鳄龟氨基酸在不同生长阶段的百分比含量，呈现出“两头低，中间高”的特点，即稚龟和 3 龄龟高于 1 龄和 2 龄龟。其他龟

是否如此，还没有这方面的研究数据。

② 必需氨基酸和非必需氨基酸比例非常接近。

③ 呈味氨基酸中，各种龟谷氨酸的百分比含量都最高，如鳄龟达16.63%，其他呈味氨基酸的含量也较高，因此龟肉味鲜美。

④ 必需氨基酸中，各种龟亮氨酸的百分比含量都最高，其次是赖氨酸，再次为精氨酸。

⑤ 非必需氨基酸中，各种龟谷氨酸都最高，其次为天冬氨酸，再次为丙氨酸。

⑥ 鳄龟和小鳄龟氨基酸的总量均高于其他龟类，这两种龟食性虽为杂食性，但与肉食性龟类近似，其氨基酸组成数据，也可作为肉食性和杂食高度偏肉食性龟类的参考，如平胸龟属、长颈龟属、蛇颈龟属、池龟属、地图龟属和蟾龟属的种类。乌龟为杂食条件性偏肉食，其氨基酸组成可以作为这一类型龟的参考，如动胸龟属、乌龟属、澳龟属等的种类。黄喉拟水龟的氨基酸组成可作为拟水龟属种类的参考。金钱龟的氨基酸组成可作为半水龟闭壳龟属、盒龟属种类和沼泽箱龟的参考。

以上数据分析，可作为龟配合饲料氨基酸营养需求量的参考。

2. 鳖体氨基酸组成及特点

(1) 鳖体氨基酸的组成　鳖体氨基酸的组成见表4-20。

表4-20　鳖体氨基酸组成（占干物质）

氨基酸		稚鳖	1龄鳖	2龄鳖	3龄鳖	平均	占必需氨基酸	占氨基酸
必需氨基酸	苏氨酸/%	4.46	3.95	4.09	4.51	4.25	9.02	4.62
	缬氨酸/%	4.84	4.36	4.66	5.09	4.73	10.03	5.14
	蛋氨酸/%	3.30	3.15	3.43	3.68	3.39	7.19	3.69
	苯丙氨酸/%	4.96	4.40	4.72	5.16	4.81	10.2	5.23
	异亮氨酸/%	4.80	4.36	4.71	5.29	4.79	10.16	5.21
	亮氨酸/%	8.35	7.54	8.02	8.78	8.17	17.33	8.89
	赖氨酸/%	8.14	6.33	6.98	8.27	7.43	15.76	8.08
	组氨酸/%	2.92	2.51	2.72	3.42	2.89	6.13	3.14
	精氨酸/%	6.57	5.34	5.55	6.70	6.04	12.81	6.57

续表

氨基酸		稚鳖	1龄鳖	2龄鳖	3龄鳖	平均	占必需氨基酸	占氨基酸
	合计/%	48.34	41.94	44.88	50.9	47.14	100	51.27
非必需氨基酸	天冬氨酸/%	9.36	8.47	8.89	9.99	9.2	20.53	10.00
	丝氨酸/%	3.81	3.41	3.51	3.87	3.65	8.15	3.97
	谷氨酸/%	15.34	13.95	14.82	16.49	15.15	33.81	16.48
	甘氨酸/%	5.82	4.52	5.16	5.64	5.29	11.81	5.75
	丙氨酸/%	5.77	5.01	5.40	5.97	5.54	12.36	6.03
	脯氨酸/%	1.98	1.26	1.86	2.58	1.92	4.28	2.09
	胱氨酸/%	0.86	0.34	0.33		0.51	1.14	0.55
	酪氨酸/%	3.47	3.00	3.18	3.59	3.31	7.39	3.60
	鸟氨酸/%			0.24		0.24	0.54	0.26
	合计/%	46.41	39.96	43.48	48.13	44.81	100	48.73
	总计/%	94.75	81.9	88.36	99.03	91.95	100	100
备注		汤峥嵘等(1998)						

（2）整体氨基酸的组成特点　从表4-20中数据分析可见，中华鳖肌肉氨基酸的组成有如下特点。

① 中华鳖肌肉干物质中氨基酸在不同生长阶段的百分比含量，呈现出“两头高，中间低”的变化规律，即稚鳖、3龄鳖高于1龄和2龄鳖。

② 必需氨基酸和非必需氨基酸的比例非常接近，分别为51%和49%。

③ 呈味氨基酸谷氨酸含量最高，占氨基酸总量的16.52%，其他呈味氨基酸的含量也较高，因此鳖肉味鲜美。

④ 必需氨基酸中含量最高的是亮氨酸，占必需氨基酸的17.33%；其次为赖氨酸，占15.26%；再次为精氨酸，占12.81%。三者合计为45.4%，近一半。

⑤ 非必需氨基酸含量最高的是谷氨酸，占非必需氨基酸的33.99%；其次为天冬氨酸，占20.64%；再次为丙氨酸，占

12.43%。三者合计 67.06%，超过 2/3。

3. 龟鳖肌肉氨基酸的比较

通过以上分析可以看出，水龟类中偏动物食性的龟和半水龟类金钱龟的肌肉氨基酸组成和鳖基本一致，因此对饲料中氨基酸的需求也基本一致。至于陆龟和半水龟、水龟中偏植物食性的龟类的氨基酸组成基本未见报道，还有待于进一步研究。

以上对龟鳖体氨基酸的分析，可作为配合饲料氨基酸营养需求的参考。

三、龟鳖对氨基酸需求量

1. 陆龟配合饲料氨基酸需求推荐量

陆龟配合饲料氨基酸需求推荐量见表 4-21。

表 4-21　陆龟氨基酸需求推荐量（占饲料）

项目	雨林型	草原型	沙漠型
苏氨酸/%	0.59	0.47	0.39
缬氨酸/%	0.97	0.78	0.65
蛋氨酸/%	0.39	0.31	0.26
异亮氨酸/%	0.78	0.62	0.52
亮氨酸/%	1.21	0.97	0.81
苯丙氨酸/%	0.88	0.70	0.59
赖氨酸/%	0.97	0.78	0.65
组氨酸/%	0.44	0.35	0.29
精氨酸/%	0.87	0.70	0.58
色氨酸/%	0.23	0.18	0.15
胱氨酸/%	0.22	0.18	0.15
甘氨酸/%	0.55	0.44	0.37
酪氨酸/%	0.60	0.48	0.40
蛋白质含量/%	15	12	10

2. 半水龟配合饲料氨基酸需求推荐量

半水龟配合饲料氨基酸需求推荐量见表4-22。

表4-22　半水龟配合饲料氨基酸需求推荐量（占饲料）

项目	幼龟	偏水中觅食型	偏陆地觅食型
天冬氨酸/%	3.67	3.21	2.62
谷氨酸/%	5.99	5.24	4.28
丝氨酸/%	1.53	1.34	1.09
甘氨酸/%	2.12	1.86	1.51
丙氨酸/%	2.34	2.05	1.67
脯氨酸/%	0.80	0.70	0.57
胱氨酸/%	0.54	0.47	0.39
酪氨酸/%	1.14	1.00	0.81
苏氨酸/%	1.48	1.30	1.06
缬氨酸/%	1.91	1.67	1.36
蛋氨酸/%	0.92	0.81	0.66
苯丙氨酸/%	1.69	1.48	1.21
异亮氨酸/%	1.60	1.40	1.14
亮氨酸/%	3.44	3.01	2.46
赖氨酸/%	2.29	2.00	1.64
组氨酸/%	0.84	0.74	0.60
精氨酸/%	2.27	1.99	1.62
色氨酸/%	0.38	0.33	0.27
合计/%	34.95	30.6	24.96
蛋白质/%	35	31	25

3. 水龟配合饲料氨基酸需求推荐量

水龟配合饲料氨基酸需求推荐量见表4-23。

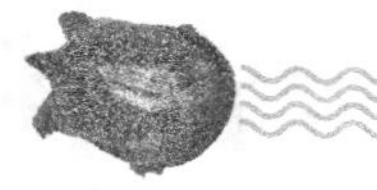

表 4-23 水龟配合饲料氨基酸需求推荐量（占饲料）

项目	肉食性	杂食高度偏肉食性	杂食偏肉食性	杂食偏植物性
天冬氨酸/%	5.05	4.55	4.04	3.74
谷氨酸/%	8.24	7.41	6.59	6.10
丝氨酸/%	2.10	1.89	1.68	1.55
甘氨酸/%	2.91	2.62	2.33	2.16
丙氨酸/%	3.21	2.89	2.57	2.38
脯氨酸/%	1.1	0.99	0.88	0.81
胱氨酸/%	0.74	0.66	0.59	0.55
酪氨酸/%	1.56	1.41	1.25	1.16
苏氨酸/%	2.04	1.83	1.63	1.50
缬氨酸/%	2.63	2.36	2.10	1.94
蛋氨酸/%	1.26	1.13	1.01	0.93
苯丙氨酸/%	2.33	2.09	1.86	1.72
异亮氨酸/%	2.21	1.99	1.77	1.64
亮氨酸/%	4.73	4.25	3.78	3.50
赖氨酸/%	3.15	2.84	2.52	2.33
组氨酸/%	1.15	1.04	0.92	0.85
精氨酸/%	3.13	2.81	2.50	2.31
色氨酸/%	0.53	0.47	0.42	0.39
合计/%	48.07	43.23	38.44	35.56
蛋白质/%	48	43	38	36

4. 鳖对氨基酸的需求

总的来说，鳖对氨基酸需求的研究滞后于生产，大多集中在赖氨酸和蛋氨酸方面，今后还应加强这方面的研究，以便更好地服务于生产。

以下根据我们配制的饲料与使用情况，结合国内的研究成果，提出鳖饲料氨基酸需求的推荐指标（表 4-24）。另提供鳖试验饲料和商品饲料氨基酸的实测值（表 4-25），以供对比参考。

表 4-24　鳖对粉状饲料氨基酸的需求量推荐指标

氨基酸	稚鳖		幼鳖		成鳖		亲鳖
养殖类型	控温型	生态型	控温型	生态型	控温型	生态型	生态型
蛋白质/%	45	43	43	40	40	38	40
苏氨酸/%	2.13	1.99	1.99	1.85	1.85	1.76	1.88
缬氨酸/%	2.36	2.21	2.21	2.01	2.01	1.95	2.01
蛋氨酸/%	1.70	1.59	1.59	1.48	1.48	1.40	1.48
异亮氨酸/%	2.40	2.24	2.24	2.08	2.08	1.98	2.08
亮氨酸/%	4.14	3.87	3.87	3.60	3.60	3.42	3.60
苯丙氨酸/%	2.41	2.25	2.25	2.09	2.09	1.99	2.09
赖氨酸/%	3.72	3.47	3.47	3.23	3.23	3.07	3.23
组氨酸/%	1.44	1.35	1.35	1.26	1.26	1.19	1.26
精氨酸/%	2.93	2.74	2.74	2.55	2.55	2.42	2.55
色氨酸/%	0.32	0.30	0.30	0.28	0.28	0.27	0.28
天冬氨酸/%	4.65	4.34	4.34	4.04	4.04	3.84	4.04
丝氨酸/%	1.83	1.71	1.71	1.59	1.59	1.51	1.59
谷氨酸/%	7.57	7.08	7.08	6.58	6.58	6.25	6.58
甘氨酸/%	2.65	2.47	2.47	2.30	2.30	2.19	2.30
丙氨酸/%	2.77	2.59	2.59	2.41	2.41	2.29	2.41
胱氨酸/%	0.25	0.24	0.24	0.22	0.22	0.21	0.22
酪氨酸/%	1.66	1.55	1.55	1.44	1.44	1.37	1.44
脯氨酸/%	0.96	0.90	0.90	0.84	0.84	0.79	0.84
鸟氨酸/%	0.12	0.11	0.11	0.10	0.10	0.09	0.10
合计	45.08	43	43	39.95	39.95	37.99	39.98

表 4-25　鳖配合饲料氨基酸组成实测值（占饲料）

氨基酸	试验饲料		商品饲料	
蛋白质/%	48.58	47	40	37
苏氨酸/%	2.39	1.97	1.76	1.57
缬氨酸/%	2.60	1.99	1.87	1.80
蛋氨酸/%	1.20	1.22	1.04	0.92
异亮氨酸/%	2.12	2.12	1.57	1.52
亮氨酸/%	3.99	3.79	2.99	2.71
苯丙氨酸/%	2.00	1.82	1.77	1.68
赖氨酸/%	3.84	3.36	2.47	2.31
组氨酸/%	0.96	1.54	0.91	0.91
精氨酸/%	3.18	2.77	2.41	2.22
天冬氨酸/%	5.02		3.40	3.09
丝氨酸/%	2.35		1.79	1.77
谷氨酸/%	8.32		5.25	5.98
甘氨酸/%	3.76		2.47	2.10
丙氨酸/%	3.36		2.55	2.14
胱氨酸/%	0.55		0.49	0.46
酪氨酸/%	1.39		1.20	0.91
脯氨酸/%	1.97		3.40	2.02
合计/%	49		38.34	34.11
备注	李生武等(1995)	孙鹤田等(1998)	某饲料厂家	某饲料厂家

四、平衡饲料氨基酸的途径

平衡饲料氨基酸大体有两条途径。

1. 多种原料按适当的比例混合

这条途径经济可取。这是因为，各种饲料原料蛋白质的氨基酸组成虽然不同，但多种饲料合理搭配在一起，可以相互补充，以弥补各自的不足。例如大豆的赖氨酸与蛋氨酸的比例大致为100∶18，赖氨酸含量高，而蛋氨酸含量不足，鱼粉中的赖氨酸与蛋氨酸的比例为100∶40，二者配比，可以平衡蛋氨酸量的不足。利用植物蛋白质源，如豆粕、花生粕等与鱼粉合理搭配，可以大大提高养殖效果。

2. 饲料中加入人工合成的氨基酸或类似物

这条途径也是可行的。尤其是当前动物性蛋白质原料供应紧张的情况下，用合成氨基酸来平衡饲料中氨基酸的比例，对于提高饲料蛋白质利用率和节约蛋白质资源、降低饲料成本具有重要意义。现在已有不少专门的生产厂家。

目前饲料中添加游离态氨基酸，如赖氨酸和蛋氨酸已相当普遍，效果也不错。

栾兆双等（2012），在饲料中添加包膜赖氨酸和晶体赖氨酸对稚鳖生长性能的影响进行了研究（表4-26）。从表4-26中可见，稚鳖饲料中添加赖氨酸，试验组特定生长率、蛋白质效率都高于对照组，饵料系数低于对照组。赖氨酸能够提高饲料利用率，促进鳖的生长。

表4-26 饲料中添加赖氨酸对中华鳖稚鳖生长性能的影响

组别	特定生长率/%	蛋白质效率/%	饵料系数	存活率/%
对照组	1.24	1.31	1.75	85.60
晶体赖氨酸	1.38	1.53	1.67	88.89
包膜赖氨酸	1.79	1.78	1.59	95.48

周小秋等（2001），在赖氨酸含量（1.42%）低，且不能满足

正常需求的稚鳖饲料中，添加 0.5%的单体赖氨酸，能够显著提高稚鳖的摄饵量、增重率，大大降低饲料系数（表 4-27）。

表 4-27 饲料中添加赖氨酸对稚鳖生产性能的影响

组别	初重/克	末重/克	增重/克	增重率/%	摄饵量/克	饵料系数
对照组	22.49	30.94	8.57	40.90	64.32	7.56
试验组	22.97	54.41	31.44	136.89	81.55	2.61

从表 4-27 中可见，试验组增重率、摄饵量分别比对照组提高了 234.69%、26.79%，饵料系数降低了 65.48%。在缺乏赖氨酸的饲料中添加单体赖氨酸，能够大大提高饲料的养殖效果。

第五章

龟鳖对脂类的营养需求

脂类按其结构可分为脂肪和类脂两大类。脂肪俗称油脂，由脂肪酸和甘油组成。脂肪酸又分为饱和脂肪酸和不饱和脂肪酸。不饱和脂肪酸又分为单不饱和脂肪酸和多不饱和脂肪酸。多不饱和脂肪酸是指含有两个或两个以上双键且碳链长度为18～22个碳原子的直链脂肪酸，根据双键的位置及功能又分为*n*-3和*n*-6两大系列。*n*-3系列脂肪酸主要包括亚麻酸（ALA）、二十碳五烯酸（EPA）、二十二碳五烯酸（DPA）、二十二碳六烯酸（DHA）。*n*-6系列脂肪酸主要包括亚油酸（LA）和花生四烯酸（ARA）。一般认为亚油酸、亚麻酸和花生四烯酸三种高度不饱和脂肪酸是必需脂肪酸，近代观点把所有不饱和脂肪酸都列为动物必需脂肪酸。某些不饱和脂肪酸，龟鳖体不能合成，必须从饲料中获取。

类脂种类很多，其结构也是多样的，常见的类脂有蜡、磷脂、糖脂和固醇。

主要由饱和脂肪酸组成的脂肪，熔点高，在常温下为固态，动物油脂多为固态脂。主要由不饱和脂肪酸组成的脂肪，熔点较低，在常温下多为液态油，植物油脂多为液态。

第一节

龟鳖对脂肪、脂肪酸的营养需求

一、龟鳖对脂肪的利用特点

1. 消化吸收率高

龟鳖对脂肪有较高的利用能力。由文辉等（1993）对乌龟幼龟对食物鱼、虫的消化率进行了研究，其粗脂肪的消化率最高达97.62%；陈焕铨等（1997）测定了鳖对配合饲料中脂肪的消化率，达80%以上。因此当饲料中含有适量脂肪时，可以减少蛋白质的

能耗，节约饲料蛋白质，提高其利用率。

2. 对不饱和脂肪酸的需求量高

从龟鳖生长的角度看，龟鳖对饲料中不饱和脂肪酸的需求量相对较高。这一特点与龟鳖肌肉中不饱和脂肪酸含量高于饱和脂肪酸含量是相适应的，肌肉中饱和脂肪酸的含量不到30%，而不饱和脂肪酸的含量达70%以上。

3. 对熔点低的脂肪利用率高

一般来讲，龟鳖对常温下呈液体状态的油脂利用率高。如日本学者把玉米油和动物油脂分别添加到以酪蛋白为主的鳖饲料中，结果发现添加液态玉米油的各组其增重率均高于添加水平相同的固态动物性油脂的各组。

二、影响龟鳖对脂肪吸收利用的因素

1. 脂肪的种类与组成

脂肪的种类组成对龟鳖需求量的影响主要体现在以下两方面：一是脂肪种类不同，其消化吸收率不同；二是脂肪组成不同，尤其是必需脂肪酸的组成，将会直接影响到龟鳖的生长需求。脂肪酸组成合理，就会促进龟鳖的生长发育，否则就会影响龟鳖的生长，甚至造成缺乏症。因此，种类组成对龟鳖的吸收利用影响最大。

2. 碳水化合物的含量

饲料中碳水化合物的含量会影响到脂肪的代谢。含量充足时，脂肪代谢率低，其吸收利用的程度低。含量不足或缺乏时，脂肪的代谢率就高，其吸收利用率亦高，只有这样，才能满足鳖体的能量需求，提高蛋白质的利用率。

3. 维生素的影响

维生素与脂肪的代谢有很大的关系。维生素 E 与脂肪的代谢关系密切，维生素 E 能够防止脂肪氧化，因此饲料中维生素 E 缺乏时，不饱和脂肪酸破坏程度大，就会影响脂肪的利用率。胆碱不足，脂肪在体内的转运和氧化受阻，结果导致脂肪在肝脏内大量沉积，发生脂肪肝。维生素 C 与脂肪的代谢也有很大关系。

4. 矿物元素

矿物元素对脂肪的消化代谢也会产生影响。饲料中钙含量过高，多余的钙可与脂肪结合，从而使脂肪消化率下降。饲料中含有磷、锌等矿物元素，可以加快鳖体内脂肪的消化吸收，避免脂肪在体内大量沉积，所以饲料中要注意磷的供给。

5. 水温

一般来说，水温高，利用率高；水温低，利用率低。

总之，影响龟鳖对脂肪吸收利用的因素很多，要尽量克服不利因素，创造有利条件，充分发挥脂肪的生理功能。

三、龟鳖脂肪酸组成及特点

通过对龟鳖脂肪酸组成的分析和研究，可以为龟鳖的脂肪酸需求提供参考。

1. 龟鳖脂肪酸组成

龟鳖脂肪酸组成见表 5-1。

表 5-1 几种常见龟鳖脂肪酸组成 %

项目	黄喉拟水龟	乌龟	鳄龟	小鳄龟	1 龄鳖	2 龄鳖	3 龄鳖	温室鳖
$C_{12:0}$	0.17			1.18				
肉豆蔻酸 $C_{14:0}$	1.67	1.48	4.0	0.82	3.90	4.19	3.68	3.92
$C_{14:1}$		0.18						
$C_{14:2}$		0.25						
$C_{14:3}$		0.13						
$C_{15:0}$	0.49							
软脂酸 $C_{16:0}$	18.77	16.15	16.29	26.84	17.54	14.73	15.63	15.97
棕榈油酸 $C_{16:1}$	6.61	8.12	7.17	4.44	6.40	5.24	9.46	7.03
$C_{16:2}$		0.47						
$C_{16:3}$		0.27						
$C_{17:0}$	0.77							
$C_{17:1}$	1.54							

续表

项目	黄喉拟水龟	乌龟	鳄龟	小鳄龟	1 龄鳖	2 龄鳖	3 龄鳖	温室鳖
硬脂酸 $C_{18:0}$	12.62	5.02	5.07	15.64	6.31	4.68	3.91	4.97
油酸 $C_{18:1}$	32.13	39.32	36.73	25.87	32.43	33.92	41.68	36.01
亚油酸 $C_{18:2}$	4.14	7.80	6.08	6.79	4.49	8.72	4.67	5.96
亚麻酸 $C_{18:3}$	0.46	0.43	4.68		4.13	6.01	3.62	4.59
$C_{19:0}$	0.29							
$C_{20:0}$	0.45							
$C_{20:1}$	1.59	1.99						
花生四烯酸 $C_{20:4}$	6.51	1.84	4.23	1.74	5.52	4.40	2.52	4.15
花生五烯酸 $C_{20:5}$	2.53	3.03	7.11	4.35	7.789	6.94	6.18	6.98
$C_{22:4}$			0.90		1.04	0.89	0.71	0.88
$C_{22:5}$	2.27	1.73	1.57		1.08	1.73	1.19	1.54
$C_{22:6}$	6.99	9.50	8.47	8.85	8.73	9.43	6.74	8.30
不饱和脂肪酸	64.77	76.83	76.94	52.09	72.24	77.29	76.77	75.43
高度不饱和脂肪酸	22.91	26.07	33.04	21.73	33.410	38.12	25.63	32.39
备注	朱新平 (2005)	杜杰等 (2006)	刘翠娥 (2007)	叶泰荣 (2007)	王道遵等 (1998)			

2. 龟鳖不饱和脂肪酸组成特点

(1) 龟体不饱和脂肪酸组成特点　从表 5-1 可见，乌龟不饱和脂肪酸的组成有以下特点。

① 单不饱和脂肪酸特点。主要有棕榈酸和油酸两种，所占比例分别为 8.12%、39.32%，两者合计 47.44%，占整个脂肪酸的近半数。

② 多不饱和脂肪酸的特点。*n*-3 系列主要有亚麻酸、EPA、DPA、DHA，所占比例分别为 0.43%、3.03%、1.73%、9.50%，合计 14.69%。*n*-6 系列主要有亚油酸和花生四烯酸，所占比例分别为 7.80%、1.84%，合计 9.64%。两个系列占整个脂肪酸的 24.33%。

黄喉拟水龟、鳄龟、小鳄龟脂肪酸的组成特点与乌龟近似。

以上分析数据，可以为龟配合饲料中脂肪酸的营养需求提供理论依据。

（2）鳖体不饱和脂肪酸的组成特点　从表 5-1 可见，2 龄鳖不饱和脂肪酸的组成有以下特点。

① 单不饱和脂肪酸特点。主要为棕榈油酸和油酸，所占比例分别为 5.24%、33.92%，合计 39.16%，占整个脂肪酸的近 40%。

② 多不饱和脂肪酸的特点。n-3 系列的亚麻酸、EPA、DPA、DHA，所占比例分别为 6.01%、6.94%、1.73%、9.43%，合计 24.11%。n-6 系列的亚油酸和二十碳三烯酸，所占比例分别为 8.72%、4.40%，合计 13.12%。两个系列占整个脂肪酸的 37.23%。

1 龄、3 龄和温室鳖脂肪酸组成特点与 2 龄鳖近似。

以上分析数据，可以为鳖配合饲料中脂肪酸的营养需求提供理论依据。

四、龟鳖对脂肪的需求量

影响龟鳖对脂肪需求量的因素很多，如龟鳖的不同生长发育阶段、饲料中蛋白质和碳水化合物的含量、饲料中维生素和矿物元素的组成以及环境温度等。

1. 龟对脂肪的需求

龟对脂肪需求量研究报道很少，主要集中在几种食用水龟方面，如鳄龟、小鳄龟、乌龟、黄喉拟水龟等，陆龟和半水龟很少有报道。

（1）陆龟对脂肪的需求　陆龟是植食性动物，对脂肪的需求量比半水龟低，生活在野外的陆龟，其脂肪来源主要是通过采食植物的嫩芽、花朵和种子来获取，这对于生活在野外的陆龟来说是很容易做到的，但对于人工饲养的陆龟来说，目前一般把喂养重点集中在植物饲料的搭配上，很少关注植物脂肪食物投喂，如植物花朵和种子等。因此，建议在陆龟食物投喂方面，根据季节的变化，适时

搭配投喂一部分植物的嫩芽、花朵和种子。有关陆龟配合饲料脂肪的需求量大多见于龟粮的标准中，表 5-2 汇总了国内外龟粮中的脂肪含量标准，并提出了推荐需求量标准，以供参考。

表 5-2　国内外部分龟粮脂肪含量及推荐需求量　%

项目	Mazur 美国	Zoomed 美国	T-REX 美国	Hikari 日本		Tetra 德国		LIFELIEN 中国		推荐 需求量	
				强化 龟粮	调节 龟粮	基础 龟粮	超级 龟粮	幼龟	成龟	幼龟	成龟
陆龟	3	2	3					2.4	1.5	3	2
半水龟		2	5	3	6	4.5	7	7	5	4	3
水龟	10	5	5	3	6	4.5	7	7	5	5	4

注：Zoomed 所饲喂的半水龟主要指美国箱龟。

从表 5-2 中可见，陆龟对脂肪的需求量较半水龟和水龟要低；龟不同生长阶段对脂肪的需求量是有差异的，表 5-2 中只有国产龟粮命脉有所区分外，其他都没有区分。建议陆龟脂肪需求量指标：稚、幼龟为 3%，成龟 2%。

（2）半水龟对脂肪的需求　从表 5-2 中可见，半水龟其脂肪需求量要高于陆龟。半水龟中偏陆生的，如中国盒龟属、美国箱龟属的种类，建议其脂肪需求量指标与陆龟相同，即稚、幼龟为 3%，成龟为 2%；半水龟中偏水中生活的，如三线闭壳龟、金头龟等，建议其脂肪需求量指标与水龟相同，即稚幼龟为 4%，成龟为 3%。

（3）水龟对脂肪的需求　从表 5-2 中可见，水龟的脂肪需求量要高于陆龟、半水龟，建议其脂肪需求量标准为：幼龟 5%，成龟 4%。

2. 鳖对脂肪的需求

目前有关鳖对脂肪需求量的研究，主要侧重于鳖的生长性能，很少关注鳖的生理及健康状况，从目前龟鳖解剖来看，龟鳖脂肪肝病很普遍，严重者会造成龟鳖的死亡。因此鳖对脂肪需求量的指标，从健康养殖的角度出发，应该是一个综合指标的体现，包括生长性能、健康状况、饲料效率等。表 5-3 汇总了有关鳖对脂肪需求量的研究情况，以供参考，并提出鳖对脂肪需求量推荐标准。

表 5-3 鳖对脂肪需求量及推荐标准 %

项目	试验饲料		
	精制试验饲料	半精制试验饲料	实用试验饲料
蛋白质源	酪蛋白、氨基酸等	酪蛋白、白鱼粉等	鱼粉、豆粕、酵母等
糖源	糊精	糊精、α-淀粉	α-淀粉
脂肪源	鱼油、植物油	鱼油、植物油	鱼油、植物油
适宜含量	3～5	4～10	4～8
建议需求量	4～6		
饲料中脂肪建议添加量	1～3		

从表 5-3 可见，鳖对脂肪的需求量在 3%～10%范围内，考虑到鳖健康养殖的要求，建议鳖脂肪需求量指标为：4%～6%，不宜过高。

由于鳖用配合饲料以白鱼粉和豆粕为主，是否有必要再添加脂肪呢？现有的试验研究表明，在饲料中添加少量的脂肪有利于鳖的生长和饲料效率的提高，至于添加比例不仅要考虑鳖的生长情况，还要考虑鳖的健康状况，建议不要过量添加。

五、龟鳖对必需脂肪酸的需求

1. 龟对必需脂肪酸的需求

龟对脂肪的需求，最为重要的是不饱和脂肪酸，关于这方面的研究报道很少。

对于野外生活的陆龟和偏陆地生活的半水龟而言，植物的嫩芽、花朵和种子就是其不饱和脂肪酸的重要来源，因此在野外对于陆龟而言不饱和脂肪酸是不匮乏的，但对于家庭所养的观赏龟而言就存在不饱和脂肪酸缺乏的问题，因此在养殖过程中要注意必需脂肪酸的补充。德国研究人员 Thomas Vink (2004) 在陆龟食物中添加了不饱和脂肪酸以研究其对于陆龟健康的影响，试验陆龟稚龟包括：印度星龟、缘翘陆龟、埃及陆龟和突尼西亚陆龟等，结果发现，短短几天所有陆龟都出现了明显的健康状况的改善，包括行为

更活泼，流鼻涕现象明显减少，原本发育不佳的体重开始明显增加。因此对于陆龟饲养爱好者来说，在新鲜植物饵料的选择上，也要重视不饱和脂肪酸含量高的饵料的选择，像上面所提到的植物的嫩芽、花朵、种子等。

龟对脂肪酸的需求量研究报道很少，现根据各种龟对脂肪的营养需求量及龟体脂肪酸的组成，推荐标准参见表 5-4。

表 5-4　龟鳖对必需脂肪酸的需求推荐量

项目	陆龟		半水龟		水龟		鳖			
	幼龟	成龟	幼龟	成龟	幼龟	成龟	稚鳖	幼鳖	成鳖	亲鳖
脂肪需求量/%	3	2	5	3	6	5	5	4	4	4.5
n-3 脂肪酸/%	0.74	0.49	1.23	0.74	1.48	1.23	1.23	0.98	0.98	1.11
n-6 脂肪酸/%	0.60	0.40	1.00	0.60	1.20	1.00	1.00	0.80	0.80	0.90

2. 鳖对必需脂肪酸的需求量

这方面的研究报道很少，现汇总有关研究如下。

（1）精制饲料添加脂肪酸对鳖生长的影响　日本学者配制棕榈酸、亚油酸、亚麻酸等不同组成的 7 种精制饲料进行试验，结果如下：

① 1 组添加棕榈酸 5%时，增重率最差，明显差于对照组；

② 2 组棕榈酸添加 4%、亚油酸 1%时，增重率最好，明显优于 1 组和对照组；

③ 3 组棕榈酸为 4%、亚麻酸 1%时，增重率不如 2 组，但优于 1 组和对照组；

④ 4 组棕榈酸为 4%、亚油酸和亚麻酸各为 0.5%时，增重率也不如 2 组，但优于 1 组和对照组。

从以上试验结果看，亚油酸的生理功能大于亚麻酸，为影响鳖生长的第一限制性必需脂肪酸。同时也可以看出，亚油酸和亚麻酸之间不存在协同关系。如果把亚油酸看成是唯一必需脂肪酸，那么鳖对必需脂肪酸的需求量就可以认为是 1%左右，与鱼类必需脂肪酸的需求量0.5%～2%很相似。

（2）精制饲料添加油脂（脂肪酸）对鳖体脂肪酸的影响 Huang等（2005）用1∶1混合的大豆油和鱼油为脂肪来源，以酪蛋白为蛋白质源，配制成脂肪含量为0%、3%、6%、9%、12%、15%的精制配合饲料，饲养中华稚鳖8周后对其肌肉脂肪酸进行测定分析，结果表明：中华鳖可以利用其他物质合成18C以下的不饱和脂肪酸，而对18C以上的不饱和脂肪酸不能合成或合成能力较低。另外还发现体组织中脂肪酸的组成和数量与饲料中脂肪酸的组成和数量基本保持一致，因此可以通过在饲料中添加DHA和EPA来改变鳖的品质和风味。

（3）半精制饲料添加不同油脂（脂肪酸）对鳖生长的影响 杨国华等（1997）以白鱼粉和酪蛋白为蛋白质源，以豆油和鱼油为脂肪源配制成半精制饲料，研究稚鳖对脂肪的营养需求，结果见表5-5。

表5-5 不同油脂对稚鳖生长的影响

项目	1组	2组	3组	4组	5组	6组	7组
白鱼粉/%	30	30	30	30	30	30	30
酪蛋白/%	27.2	27.2	27.2	27.2	27.2	27.2	27.2
鱼油/%	0.0	1.0	4.0	0.0	2.0	3.0	4.0
豆油/%	0.0	1.0	0.0	4.0	2.0	3.0	4.0
脂肪含量/%	2.0	4.0	6.0	6.0	6.0	8.0	10.0
饲料系数	1.66	1.40	1.81	1.60	1.37	1.31	1.33
蛋白质效率/%	1.34	1.59	1.23	1.39	1.62	1.70	1.67

从表5-5中可见，添加了混合油的2、5、6、7四组，其生长性能均优于不添加油脂的1组和添加单一脂肪的3、4两组。由此可见鱼油和豆油具有协同互补的作用，这可能与鱼油和豆油多不饱和脂肪酸的组成有关。鱼油 n-6 和豆油 n-3 系列多不饱和脂肪酸分别高达40%和50%，与鳖体肌肉两类脂肪酸的组成比例相符，因此鱼油和豆油混合使用比单一使用效果要好，其他的研究也证明了这一点。

(4) 配合饲料对必需脂肪酸的需求量　鳖对必需脂肪酸的需求，主要是指n-3 和n-6系列的多不饱和脂肪酸，其配合饲料中脂肪主要来源于鱼粉、豆粕、鱼油、豆油、玉米油等，通过对其脂肪需求量和组成的分析，可以大体计算出其必需脂肪酸的需求量。鳖配合饲料必需脂肪酸的需求推荐用量参见表5-4。

总之，鳖对必需脂肪酸的需求量如果超出了鳖的需求，不仅不利于饲料储藏，而且还会抑制其生长，这一点应该充分注意。

第二节

氧化脂肪的危害

一、危害及原因

1. 龟鳖厌食

脂肪含量高的饲料，储存时间越长，氧化腐败就越严重，有很浓的酸败味，龟鳖厌食。

2. 降低了饲料营养价值

饲料中不饱和脂肪酸，极易氧化酸败产生大量有毒的化学物质，如过氧化物、氢氧化物、醛和酮等，这些物质与饲料中的蛋白质、维生素或其他脂肪起反应，会使饲料的营养价值和消化率降低。

3. 代谢机能失调

龟鳖若食用脂肪酸败变质的鱼、虾、蚕蛹等动物性饲料或酸价高的配合饲料，就会造成代谢机能失调，肝肾机能障碍，逐渐酿成疾病。

二、症状

① 摄食与活动能力均减弱，常浮于水面。

② 外观失去光泽，腹甲呈暗褐色，有较明显的灰绿色斑纹。甲壳表面与裙边形成皱褶。

③ 肌体浮肿或极度消瘦，颈部四肢肿胀，表皮下出现水肿。

④ 外观变形，身体高高隆起。

⑤ 解剖后即能闻到臭味；结缔组织将脂肪组织包成囊状使其硬化，颜色由原来的白色或粉红色变成土黄色或黄褐色；肝脏变成黑色；骨骼软化；肉质恶化，失去原有风味，品质下降。

三、对策

该病曾在日本和中国台湾发生，中国大陆各养鳖区亦有此病发生的报道。因此，在夏季高温季节要防止饲料中的脂肪被氧化，尤其是鲜活动物性饲料，若一旦被氧化最好不要使用。

饲料中经常添加维生素 E、硒及抗氧化剂，可在一定程度上预防和减轻氧化脂肪的危害。维生素 E 添加量为每千克龟鳖体重添加 0.06～0.12 克，每天一次，连续投喂 15～20 天。

第三节

脂肪肝的特征及危害

龟鳖的肝病大体可分为三类：药源性、病原性和食源性肝病。

药源性肝病主要是在治病的过程中，药物对肝损伤所造成的肝病，比如抗生素类药物。

病原性肝病主要是由龟鳖感染疾病后并发造成的，比如龟鳖的白板病、穿孔病、烂甲病、烂颈病、红脖子病、腮腺炎病等，都有可能并发肝病。

食源性肝病主要是指脂肪肝病，原因是长期投喂高蛋白质、高脂肪、高糖分饲料所造成的，这种病目前最为普遍，对龟鳖健康造成的危害甚至要大于以上两类肝病。对投喂配合饲料的龟鳖解剖来

看，不论健康与否都不同程度地存在脂肪肝的情况。这必须引起重视，同时也要反思龟鳖饲料配方以及饲料投喂方法等存在的问题。

肝病的发生不是单一因素造成的，是药源、病原、食源等综合作用的结果。下面对脂肪肝病的特点做一介绍。

一、病因

脂肪肝病发生主要有两方面的原因：一是投喂高蛋白质、高脂肪、高糖分的饲料，营养过剩或营养不平衡；二是过量投喂饲料，使肝脏代谢负担加重。由于以上两方面的原因使肝脏脂肪积累增加形成脂肪肝。

二、症状

章剑（2014）报道了一例黄缘盒龟苗暴发性脂肪栓塞综合征的病例，主要症状：张嘴呼吸，外观无明显症状；解剖发现肝脏、肠道、肺部有大量脂肪沉积。肺部脂肪含量较多，影响了呼吸，所以出现了龟张大嘴呼吸的现象。经调查可能是由于投喂了高蛋白质、高脂肪饲料或饲料营养不平衡造成的。

据柯福恩（1998）报道，中华鳖的脂肪肝是在集约化养殖条件下，因肝脏脂肪积累过多形成的一种营养代谢失调性疾病。在养殖过程中，鳖的年死亡率可超过 20%。外表症状不明显。解剖发现肝脏肥大，有大量脂肪沉积（图 5-1），严重的肝脏、肾脏、脾脏、

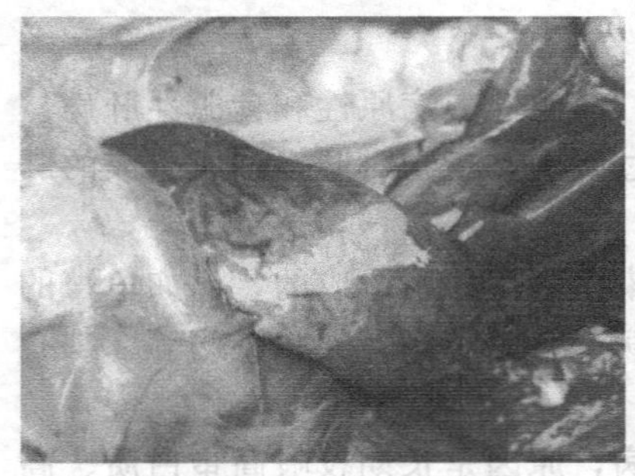

图 5-1　鳖脂肪肝病（来源：周嗣泉）

图 5-2　鳖肝脏、肾脏上白色脂肪颗粒（来源：周嗣泉）

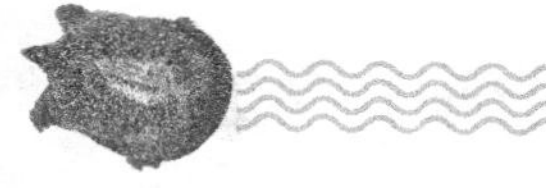

肠系膜上也出现了大量脂肪颗粒（图 5-2）。

三、防治

不投喂高蛋白质、高脂肪、高糖分的饲料，以免营养过剩；掌握合适的投喂量，以免过量投喂造成肝脏负担过重、代谢失调。

第四节

饲料中脂肪对蛋白质的节约功效

在饲料中适量增加脂肪，可起到节约蛋白质，提高蛋白质效率的效果。这方面的研究报道很少，我们根据有关实验资料整理（表 5-6）。

表 5-6　脂肪对蛋白质的节约功效

鳖	组别	脂肪添加比例/%	日增重率/%	蛋白质效率/%	增 100 克所需蛋白质/克	说明	说明
稚鳖	1	0	1.66	1.42	70.42	玉米油	据川崎义一（1986）
		3	1.97	1.68	59.52		
		5	2.12	1.81	55.25		
		7	2.01	1.71	58.48		
	2	0	2.10	1.34	74.63	鱼油、豆油	据杨国华（1977）
		2	2.28	1.59	62.89		
		4	2.64	1.62	61.73		
		6	2.79	1.70	58.82		
		8	2.56	1.67	59.88		

从表 5-6 中可见，两组饲料中，无论是添加玉米油还是鱼油和豆油，其日增重率和蛋白质效率均有不同程度的提高。第 1 组饲料

中玉米油的添加比例为5%时，日增重率和蛋白质效率最高，比未添加组分别高出27.71%、27.46%。鳖每增重100克比未添加组少用蛋白质15.17克，节约蛋白质21.54%。第2组饲料中鱼油和豆油的添加量为6%时，日增重率和蛋白质效率最高，比未添加组分别高出32.87%、26.78%。鳖每增重100克比未添加组少用蛋白质15.81克，节约蛋白质21.81%。

从以上可见，在配合饲料中适量添加脂肪，可以提高饲料蛋白质效率，节约蛋白质用量，加快鳖的生长。但添加量不能过高，否则会造成危害。

第六章

龟鳖对碳水化合物的营养需求

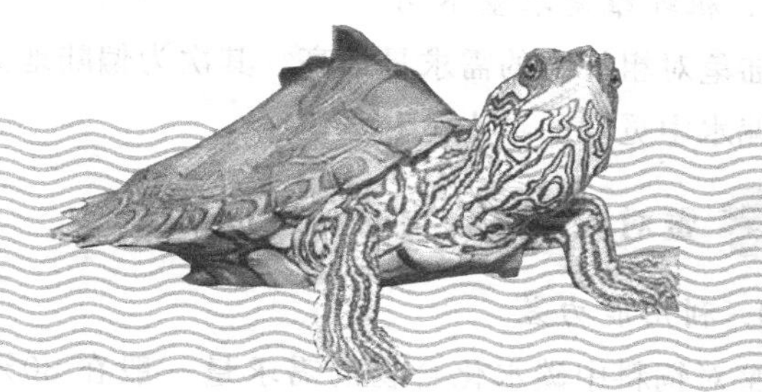

第一节

龟鳖对碳水化合物的利用特点

碳水化合物，俗称糖，是最廉价、最容易得到的能源物质。因此，在饲料中如能合理地使用碳水化合物，将能大大降低饲料成本，取得理想的养殖效果。

一、龟对碳水化合物的利用特点

1. 需求量有差异

陆龟是植食性动物，对碳水化合物（包括无氮浸出物和纤维素）的需求量最高，其次为半水龟，再次为水龟。

2. 粗纤维需求量不同

陆龟对粗纤维的需求量最高，其次为偏陆地觅食的半水龟，再次为偏水中觅食的半水龟和水龟。

二、鳖对碳水化合物的利用特点

1. 利用能力差

鳖对饲料中碳水化合物的需求量一般在30%左右，家禽与家畜饲料中碳水化合物的含量一般都在50%以上，由此可见鳖对碳水化合物的利用能力较差。

2. 利用率不同

糖的种类不同，鳖对其利用率也不同。一般来说，鳖对低分子糖类的消化吸收率高于高分子糖类，而对纤维素则几乎不能消化。消化吸收率高不一定利用率就高。日本学者在基础饲料中分别用30%的α-淀粉和糊精作为糖原，结果表明：α-淀粉组的增重率、日

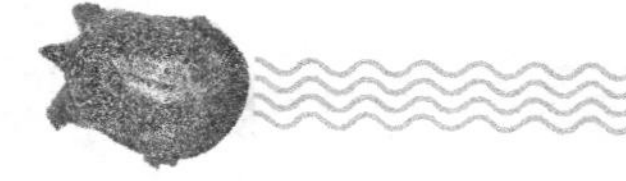

生长率、饲料效率等指标均优于糊精组。从消化吸收率来看糊精组高于α-淀粉组，但其利用率反而低于α-淀粉组。由此可见，消化吸收率高，并不一定利用率就高。因此，在选择鳖饲料糖原时，不能仅仅考虑其消化吸收率，还应注意其利用率。关于鳖对不同糖原利用率的研究目前报道较少。

3. 需求量有一定的限度

碳水化合物虽然有节约蛋白质的功效，但是含量过高也是有害的。长时间投喂碳水化合物含量过高的饲料，糖原就会大量积累在肝脏中，严重时就会出现一种所谓高糖原肝症状，对鳖是有害的。即使不出现明显症状，也会影响鳖的生长发育。徐旭阳等（1989）对鳖饲料淀粉和纤维素适宜含量的研究表明：饲料中淀粉含量为15%、纤维素含量为20%时，鳖的生长增重率为5.69%，蛋白质效率为29.94%。随着饲料中淀粉含量的增加和纤维素含量的减少，鳖的生长增重率和蛋白质效率增大，当淀粉含量为25%、纤维素含量为10%时，其增重率出现最大值为12.81%，蛋白质效率也出现最大值为68.99%。此后随着饲料中淀粉含量的增加和纤维素含量的减少，其增重率和蛋白质效率又都出现下降，当淀粉含量达到35%、纤维素含量为零时，鳖的增重率仅为7.69%，蛋白质效率仅为41.23%。

4. 利用的途径

葡萄糖进入血液循环后，将通过三条途径被吸收利用：一是直接用作糖原；二是以糖原的形式储存于肝脏中；三是转化为脂肪。碳水化合物、脂肪、蛋白质都可以产生能量以供机体需求。如果糖和脂肪的供给不足时，蛋白质便主要作为能量被消耗。若充分供给糖和脂肪，就可以保证鳖对能量的需求，也就可以减少蛋白质的能耗，从而提高蛋白质的利用率。所以饲料中碳水化合物含量适宜，也可起到节约蛋白质的功效。

第二节

龟鳖对碳水化合物的营养需求

一、龟对碳水化合物的需求量

1. 对碳水化合物的需求量

(1) 陆龟　成体和亚成体在70%左右，幼体可达60%左右。

(2) 半水龟　偏陆地觅食的半水龟50%左右，偏水中觅食的半水龟40%左右。

(3) 水龟　水龟的需求量在30%左右。

2. 对粗纤维的需求量

(1) 陆龟　幼龟在15%左右；成龟在22%左右。

(2) 半水龟　偏陆地觅食半水龟，稚龟3%，幼龟4%，成龟8%。偏水中觅食的半水龟可参考水龟需求量。

(3) 水龟　稚龟2%；幼龟3%左右；亚、成体龟5%左右。

二、鳖对碳水化合物的需求量

1. 以精制饲料为试验饲料的需求量

包吉墅等（1992）以酪蛋白为蛋白质源、以糊精为糖源、纤维素作为总梯度调整。研究结果表明：稚鳖饲料中糊精的添加量为16.0%、纤维素粉的添加量为17.98%时，其增重率、饲料系数、日生长率、蛋白质效率最佳。此种精制饲料可消化糖含量为20.52%。通过对所有试验数据进行数理统计分析，认为饲料中可消化糖的适宜含量为21%～28%，最佳含量为29%～29.5%。

日本川崎（1986）以酪蛋白为蛋白质源，以α-淀粉为糖源，

以纤维素作梯度调节。结果表明：稚鳖饲料中添加20%的α-淀粉、10%的纤维素，增重率最高；饲料中添加30%的α-淀粉饲料效率最好。

2. 以半精制饲料为试验饲料的需求量

杨国华等（1997）以酪蛋白（36.4%）和白鱼粉（10%）为蛋白质源，以糊精为糖源，以纤维素粉作总梯度调节，研究结果表明：饲料中含有25%～30%的可消化碳水化合物是适宜的，均能促进稚鳖的生长和提高饲料的利用率。

孙鹤田等（1997）以白鱼粉加蛋白质粉（30%）为主要蛋白质源，以酪蛋白（24.07%、29.39%、34.73%）调整其蛋白质含量，以α-淀粉为糖源，以纤维素作总梯度调节，研究结果表明：稚鳖饲料中可消化糖适宜含量为20%～25%，纤维素8.45%左右。

徐旭阳等（1989）以酪蛋白（25%）和鱼粉为基础饲料的蛋白质源，以α-淀粉为糖源，用纤维素作梯度调节，研究结果表明：平均体重为140.6～195.6克的鳖，对半精制饲料中可消化糖类的适宜需求量为22.7%～25.3%，纤维素含量为10%以内。

3. 以优质鱼粉等动物蛋白质源为主的试验饲料的需求量

王风雷等（1996）以秘鲁鱼粉（60%）和豆饼（20%）为蛋白质源，以小麦粉（16%）为糖源，用α-淀粉调节碳水化合物的含量，研究结果表明：平均体重101.88克的鳖，对饲料中可消化糖类的适宜需求量为18.24%，大于或低于此值，其增重率皆低。涂涝等（1995）以鱼粉、血粉、饲料酵母、豆饼、米糠等制成配合饲料，以糊精调整可消化糖类的比例，用微晶纤维素作总梯度调节，研究结果表明：平均体重252.4克的鳖对可消化糖的适宜需求量为20%～25%。

由以上可见，鳖饲料中可消化糖类的适宜含量为25%左右，纤维素为10%以内。

第三节

纤维素的营养作用

陆龟是草食性动物，能够利用纤维素作为营养物质。

对半水龟和水龟以及鳖来说，纤维素是难以消化吸收的营养物质，这是因为：一是其体内不能产生纤维素酶；二是大肠不像陆龟那样发达。那么纤维素在其饲料中究竟起什么作用呢？据研究，纤维素对其的生长、蛋白质的利用率存在一定的影响，当饲料中纤维素含量过低时，食物在消化道内的滞留时间较长，影响到正常排泄和摄食。饲料中纤维素含量适宜时，将会扩大食物营养成分与消化道内酶的接触面积，提高营养物质的消化吸收率，并刺激肠胃的运动促进消化，使粪便成形正常排出体外。当纤维素含量过高时，反而会降低营养物质的消化吸收。这是因为纤维素含量过高必然会加快食物通过消化道的速度，有些营养物质来不及消化吸收就被排出体外，降低了饲料的利用率。因此，配合饲料中纤维素的含量要适宜。

第四节

碳水化合物对蛋白质的节约功效

对半水龟、水龟和鳖而言，饲料中可消化能含量较低时，饲料中的部分蛋白质就被作为能源而消耗掉。如果在这种饲料中添加适量的碳水化合物，就可以减少蛋白质的能耗，从而提高了蛋白质的效率。

关于中华鳖碳水化合物节约蛋白质的功效，我们汇总有关研究成果列表6-1。

表6-1 碳水化合物对蛋白质的节约效果

鳖	饲料	试验天数/天	组别	饲料中营养物质含量/%			日增重率/%	蛋白质效率/%	鳖增重100克所需蛋白质/克	说明
				蛋白质	可消化糖类	脂肪				
稚鳖	精制饲料	20	1	51.57	7.40	7	1.39	1.88	53.19	据包吉墅等(1992)
				46.63	20.52	7	1.49	2.31	43.29	
				41.68	35.92	7	1.37	1.94	51.55	
		45	2		α-淀粉					据川崎(1986)
				49	0	5	1.44	1.29	77.52	
				49	10	5	1.73	1.51	66.23	
				49	20	5	1.88	1.69	59.17	
				49	30	5	1.82	1.76	56.82	
稚鳖	半精制饲料	30	1	52	15	8	1.40	1.00	100	据孙鹤田(1997)
				47	25	8	1.61	1.18	84.75	
				42	20	8	1.17	1.04	96.15	
		60	2		糊精					据杨国华(1997)
				40	15	4.0	2.09	1.38	72.46	
				40	20	4.0	1.85	1.22	81.97	
				40	25	4.0	3.24	1.66	60.24	
				40	30	4.0	3.10	1.76	56.82	
				40	35	4.0	3.08	1.57	63.69	
幼鳖	实用饲料	25			糊精					据王凤雷(1996)
				45	1.14	6.7	2.36	0.89	112.36	
				45	5.53	6.7	3.78	1.20	83.33	
				45	9.91	6.7	3.92	1.23	81.30	

注：可消化糖类一栏中α-淀粉和糊精为添加比例。

从表6-1中可见，不论是精制饲料（以酪蛋白为蛋白质源），还是半精制饲料（酪蛋白和鱼粉等为蛋白质源）和实用饲料（鱼粉、血粉、豆饼等为蛋白质源），碳水化合物节约蛋白质的功效都很明显。

一、精制饲料中碳水化合物节约蛋白质效果

从表 6-1 中可见，第 1 组精制饲料中当蛋白质含量由 51.57% 降至 46.3%、碳水化合物由 7.40% 升至 20.52% 时，鳖日增重率提高了 14.39%；蛋白质效率提高了 22.87%；鳖增重 100 克可少用蛋白质 9.9 克，节约蛋白质 18.61%。第 2 组精制饲料蛋白质和脂肪含量不变，当糖源 α-淀粉的添加比例由 0 升至 30% 时，鳖日增重率提高了 26.39%；蛋白质效率提高了 36.43%；鳖增重 100 克少用蛋白质 20.7 克，节约蛋白质 25.70%。α-淀粉的添加量 20% 时，日增重率最高，生长速度最快；添加量 30% 时，蛋白质效率最高。由此可见，鳖的生长速度和饲料蛋白质的效率不一定同时处于最优水平，即蛋白质效率最优时，鳖的生长速度不一定最快。因此，饲料中碳水化合物的高低，不能仅仅从节约蛋白质这一方面来考虑，还要注意鳖的生长速度。这就要求在实际生产中要综合考虑，抓住重点，既要考虑蛋白质的效率，还要考虑鳖的生长速度，以取得最佳养殖效果。

二、半精制饲料中碳水化合物节约蛋白质效果

从表 6-1 中可见，第 1 组半精制饲料中当蛋白质含量由 52% 降至 47%、可消化碳水化合物由 15% 升至 25% 时，鳖的日增重率提高了 15%；蛋白质效率提高了 18%；鳖增重 100 克少用蛋白质 15.25 克，节约蛋白质 15.25%。但当蛋白质含量由 52% 降至 42%，可消化碳水化合物由 15% 升至 20% 时，鳖的日增重率不仅未提高，反而降低了 16.43%；蛋白质效率仅提高了 4%；鳖增重 100 克仅少用蛋白质 3.85 克，节约蛋白质 3.85%。由此可见，只有在蛋白质能够充分满足鳖生长需求的前提下，适当添加一定量的可消化碳水化合物，才能起到既节约部分蛋白质，又能加快鳖生长的目的。

第 2 组半精制饲料蛋白质和脂肪含量不变，当糖源糊精的添加量由 15% 提高到 25% 时，鳖的日增重率最高，提高了 55.02%；蛋白质效率提高了 20.29%；鳖增重 100 克少用蛋白质 12.22 克，

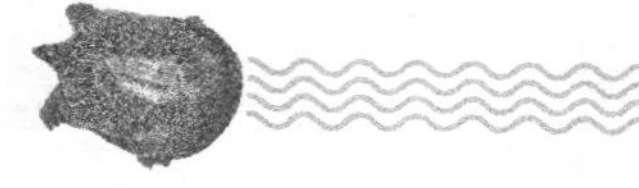

节约蛋白质16.86%。当糖源糊精添加量由15%提高到30%时，蛋白质效率最高，提高了27.54%；鳖的日增重率提高了48.32%；鳖增重100克少用蛋白质15.64克，节约蛋白质21.58%。由此可见，糖源糊精的添加量在25%时，鳖的生长速度略快于30%的添加量，但蛋白质效率略低于后者。从生长速度和蛋白质效率两个方面来看，这两个添加量养殖效果差异不太显著，至于采用哪一个添加量，可根据具体情况而定。

三、实用饲料中碳水化合物节约蛋白质效果

从表6-1中可见，实用饲料蛋白质、脂肪含量不变，当糖源糊精的添加量由1.14%提高到9.91%时，鳖的日增重率提高了66.10%；蛋白质效率提高了38.20%；鳖增重100克少用31.06克蛋白质，节约蛋白质27.64%。

综上所述，在目前蛋白质饲料紧缺的情况下，在鳖饲料中合理搭配部分碳水化合物，可起到提高蛋白质效率、降低饲料成本、加快鳖生长的功效。但添加量应有限度，否则就会产生副作用。

第七章

龟鳖对矿物质的营养需求

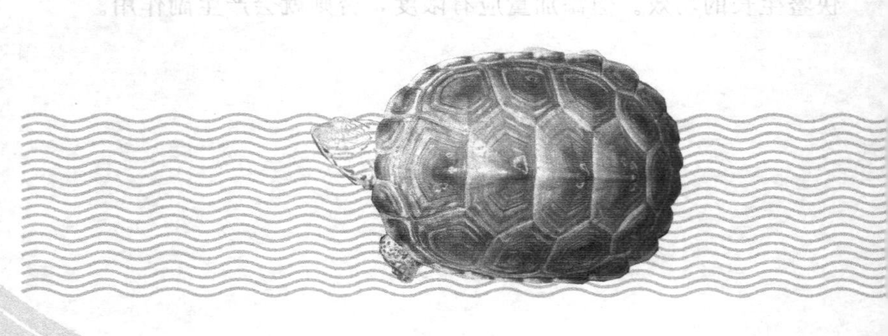

矿物质又称无机盐，在生物体内的各种成分中，虽然所占的比例较小，但它是维持生命所必需的营养物质。

第一节

龟鳖矿物元素的组成及特点

一、龟鳖矿物元素组成

龟鳖体矿物元素含量见表7-1。

表7-1 龟鳖体矿物元素含量 单位：毫克/100克鲜重

项目		鳄龟		中华鳖		
元素		肌肉	背甲	肌肉	被甲	全鳖(成鳖)
常量元素	钾	232.80	67.90	303.00	1349.00	89.66
	钠	293.00	1420.00	252.80	65.90	35.02
	钙	72.70	19749.80	75.70	21961.30	1479.31
	镁	12.50	32.00	10.50	28.00	19.02
	磷	4.05	192.53	3.15	212.51	999.29
微量元素	铁	43.50	10.80	36.70	8.80	8.15
	锌	4.52	10.52	3.32	8.12	4.23
	铜	0.85	0.84	0.65	0.64	0.18
	硒	0.66	2.10	0.54	1.50	0.012
	钼	0.25	3.13	0.37	4013	0.24
	锰	0.21	1.02	0.14	0.82	4.2
	铬	0.083	0.528	0.073	0.628	

续表

项目		鳄龟		中华鳖		
元素		肌肉	背甲	肌肉	被甲	全鳖(成鳖)
微量元素	钴					0.043
	硅	7.80	78.81	8.20	75.11	
	铝	0.39	29.87	0.57	37.47	
	砷	0.14	1.13	0.440	4.130	
	铅	0.22	0.51	0.420	2.510	
	锑	0.18	2.97	0.230	3.790	
	镍	0.05	0.92	0.070	1.490	
	锡	0.041	0.84	0.033	0.740	
	锶	0.006	50.20	0.005	40.310	
	铬	0.005	0.083	0.002	0.073	
		叶泰荣等(2007)	叶泰荣等(2007)	王道尊等(1994)	王道尊等(1994)	陈焕全等(1998)

二、龟鳖体矿物元素组成的特点

从表 7-1 可见，常量元素的含量，在肌肉中钾最高，其他依次为钠、钙、镁、磷；在背甲中钙含量最高，其他依次为钾、磷、钠、镁；在全鳖中钙含量最高，其他依次为磷、钾、钠、镁。必需微量元素的含量，在肌肉中铁最高，其他依次为锌、铜、硒、钼、锰、铬；在背甲中铁最高，其他依次为锌、钼、硒、锰、铜、铬；在全鳖中铁含量最高，其他依次为锌、锰、钼、铜、钴。由此可见，常量元素的含量，以钙、磷、钾为主，必需微量元素以铁、锌为主，在肌肉中铁元素的含量甚至超过了常量元素镁和磷，锌的含量亦超过了磷。

以上结果，可为龟鳖配合饲料矿物添加剂的研究提供初步依据。

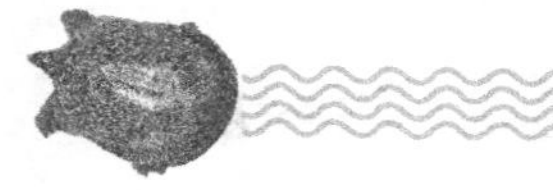

第二节

影响龟鳖对饲料中矿物元素需求的因素

一、影响龟鳖对饲料中矿物元素需求的共同因素

1. 生长阶段

生长阶段不同，对矿物质的需求量不同。如稚、幼体阶段，生长速度快，对钙、磷的需求量相对高；而成体阶段，生长速度相对慢，因此，对钙、磷的需求量相对低。因此，在养殖过程中，要根据年龄和不同的生长阶段适时调整矿物质需求量。

2. 矿物元素间的相互关系

矿物元素间的相互作用和相互影响，也影响龟鳖对矿物元素的需求量。矿物元素之间主要有以下几种关系。

(1) 协同关系　矿物元素间的协同关系，有的是两个元素之间，有的是多个元素之间。比较典型的例子如钙和磷之间；铁、铜、钴之间。钙和磷两者比例适宜时，既有利于各自的吸收，又有利于各自的利用；两者比例不适宜时，钙含量过高，磷的吸收率降低，磷含量过高，钙的吸收率降低，据研究，鳖饲料中钙、磷的适宜比例为1.5∶1。

铜、铁、钴也有明显的协同作用，若缺乏其中任何一种，均会使红细胞的生长发生障碍，出现贫血。

(2) 拮抗关系　所谓拮抗关系是指矿物元素在消化和利用过程中，由于数量和比例不当而引起的一方抑制另一方吸收和利用的现象。如钙和磷、镁、锌、锰、铜之间；磷与铁、镁、锰、锌之间等都存在拮抗关系。

(3) 制约关系　如高水平的钙可以降低铅的毒性，高水平的锌可以降低动物对铅的耐受性等。

总之，各种矿物元素之间要保持适当的比例，才能充分发挥其生理功能。

3. *矿物元素与维生素之间的关系*

这两者之间也存在着协同与拮抗关系，影响到矿物元素的需求量。如维生素D能促进龟鳖肠道中钙的吸收和钙、磷在骨中的沉积；维生素E不足时容易导致硒的缺乏症，而维生素E又必须在硒的协同下才能发挥正常生理功能；多数矿物元素都能加速维生素A的破坏过程；饲料中微量元素添加剂可使维生素A、维生素K_3、维生素B_1、维生素B_6、维生素B_{11}等的功能降低；铁元素可以加速维生素A、维生素D、维生素E的氧化过程；饲料中的钙可使维生素D_3加速破坏；钙、磷在胆碱的强碱性环境中吸收率降低等。因此，在矿物元素添加时，要注意与维生素间的关系，对于存在拮抗关系的维生素，要注意使用方法。

4. *矿物元素与蛋白质、脂肪、碳水化合物的关系*

高质量的蛋白质饲料能提高钙、磷的吸收，而高脂肪饲料则不利于钙、磷的吸收。乳糖能改善钙的吸收。总之，三大能源饲料对矿物质的需求量有很大影响。

5. *龟鳖体内矿物质的储存情况*

如龟鳖大量摄食螺蛳时，就会对饲料中钙的需求量降低，因为螺蛳含钙量高，摄食后会在体内储存一部分。

6. *矿物质的化学结合形态*

如Fe_2O_3无法被动物利用，而Fe_3O_4则很容易被利用。

7. *饲料营养成分组成*

饲料中蛋白质含量高，矿物质需求量就高；饲料中矿物质元素种类全、数量高，那么矿物元素的添加量就低；饲料中矿物元素之间、与维生素之间的协同与拮抗作用以及蛋白质、脂肪、碳水化合物的质量与数量也影响到其需求量。

一般来说，龟鳖配合饲料如果以鱼粉为动物蛋白质源，其中钙、磷含量很高，因此，在配合饲料中添加矿物元素时要考虑其含量。虽然鱼粉中其他矿物元素也比较丰富，但由于钙、磷的拮抗作

用，影响了其他矿物元素的吸收利用。如高钙饲料可抑制锰和镁的吸收；饲料中磷含量过高则影响铁、镁、锰、锌的吸收利用等。因此，其他矿物元素添加时，不能仅仅考虑其在鱼粉中的含量，还要考虑钙、磷的拮抗作用。从这方面讲，其他矿物元素的添加是有必要的。

总之，龟鳖对矿物元素的需求量，较蛋白质、脂肪、碳水化合物和维生素更难确定。因此在使用矿物元素作添加剂时一定要慎重。

二、影响龟对饲料中矿物元素需求的特殊因素

以上讲述了影响龟鳖矿物元素需求量的共同因素，由于龟品种的多样性，也造成了龟需求的特殊性，现简述如下。

① 陆龟为草食性和杂食偏草食性两类，在自然条件下，陆龟食物的多样性，减少了矿物质缺乏的可能性。但在人工饲养条件下，饲料大多以新鲜的蔬菜、瓜果为主，龟粮一般作为补充，若新鲜植物饲料搭配不合理，就极易出现矿物元素缺乏的可能性，尤其是钙元素。一般生长期的个体（即出现生长纹的个体），对钙的需求量要求高。一般每周补充一次钙质，但也要根据陆龟的生长情况来定。一般常规个体，对钙质的需求要比生长期的个体低，依靠多样性的食物就可基本满足需求，没有必要再另外补充；若食物不能满足的话，20 天左右补充一次钙就可以了。其他微量元素需求量低，依靠食物基本可以满足。

另外，就陆龟食物而言，最为注意的就是钙和磷之间的关系，若磷含量高于钙，将会抑制钙的吸收，因此，平日喂食尽量选用钙高磷低的新鲜食材。在添加钙粉时也要如此，有可能的话，可选用无磷的钙质添加剂，如乳酸钙等。

② 偏陆地觅食的半水龟，其食性为中间食性，即天然动物和植物饲料的比例比较接近，由于天然动物蛋白质饲料中矿物质丰富，尤其钙磷比例较适宜，含量较高，因此对于观赏龟养殖而言，依靠天然食物就可以基本满足其对矿物质的需求，没有必要再另外添加。

③ 偏水中觅食的半水龟和水龟，其食性偏动物食性，因此，对于观赏龟养殖而言，依靠天然食物就基本可以满足其对矿物质的需求，没有必要再另外添加。

以上主要是针对观赏龟所用天然动植物饲料而言，如果使用配合饲料就必须注意矿物元素的添加。

第三节

龟鳖对矿物质的营养需求

关于龟鳖对矿物质元素营养需求的研究，大多集中于常量元素钙、磷两种，而其他微量元素研究较少。总的来说，其研究水平比较低。

龟鳖对配合饲料中矿物元素的需求量参见表 7-2。

表 7-2 龟鳖矿物元素营养推荐需求量

项目	陆龟	水龟	鳖
钙/(毫克/千克)	13000	22000	25400
磷/(毫克/千克)	3200	14000	16900
氯/(毫克/千克)	7200	5000	
镁/(毫克/千克)	2200	2400	2000
钾/(毫克/千克)	11000	8800	8000
钠/(毫克/千克)	4600	6600	1000
铁/(毫克/千克)	400	480	170
铜/(毫克/千克)	19	20	8
锰/(毫克/千克)	140	110	20
锌/(毫克/千克)	140	190	70

续表

项目	陆龟	水龟	鳖
硒/(毫克/千克)	0.50	0.9	0.3
碘/(毫克/千克)	2	0.95	0.5
铬/(毫克/千克)	2.1	1.4	
钴/(毫克/千克)	1.2	2.4	0.2

第四节

龟鳖矿物质缺乏症

龟鳖与鱼、虾类相比，容易产生矿物质缺乏症。这是因为龟鳖所需的矿物质元素只能从饲料中获取。因此，当饲料中矿物质不足或缺乏时，往往产生缺乏症。而鱼、虾类除了能从饲料中获取矿物质外，还能从水中吸收，如果饲料中矿物质不足或缺乏时，可以从水中吸收得到弥补。因此，鱼、虾类发生矿物质缺乏症的概率比鳖小。如水体中钙含量很高，鱼、虾类一般很少发现钙缺乏症。由此可见，对龟鳖矿物质缺乏症的研究更具有现实意义。

由于矿物元素的生理功能是多方面的，因此，当饲料中无机盐缺乏时会引起各种缺乏症。如果缺钙，会影响龟鳖骨骼的形成，而且对血液的凝固会产生不良影响；如果缺磷，会导致龟鳖生长缓慢，饲料转换率低，骨骼变形，血液磷水平下降，体脂增加；如果缺钠、钾等，会影响鳖细胞渗透压的平衡；如果缺铁、铜，会造成龟鳖贫血，生长缓慢。关于龟鳖缺少矿物质可能出现的病症详见表7-3。矿物元素缺乏会产生各种病症，但在饲料中添加过多也会造成危害，如鳖对盐的安全浓度仅0.1%，若添加量过高就可能出现中毒症状。再如铁过量会产生铁中毒，导致生长停滞、厌食、死亡率高等。因此，饲料中矿物元素添加量要适宜。

表 7-3 龟鳖矿物质缺乏症

矿物质	缺乏症
钙	生长不良;骨质疏松;饲料效率低;死亡率高
磷	生长不良;骨骼钙化;畸形;体脂增加;肺肿大;饲料效率低;死亡率高
镁	生长不良;肌肉松弛;骨骼变形;食欲减退;死亡率高
钠	生长不良;能量、蛋白质利用率下降
钾	生长不良;能量、蛋白质利用率下降
铁	贫血
铜	骨胶原和骨骼生长不良
锌	生长缓慢;食欲减退;死亡率高;蛋白质消化率、产卵量、孵化率降低;表皮腐烂;白内障
锰	生长不良
钴	骨骼异常
碘	甲状腺肿大
硒	生长率下降;肌肉营养不良;维生素 E 功能降低

第八章

龟鳖对维生素的营养需求

维生素是调节龟鳖新陈代谢、维持生命活动必需的生理活性物质，需要量虽小，但作用重大。一般在体内不能合成，或虽能合成却不能满足需要。因此，维生素必须从饲料中获取。研究龟鳖对维生素的适宜需求量具有重要意义。

第一节

龟鳖维生素组成及特点

一、龟鳖维生素组成

龟鳖体维生素含量见表8-1。

表8-1　龟鳖体维生素含量

维生素	鳄龟（肌肉）	鳖				鲤鱼
		肌肉	卵	肝	全粉	
维生素A/（毫克/100克）	1.21	0.21	1.47	90.24	0.91	0.25
维生素 B_1/（毫克/100克）	0.10	2.7	8.99	3.13	0.07	0.3
维生素 B_2/（毫克/100克）	0.93	1.2	5.12	3.31	0.73	0.9
维生素 B_6/（毫克/100克）	145.00				155.00	
维生素 B_{12}/（毫克/100克）	6.70				5.70	
维生素C/（毫克/100克）		6.6				
胆碱/（毫克/100克）	0.16%				0.14	
维生素E/（毫克/100克）	48.00	4.08	113.66	20.76	53.00	12.7
烟酸/（毫克/100克）	6.73				5.73	
叶酸/（毫克/100克）	0.15				0.13	
泛酸/（毫克/100克）	0.85				0.75	
生物素/（毫克/100克）	13.50				12.5	

续表

维生素	鳄龟（肌肉）	鳖				鲤鱼
		肌肉	卵	肝	全粉	
肌醇/（毫克/100 克）	71.00				0.10	
维生素 D_3/（毫克/100 克）	22.20	0.021	0.147	0.21	20.25	
备注	叶泰荣（2007）	杨公明等（2003）				杨公明等（2003）

二、龟鳖维生素组成特点

从表 8-1 中可见，生理功能比较重要的维生素含量都比较高，远远高于鲤鱼。维生素 B_6 含量最高，其次为维生素 E，再次为维生素 D_3，这三种维生素都是维持生理功能比较重要的维生素。龟与鳖维生素的组成近似。

第二节

影响龟鳖对饲料中维生素需求的因素

一、影响龟鳖饲料维生素需求的共同因素

1. 生长发育阶段

不同生长发育阶段，对维生素的需求量不同。一般来说，稚、幼体对维生素的需求量相对高于亚、成体。邵庆均等（2007），对中华鳖体内维生素 C 合成及其饲料维生素 C 需求的研究表明，受精蛋和刚孵化出壳的稚鳖体内，均不能自身合成维生素 C；随着体重的增加，肾组织合成维生素 C 能力不断提高，体重为 776 克的中华鳖雄鳖肾组织合成维生素 C 能力最大。由此可见，鳖不同生长阶段合成维生素 C 的能力不同，规格越小合成能力越弱，因此，

需求量越大。

不同生长发育阶段，对维生素种类的要求也不相同，在稚、幼体阶段，对促进骨组织钙化的维生素 D 的需求量就高。在繁殖阶段，对促进性腺生长发育的维生素 E、维生素 B_1、维生素 B_2 的需求量增加等。

2. 性别

邵庆均等（2007）研究表明，性别对维生素的需求量也有差别。选用体重分别为 150 克和 450 克的中国台湾品系中华鳖雌鳖和雄鳖进行检测，结果表明，体重为 150 克和 450 克的雄鳖比雌鳖合成维生素 C 能力分别提高 18.64％和 5.29％。由以上可见，性别影响到鳖自身合成维生素 C 的能力，因此，雌、雄鳖对维生素的需求是有差异的。

3. 生理状况

在集约化高密度养殖条件下，往往对龟鳖采取一些强化生长措施，使其正常的生理状况受到影响，这时对维生素的需求量往往增加。

另外当养殖环境条件恶化、人为操作造成损伤和刺激以及生病时，对维生素的需求量增加，以增强自身对疾病的抵抗力。邵庆均等（2007）研究表明患穿孔病的中华鳖，其肾组织维生素 C 合成能力仅为正常中华鳖的 6.97％。由此可见，龟鳖在发病的情况下，合成维生素 C 的能力大大降低，因此，需要增加维生素 C 的添加量。

因此，要根据鳖的不同生理状况，适时调整维生素的补给量，以满足鳖的生理需求。

4. 维生素的利用情况

饲料中的抗维生素、脂肪的含量、加工储存、投喂等都会不同程度地影响到维生素的利用率，因而影响到维生素的需求量。

5. 龟鳖的养殖方式

在集约化程度比较低的养殖方式中，如鱼鳖混养等，由于食物来源较杂，其生长所需的维生素也可以从天然饵料中获取一部分，因而对维生素的需求量可以适当低些。同时，由于放养密度低，生

长速度慢，因而需求量也相对低些。在集约化程度较高的条件下，如恒温精养等，对维生素的需求量相对高些。

6. 维生素之间的关系

如维生素 C 过多会破坏维生素 B_{12}，胆碱会降低其他维生素的活性，维生素 E 对维生素 A 具有保护作用等。维生素之间的关系，也会影响到维生素的需求量。

7. 饲料中的营养成分

如饲料中蛋白质增加，维生素 B_6 需增加。脂肪含量增加，维生素 E 需增加。碳水化合物增加，维生素 B_1 需增加。

总之，确定维生素适宜需求量是一项很复杂的工作，应反复试验，尽量做到既合理又经济。

二、影响龟对饲料中维生素需求的特殊因素

以上讲述了影响龟鳖维生素需求量的共同因素，由于龟品种的多样性，饲料投喂的复杂性，造成了龟对维生素需求的特殊性，现简述如下。

① 陆龟为草食性和杂食偏草食性两类，人工养殖条件下饲料大多以新鲜的蔬菜、瓜果和草类为主，龟粮一般作为补充。由于新鲜的蔬菜、瓜果和野草野菜中含有丰富的维生素，只要合理搭配，基本上能够满足陆龟的需求。但在植物中缺乏的维生素，如维生素 D 需另外补充。因此陆龟配合饲料中维生素的添加量可低于需求量，但要根据具体情况而定。

② 偏陆地觅食的半水龟，动物和植物饲料的比例比较接近，就目前饲料使用情况来看，家庭养殖天然动、植物饲料投喂比例较高；养殖场养殖，虽然配合饲料使用比例越来越高，但仍然补充了大量的天然动、植物饲料，龟从其中补充了大量的维生素。因此，偏陆地觅食半水龟配合饲料中维生素的添加量可低于需求量，但要根据具体情况而定。

③ 偏水中觅食的半水龟和水龟，大多还是作为观赏龟来养殖的，因此在饲料使用上，即使以配合饲料为主，也要搭配一定比例的天然动、植物饲料。因此，总的来说这两类龟配合饲料中维生素

的添加量可略低于需求量，但要根据具体情况而定。

由以上分析可见，龟饲料中维生素的添加量可根据不同的养殖种类及饲料投喂情况合理添加。

第三节

龟鳖对维生素的营养需求量

关于这方面的研究较少，邵庆均（2007）对饲料中添加维生素C（含维生素C34.5%的维生素C磷酸酯），对中华幼鳖生长和组织含量进行了研究，试验表明中华鳖幼鳖获得最佳生长时的饲料维生素C需要量为184毫克/千克。

根据目前研究结果，结合龟鳖维生素的组成特点，以及生产上使用的配方，现把龟鳖维生素需求量列表8-2，以供参考，并把鱼的需求量也列入表8-2中以供对比。半水龟的需求量可参考陆龟和水龟的配方。在配方具体运用中，要根据具体情况灵活掌握，适当调整，最大限度地满足龟鳖的生长和健康需求。

表8-2　龟鳖常用维生素需求推荐量

维生素	陆龟	水龟	鳖	Halver 鱼	NRC 鱼
维生素 B_1/(毫克/千克饲料)	10	35	45	50	20
维生素 B_2/(毫克/千克饲料)	15	60	65	200	20
维生素 B_6/(毫克/千克饲料)	30	35	85	50	11
烟酸/(毫克/千克饲料)	150	350	400	750	100
泛酸钙/(毫克/千克饲料)	100	105	110	500	50
肌醇/(毫克/千克饲料)	80	80	90	4000	100
胆碱/(毫克/千克饲料)	2300	2300	2500	5000	550

续表

维生素	陆龟	水龟	鳖	Halver 鱼	NRC 鱼
生物素/(毫克/千克饲料)	0.10	0.18	0.20	5	0.1
叶酸/(毫克/千克饲料)	5	9.7	10	15	5
维生素 C/(毫克/千克饲料)	300	400	500	1000	30～100
维生素 B_{12}/(毫克/千克饲料)	0.1	0.18	0.2	0.1	0.09
维生素 A/(毫克/千克饲料)	2000 国际单位	2500 国际单位	4000 国际单位	4400 国际单位	5000 国际单位
维生素 D/(毫克/千克饲料)	1500 国际单位	1500 国际单位	2000 国际单位	2000 国际单位	1000 国际单位
维生素 K/(毫克/千克饲料)	5	10	10	40	10
维生素 E/(毫克/千克饲料)	350	365	400	400	50

第四节

龟鳖维生素缺乏与补充

一、龟鳖维生素缺乏的原因

龟鳖维生素缺乏主要有以下几个方面的原因。

1. 饲料配比

这是维生素缺乏的重要原因，就陆龟而言，生活在野外的陆龟一般不会出现维生素的缺乏症，这主要由于野外饵料的多样性决定的。人工养殖条件下，饲料种类少，若配比不合理，难免会出现维生素缺乏的情况。

2. 饲料种类

配合饲料中维生素的配比是比较合理的，以其作为主食，其维生素的缺乏概率就比较低。从目前龟鳖饲料的使用情况来看，陆龟主要是以天然饵料为主食，配合饲料仅作为辅食，因此在人工养殖条件下，陆龟维生素缺乏的可能性最大。半水龟和水龟对配合饲料的使用比较复杂，若以天然动、植物饵料为主，配合饲料为辅，如果搭配不合理的话，有可能出现维生素缺乏。而鳖则以配合饲料为主食，天然动、植物饵料为辅食，因此，鳖维生素缺乏的可能性相对来说小。

3. 食性差异

龟的食性复杂，草食性、杂食性、肉食性都有，因此其饲料蛋白质的组成存在差异，草食性龟饲料中缺乏动物性蛋白质源，而某些龟所需的维生素，如维生素 D 主要来源于动物蛋白质源中，因此，草食性龟就可能缺乏某些维生素，需要单独补充。

4. 生活环境变化

生活环境的改变可能造成维生素的缺乏，如陆龟生活在野外，通过阳光照射可以合成维生素 D，但在室内养殖，如果缺乏光照，就有可能造成维生素 D 的缺乏。

5. 应激反应

龟鳖产生应激反应，对维生素的需求量增加，如果不增加添加量，就可能造成龟鳖维生素的缺乏，影响其伤病的恢复。

二、龟鳖维生素缺乏症

有关龟鳖维生素缺乏症的系统性研究，还比较少，还未引起人们足够的重视，但生命的代谢离不开维生素的功劳，为此进行系统研究，对龟鳖的健康养殖具有重要意义。

有关龟维生素缺乏症的研究，陆龟和半水龟研究得比较多，这主要因为：一是陆龟和半水龟生活在陆地上，容易观察；二是陆龟的食性偏草食性，所用饵料不以配合饲料为主，而以植物饵料为主，若搭配不合理容易缺乏。水龟和鳖研究得比较少，这主要因为：一是其生活在水中，不容易观察；二是其偏动物食性，所用饵

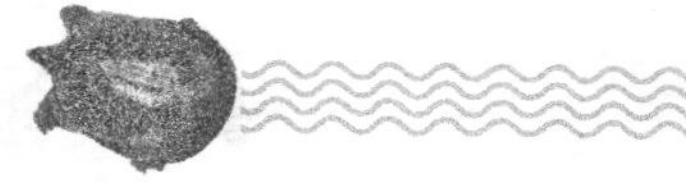

料以配合饲料为主，缺乏的可能性低。

从研究的对象来看，主要集中在比较重要且容易缺乏的几种维生素：维生素 A、维生素 E、维生素 D、维生素 C 等 。龟鳖维生素缺乏症见表 8-3。

表 8-3 龟鳖维生素缺乏症

维生素	作用	缺乏症	过量补充危害
维生素 A	预防视力衰退；治疗干眼病；促进骨骼发育；维护皮肤、呼吸系统和泌尿系统健康	摄食咬空；皮肤干燥，呼吸、消化、泌尿系统黏膜角质化；骨骼发育受阻，骨折	增加肝脏负担，进而损害肝脏，严重者造成死亡。嗜睡、呕吐、腹泻
维生素 D	促进 Ca、P 代谢，有利于骨骼生长	软甲、佝偻、畸形病	泌尿系统结石，软组织钙化
维生素 E	维持正常的生殖能力和肌肉代谢	繁殖力降低、肌肉营养不良、脂肪肝、腹水	胃肠功能紊乱
维生素 K	促进血液凝固	表皮出血、贫血	
维生素 B_1	增进食欲，帮助消化，促进生长	食欲不振、消化不良、全身无力、呼吸短促	过敏休克
维生素 B_2	促进生长发育；保护眼睛、皮肤健康	口腔炎、口角炎、皮肤炎、舌炎，生长受阻	肾功能障碍
烟酸	促进新陈代谢	皮肤粗糙脱皮，皮炎、舌炎	伤肝、胃溃疡
泛酸	促进脂肪代谢	表皮组织疏松、贫血、全身肌肉松弛	
叶酸	促进蛋白质代谢	身体消瘦、贫血、免疫力下降	
维生素 B_6	促进新陈代谢	神经失常、痉挛、虚弱、呼吸急促	
维生素 B_{12}	刺激骨髓造血功能、促进消化	食欲不振	哮喘、湿疹

续表

维生素	作用	缺乏症	过量补充危害
维生素C	增强抵抗力，保护血管，预防坏血病，促进伤口愈合	伤口不易愈合，血管末梢出血，身体虚弱，易患各种传染病	泌尿系统结石、腹泻、影响胚胎和骨骼发育
维生素H	参与脂肪酸、核酸、蛋白质合成	贫血，肝脏大、发白，结肠受伤，食欲差	
胆碱	参与脂肪代谢、抗脂肪肝	肝肿大、脂肪肝；肾和肠局部出血；饲料效率低	
肌醇	避免脂肪肝	贫血，肠胃蠕动慢	

三、维生素缺乏与补充

1. 维生素补充的原则

(1) 食补优于药补　从果蔬中摄取维生素要比专用维生素药物安全得多，比如维生素A的前体，也就是果蔬中的β-胡萝卜素，会在肠内转化成维生素A，从果蔬中摄食多少都不会造成危害，而化学合成的维生素A，如果补充过量会造成危害。为了保证龟鳖的身体健康，尽量从食物中摄取维生素，少用专用维生素片剂。

(2) 尽量使用口服维生素，避免注射给药　肌内注射对于陆龟来说比较容易，一是容易观察，二是操作方便。但对于水中生活的龟鳖来说，就比较困难。另外，肌内注射容易对龟鳖造成应激或伤害，如果龟鳖能够吃食，不严重缺乏维生素，要尽量口服。如果不能吃食，严重缺乏维生素，可以肌内注射。

(3) 不要过量　在人们的潜意识里，维生素是营养物质，不是药物，这是错误的，准确地说，维生素是营养药物，过量使用同样会对龟鳖造成危害，严重的会死亡。这是因为：维生素有两类，一类是水溶性的，口服后在肠道内容易吸收，多余者通过肾脏排出体外，一般不在体内储存，对龟鳖造成危害轻；另一类是脂溶性的，口服后若过量，会在体内储存，对龟鳖造成危害。据章剑（2014）

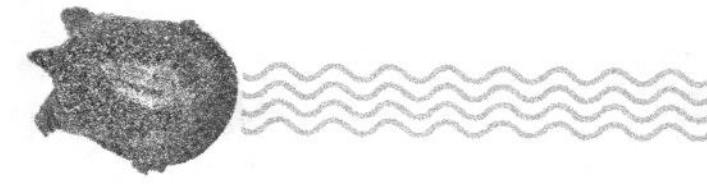

报道，维生素C过量使用会出现溶血现象。因此用量要严格控制，不要过量。对于观赏龟来说，在水中不要随便使用维生素，使用时也要控制好用量。章剑（2014）推荐用量：维生素C一般每立方米水体3～5克，维生素B每立方米水体1～3克。对于体内注射来说更要控制好注射剂量和频率。

（4）对症下药　目前在龟鳖上存在滥用维生素的现象，只有在正确诊断下，才能补充维生素，否则，不仅造成浪费，还极易对龟鳖造成危害。

2. 维生素的补充量

维生素补充量参见表8-4。

表8-4　维生素补充量

维生素	预防量			治疗量		
	陆龟	水龟	鳖	陆龟	水龟	鳖
维生素 B_1/(毫克/千克饲料)	20	70	90	200	700	900
维生素 B_2/(毫克/千克饲料)	30	120	130	300	1200	1300
维生素 B_6/(毫克/千克饲料)	60	70	175	600	700	1750
烟酸/(毫克/千克饲料)	300	700	800	3000	7000	8000
泛酸钙/(毫克/千克饲料)	200	210	220	2000	2100	2200
肌醇/(毫克/千克饲料)	160	160	180	1600	160000	1800
胆碱/(毫克/千克饲料)	4600	4600	5000	9200	9200	10000
生物素/(毫克/千克饲料)	0.2	0.36	0.40	2	3.6	4
叶酸/(毫克/千克饲料)	10	19.4	20	100	194	200
维生素C/(毫克/千克饲料)	600	800	1000	6000	8000	10000
维生素 B_{12}/(毫克/千克饲料)	0.2	0.36	0.4	2	3.6	4
维生素A/(毫克/千克饲料)	4000国际单位	5000国际单位	8000国际单位	40000国际单位	50000国际单位	80000国际单位
维生素D/(毫克/千克饲料)	3000国际单位	3000国际单位	4000国际单位	30000国际单位	30000国际单位	40000国际单位

续表

维生素	预防量			治疗量		
	陆龟	水龟	鳖	陆龟	水龟	鳖
维生素 K/(毫克/千克饲料)	10	20	20	100	200	200
维生素 E/(毫克/千克饲料)	700	730	800	7000	7300	8000

3. 龟鳖维生素缺乏症治疗实例

(1) 龟维生素 A 缺乏症治疗　症状：摄食时有明显的咬空现象；睁眼困难，眼睑肿胀，出现脓液；皮肤干燥、粗糙，发生腐皮病、腐甲病等；全身肿胀，出现呼吸系统、泌尿系统等疾病。

治疗：①病轻的陆龟喂食煮熟的胡萝卜、南瓜、红薯、番茄等富含维生素 A 的黄红色蔬菜即可；②病轻的半水龟和水龟喂食动物的肝、蛋黄、肝油等富含维生素 A 的食物即可；③病稍重者可补充维生素 AD 合剂，一般采用口服，每只龟每次小半滴即可，1 周 1～2 次即可收到良好效果；④病情严重者可采用肌内注射法，但要控制好注射剂量。

过量补充维生素会产生许多问题，最明显的症状之一就是全身蜕皮，严重者露出真皮和肌肉，进而造成龟食欲下降、神经过敏，最终造成死亡。

(2) 鳖维生素 E 等缺乏症治疗　伍惠生 (1998) 对维生素 E 的缺乏与鳖病的防治进行了报道。当维生素 E 缺乏时，中华鳖的稚鳖、幼鳖容易患毛霉病、肤霉病、细囊霉病等，维生素 E 具有增强鳖体抗真菌的作用。在生殖方面，缺乏维生素 E 时，雄性的睾丸发育不全，精子活动力降低；雌性的性腺发育不良，有时使早期胚死亡并被吸收，有时后期胚死亡而流产，严重时完全丧失繁殖能力。亲鳖缺乏维生素 E 时，雄鳖的精子活动能力差，甚至完全不活动，卵的受精率降低。雌鳖产卵量大为减少，有时卵的质量很差，致使人工孵化率降低，造成很大的经济损失。因此，在亲鳖培育过程中，要注意投喂维生素 E 丰富的饲料或维生素 E 制剂。另外，中华鳖的幼鳖、成鳖在缺乏维生素 E 时，还表现为肌肉营养不良，肌肉中蛋白质含量减少，而水分含量升高，肌纤维萎缩，特

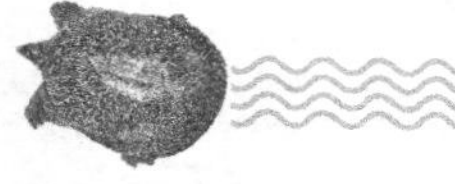

别是四肢肌肉减少等。

另据报道，维生素 B_6、烟酸、维生素 B_{12} 缺乏时，鳖会产生厌食、生长不良、死亡率高等症状。维生素 C 缺乏会产生坏血病。维生素 D 缺乏时，被甲生长受抑制，骨灰质低。维生素 E 缺乏时，会引起脂肪肝，死亡率高。

在养殖过程中补偿维生素的不足，一般有以下两条措施：一是有针对性地在饲料中添加维生素制剂；二是投喂天然动、植物饵料，天然饵料中维生素较齐全。

第九章

龟鳖常用饲料

龟鳖饲料种类很多，一般可分为动物性饲料、植物性饵料和配合饲料。

第一节

动物性饲料

从龟的自然食性来看，除了陆龟外大多以天然动物性饵料为主。半水龟中偏陆地觅食的种类，大多喜食陆生动物鲜活饵料；半水龟偏水中觅食的种类和水龟大多喜食水生动物鲜活饵料。从目前观赏龟喂食动物饵料的情况来看，家庭小规模养殖，一般喜欢投喂活饵；以出售商品为目的的较大规模的养殖场，一般投喂新鲜的动物饵料。鲜活动物饵料在观赏龟养殖中占有较大比例。从食用龟鳖的养殖情况来看，控温养殖中，龟鳖饲料以配合饲料为主，鲜活动物饵料为辅。配合饲料中动物饲料以鱼粉为主；生态龟鳖养殖，为了提高龟鳖的品质和风味，鲜活饵料的比例较高；仿野生养龟鳖基本上以动物饵料为主。

一、动物性饲料的营养特点

① 适口性好。

② 营养价值高。

③ 易消化。

二、动物性饲料的种类

动物性饲料按来源可分为三类。

1. 天然动物饵料

天然动物饵料主要是指来源于陆地和水中的无脊椎动物和有脊椎动物。无脊椎动物主要有原生动物、环节动物、节肢动物、软体

动物等。脊椎动物主要有水生动物、两栖动物等。

陆龟中雨林型陆龟属于杂食性，野外以高纤维植物为主食，偶食动物饵料，如蜗牛、昆虫和动物腐尸等，但需求量低。因此人工饲养时，幼龟可以根据具体情况少量投喂一部分动物性饵料，亚、成体龟最好不喂。草原和沙漠型陆龟属于草食性，一般不喂食动物性饵料。

半水龟中偏陆地觅食的龟类如黄缘盒龟、黄额盒龟、锯缘摄龟、美国箱龟等，其野外摄食的动物饵料主要是环节动物、节肢动物、软体动物的种类，如野外黄缘盒龟的食谱：昆虫为主食，植物为辅。动物性饵料有天牛、金针虫、蛞蝓、蜈蚣、金龟子、埋葬虫、步行甲、马陆、斑蝥、蜗牛、蝼蛄、小蛇、蚯蚓、壁虎、椎实螺、凤蝶幼虫等。因此，人工投喂的饵料最好以陆生活食为主。

半水龟中偏水中觅食的龟类如金钱龟、金头龟、安布闭壳龟、齿缘摄龟、沼泽箱龟等，以水生动物饵料为主，其种类与水龟和鳖基本相同。

水龟和鳖主要以水生动物为主，如鱼、虾、蟹、泥鳅、蝌蚪、小青蛙、螺、蚌、水蚯蚓、水蚤、水生昆虫幼虫等。

2. 人工养殖的动物饵料

人工养殖的动物饵料主要为黄粉虫、蚯蚓、蝇蛆、水蚤、蚕蛹、鱼、虾、福寿螺、田螺、河蚌等。

3. 各种动物产品或副产品

主要为水产品加工厂、屠宰场、肉品加工厂的产品或副产品，如鸡肉、瘦猪肉、牛肉、火腿肠、鱼粉、鱿鱼粉、红虫粉、蚕蛹粉、蚯蚓粉、黄粉虫粉、蝇蛆粉、血粉、肉骨粉和各种动物内脏。新鲜的畜禽肉制品和内脏可以直接投喂，但总的来说尽量少喂这一类食物，一是存在食品安全的问题，二是脂肪含量高，三是有些不容易消化吸收。因此一般可作为辅助性饲料用。

某些天然和人工养殖的动物饵料，如水产动物、昆虫等，经过脱水、脱脂等加工处理过的干制品是优质的蛋白质饲料原料，一般作为配合饲料的主要蛋白质饲料，如鱼粉、鱿鱼粉、红虫粉、蝇蛆粉、黄粉虫粉、蚯蚓粉等。

三、龟鳖常用天然动物性饲料的营养特点及利用

1. 环节动物类

(1) 蚯蚓　蚯蚓具有较高的营养价值，可作为半水龟、水龟的开食饵料，也可作为家庭观赏龟养殖的主食。其干粉可作为龟鳖配合饲料动物原料。据分析蚯蚓干物质中粗蛋白含量为50%～70%，粗脂肪8%左右，碳水化合物14%左右。其蛋白质含量与秘鲁鱼粉相当。其体内消化道内有10多种蛋白水解酶，可以直接被龟鳖完整地吸收。其氨基酸组成见表9-1，并把鳖体氨基酸组成也列入表9-1中以供对比。

从表9-1中数据可见，蚯蚓氨基酸的含量虽然比鳖体低，但氨基酸之间的比例与鳖体基本一致。呈味氨基酸的比例也较高，诱食效果好。

总的来说，蚯蚓不仅蛋白质含量高，而且氨基酸比例与鳖的需求基本一致，是龟鳖优质的蛋白质饲料。

(2) 水蚯蚓　水蚯蚓又叫丝蚯蚓，因其体色鲜红，又称为红线虫，具有较高的营养价值。如戈氏水蚯蚓，其必需氨基酸指数为90.8，干物质中蛋白质含量为59.6%，脂肪为19%，碳水化合物为15.6%。水蚯蚓是稚龟、稚鳖理想的开口料，也是幼龟优质的动物饵料。

水蚯蚓的利用方式多种多样，但目前来看，家庭观赏龟应用比较普遍，一般投喂活饵，其诱食性好，龟鳖喜食，既不污染水体，还具有增色的效果。但由于大多数生活在污泥中，因此购买后一定要经过漂洗、排泄、杀菌消毒处理后再投喂。有条件的最好自己繁育，不仅省钱，还健康。也有与新鲜植物饲料和配合饲料搭配使用的，可作为龟鳖的开口、开食饵料。对于室外规模化养殖，也有采用龟蚓混养的模式，取得了很好的经济和生态效益。如张喜壮等(2002) 报道了藕田养殖水蚯蚓和乌龟的技术，该研究把藕田环境、水蚯蚓和乌龟成功组合在一起，实现了互利共生的目的。藕田为水蚯蚓和龟提供生活环境，水蚯蚓基料、蚯蚓粪和龟粪可作为藕的有机肥料，水蚯蚓和藕田水生动物又为龟提供饵料，从而实现了互利

表 9-1　蚯蚓氨基酸组成（占干物质）

项目		蚯蚓氨基酸组成		鳖体氨基酸组成	
		占干物质	占蛋白质	占鳖体干物质	占鳖体蛋白质
必需氨基酸	苏氨酸/%	2.55	4.18	4.25	4.62
	缬氨酸/%	3.69	6.06	4.73	5.14
	蛋氨酸/%	1.86	3.05	3.39	3.69
	苯丙氨酸/%	2.70	4.43	4.81	5.23
	异亮氨酸/%	3.32	5.45	4.79	5.21
	亮氨酸/%	5.07	8.32	8.17	8.89
	赖氨酸/%	3.40	5.58	7.43	8.08
	精氨酸/%	4.01	6.58	2.89	3.14
	组氨酸/%	1.30	2.24	6.04	6.57
	色氨酸/%	0.58	0.95		
必需氨基酸合计/%		28.48	46.84	46.5	50.57
非必需氨基酸	天冬氨酸/%	6.74	11.06	9.2	10.00
	谷氨酸/%	10.40	17.07	15.15	16.48
	丝氨酸/%	1.67	2.74	3.65	3.97
	甘氨酸/%	3.79	6.22	5.29	5.75
	丙氨酸/%	4.01	6.58	5.54	6.03
	胱氨酸/%	1.15	1.89	1.92	2.09
	酪氨酸/%	2.47	4.05	0.51	0.55
	脯氨酸/%	2.23	3.66	3.31	3.60
	鸟氨酸			0.24	0.26
非必需氨基酸合计/%		32.46	53.27	44.81	48.73
氨基酸总计/%		61	100	91	100

共生的良性循环。水蚯蚓生长和繁殖速度快，亩产量在 1000 千克左右，可供 500～1000 只龟所需。乌龟在水中主动摄食活饵，水质污染轻，不容易得病，龟的品质风味与野生龟无异。这种养殖方式综合效益高。

2. 昆虫类

昆虫类蛋白质含量高，氨基酸较平衡，维生素、矿物盐丰富，易消化吸收，是雨林陆龟、陆地觅食半水龟优质的动物性饵料。常用昆虫类氨基酸组成见表 9-2，并把鱼粉的氨基酸组成也列入表9-2中以供对比。

表 9-2 常用昆虫类氨基酸组成

项目		黄粉虫	蝇蛆	大麦虫	蟋蟀	知了	蚕蛹	中华蚱蜢	国产鱼粉	秘鲁鱼粉
粗蛋白/%		50.2	56.2	45.1	66.6	58.6	66.3	54.6	53.0	46.8
非必需氨基酸	天冬氨酸/%	3.38	3.55	3.16	5.34	4.17	4.98	5.53		
	丝氨酸/%	1.82	1.35	1.65	2.73	2.03	2.48	2.63		
	谷氨酸/%	4.92	6.93	4.50	8.76	5.53	5.83	8.29		
	甘氨酸/%	2.31	2.55	1.90	3.66	2.65	4.06	3.47		
	丙氨酸/%	3.40	4.19	3.02	6.27	4.73	3.89	6.91		
	脯氨酸/%	3.09	1.70	1.93	3.71	5.23	1.56	4.00		
	胱氨酸/%	0.42	0.59	0.30	—	0.16	0.62	0.38		
	酪氨酸/%	0.31	2.72	2.97	3.14	5.39	3.06	3.54		
非必需氨基酸合计/%		19.65	21.88	19.43	33.61	29.89	26.48	34.75		
必需氨基酸	苏氨酸/%	1.76	1.82	1.58	2.40	1.78	2.58	2.34	2.51	1.89
	缬氨酸/%	3.04	2.82	2.69	3.22	2.38	3.93	3.31	2.77	2.10
	蛋氨酸/%	0.59	3.06	0.43	1.07	0.63	1.25	0.84	1.39	0.56
	苯丙氨酸/%	1.89	2.66	1.70	2.21	1.51	2.81	2.99	2.20	2.46
	异亮氨酸/%	1.83	1.98	1.63	4.20	1.48	3.82	5.42	2.30	2.00
	亮氨酸/%	3.64	3.29	3.02	4.94	2.98	3.62	5.24	4.30	3.66
	赖氨酸/%	2.60	4.24	2.38	2.74	2.32	4.55	2.65	3.87	2.81
	组氨酸/%	1.41	1.15	1.20	1.46	1.22	1.24	1.32	3.24	1.33
	精氨酸/%	2.47	1.95	2.20	4.37	1.76	2.59	3.77		3.59
	色氨酸/%						1.21	0.53		
必需氨基酸合计/%		19.23	22.97	16.83	26.61	16.06	27.6	28.41	22.58	20.4

昆虫另外一大优点是病菌含量很少。就蟋蟀、丝蚯蚓、红虫来说，都是龟鳖优质的动物性活饵，但由于丝蚯蚓和红虫生活在污水中，病菌含量多，如果处理不好，容易造成龟鳖肠炎病的发生。蟋蟀生活在陆地上，病菌含量少，就不会出现这种情况。

从表 9-2 中可见，昆虫类蛋白质含量与鱼粉接近，氨基酸组成与鱼粉接近，有很多昆虫氨基酸数量甚至高于鱼粉，因此说昆虫类是龟鳖优质的蛋白质饲料。

昆虫的利用方式多种多样，主要有投喂鲜活饵或烘干加工后作为配合饲料动物原料来使用。

3. 软体动物

软体动物种类繁多，生活范围极广，仅次于节肢动物，是龟类优质的动物饵料。以龟生活的热带雨林为例，熊燕等（2001）曾对海南自然保护区的陆生和淡水贝类资源进行了调查和研究，结果为陆生贝类 24 种。从栖息环境看，生活在山区、丘陵地带树林中的有 2 种；生活在山区、丘陵中和平原草丛中的有 7 种；生活在农田、公园、平原草丛、溪河边以及山区、丘陵树林中的有 15 种。淡水贝类 16 种，其中低海拔（50～120 米）13 种，高海拔（700～800 米）3 种。

陆生软体动物，如蜗牛、蛞蝓（鼻涕虫）、陆生贝类等，是主要在陆地觅食的半水龟优质的动物蛋白质饵料。水生软体动物，如田螺、环棱螺、福寿螺、河蚬等是主要在水中觅食的半水龟类、水龟类和鳖优质的蛋白质饲料。蛋白质含量高、脂肪低、易消化，且氨基酸较平衡，另外还可以为龟鳖补充钙质。据刘丹等（2011）对海南岛外来物种红耳龟的生境选择和食性研究表明，贝类和鱼类是红耳龟动物性食物中出现次数最高的食物，如瘤拟黑螺（*Melaniodes tuberculata*）、大川蜷（*Brotia swinhoei*）等。常见软体动物氨基酸组成见表 9-3，并把鱼粉的氨基酸组成也列入表中以供对比。

从表 9-3 中可见，贝类各种必需氨基酸比例与鱼粉近似，其数量组成一般高于鱼粉，是龟鳖优质的动物蛋白质饲料。

贝类的利用方式多种多样，如螺类，既可投喂活饵，也可投喂

表 9-3 常见软体动物氨基酸组成（占干物质）

项目		白玉蜗牛	圆田螺	环棱螺	浙江河蚬	福寿螺	国产鱼粉	秘鲁鱼粉
粗蛋白/%		9.90	13.72	14.43	9.80	15.04	53	46.8
非必需氨基酸	天冬氨酸/%	8.19	6.21	7.39	7.71	3.85		
	丝氨酸/%	4.34	3.00	3.19	3.66	2.07		
	谷氨酸/%	14.7	9.87	11.59	10.23	9.03		
	甘氨酸/%	9.59	3.34	3.88	3.89	4.10		
	丙氨酸/%	5.31	3.52	3.97	4.20	4.64		
	脯氨酸/%	4.89	1.85	2.17	2.60	6.84		
	胱氨酸/%	2.26	1.23	1.48	1.60	0.32		
	酪氨酸/%	3.42	2.73	3.23	3.66	1.09		
	鸟氨酸	0.41						
非必需氨基酸合计/%		53.11	31.75	36.9	37.55	31.94		
必需氨基酸	苏氨酸/%	3.48	2.95	3.42	4.05	2.96	2.51	1.89
	缬氨酸/%	4.40	1.89	2.26	2.67	3.68	2.77	2.10
	蛋氨酸/%	2.14	1.15	1.29	1.76	1.36	1.39	0.56
	苯丙氨酸/%	2.99	1.89	2.40	2.75	2.11	2.20	2.46
	异亮氨酸/%	3.05	2.03	2.45	2.90	3.01	2.30	2.00
	亮氨酸/%	5.68	5.20	5.91	5.80	5.43	4.30	3.66
	赖氨酸/%	5.31	3.70	4.20	4.96	5.38	3.87	2.81
	组氨酸/%	1.10	1.06	1.34	1.76	2.83	3.24	1.33
	精氨酸/%	7.02	4.54	5.17	5.04	6.93		3.59
必需氨基酸合计/%		35.17	24.41	28.44	31.69	33.69	22.58	20.4
氨基酸总计/%		88.28	56.17	65.33	69.24	65.63		

去壳螺肉。投喂活饵可采用龟螺或鳖螺混养的模式。螺肉可直接投喂，也可与配合饲料搭配投喂。

4. 鱼类

鱼类是水中觅食半水龟类、水龟类和鳖类优质的动物蛋白质饲料。高蛋白质、低脂肪、易消化，氨基酸与龟鳖的需求最为接近，是龟鳖最为喜食的饵料。

对于家庭观赏龟所用活鱼饵料，可选用野生鱼类的苗种，如泥鳅、黄鳝、黑鱼、麦穗鱼、餐鲦鱼等，以及各种养殖鱼类的苗种，如鲫鱼、团头鲂、鳊鱼、鲤鱼、草鱼、鲢鱼、鳙鱼、鲶鱼、翘嘴红鲌等。尤其无鳞鱼泥鳅、黄鳝更是观赏龟优质的活饵。总的来说野生鱼类的营养价值要高于养殖鱼类，有条件的地方可以多捞取野杂鱼来喂食观赏龟。

对于养殖场观赏龟所用鲜鱼饵料的选用，由于龟自身价格较高，要尽量选用野外水体中捕捞的鱼类，虽然价格高，但营养价值远远高于养殖鱼类，比如脂肪含量，养殖鱼类一般要高于野生的，长期投喂高脂肪含量的鱼类，不仅影响观赏龟的观赏价值，还会造成各种脂肪代谢病的发生。

对于鳖用鲜鱼饵料的选择，因目前鳖的价格较低，可选用花鲢、白鲢、革胡子鲶、淡水白鲳等价格较低的鱼类投喂，以降低饲料成本。

5. 甲壳类

甲壳类主要是指虾蟹类。虾类活饵是龟鳖优质的动物性蛋白质饵料，虾粉可作为配合饲料的蛋白质源，还具有诱食和增色的作用。蟹类活饵可以被主动捕食的凶猛龟类捕食，如平胸龟、鳄龟等。

6. 浮游动物（枝角类）

枝角类又称水蚤，俗称红虫，是淡水水体分布最广、最重要的浮游动物之一。体长平均1毫米，最小仅0.2毫米左右，最大可达2毫米左右，在浮游动物中算是比较大型的种类，一般肉眼能够看到。红虫具有很高的营养价值，干物质含蛋白质60%以上，脂肪20%以上，糖1%以上，无氮浸出物10%以上，含有龟鳖所需的重要氨基酸，而且维生素 A 和钙也非常丰富，是稚龟鳖理想的开口活饵料。其氨基酸组成见表 9-4，并把鳖体氨基酸组成也列入其中以作对比。

表 9-4 几种浮游动物氨基酸组成（占干物质）

项目		虎斑猛水蚤	多刺裸腹蚤	酵母轮虫	鳖体肌肉
非必需氨基酸	天冬氨酸/%	9.0	8.3	8.5	9.2
	丝氨酸/%	4.3	4.0	4.2	15.15
	谷氨酸/%	10.8	9.8	10.1	3.65
	甘氨酸/%	4.5	3.7	3.1	5.29
	丙氨酸/%	4.9	4.9	3.9	5.54
	脯氨酸/%	4.8	4.2	6.1	1.92
	胱氨酸/%	0.7	0.6	0.9	0.51
	酪氨酸/%	4.0	3.3	3.2	3.31
	鸟氨酸/%				0.24
非必需氨基酸合计/%		43	38.8	40	44.81
必需氨基酸	苏氨酸/%	3.8	3.4	3.3	4.25
	缬氨酸/%	3.3	3.2	4.0	4.73
	蛋氨酸/%	1.1	1.0	0.9	3.39
	苯丙氨酸/%	3.5	3.6	3.9	4.81
	异亮氨酸/%	2.5	2.5	3.2	4.79
	亮氨酸/%	5.0	6.0	6.2	8.17
	赖氨酸/%	5.7	5.8	5.5	7.43
	组氨酸/%	1.6	1.6	1.5	2.89
	精氨酸/%	5.2	5.1	4.4	6.04
必需氨基酸合计/%		31.7	32.2	32.9	46.5
氨基酸总计/%		75.8	72.6	74.2	91.31

从表 9-4 中可见，几种浮游动物的各种必需氨基酸的含量虽然低于鳖体肌肉氨基酸的含量，但组成比例基本一致。由此可见浮游动物是龟鳖类饲料优质的动物蛋白质饲料。

第二节

植物性饲料

一、植物性饲料的营养特点

1. 适口性特点

陆龟以植物为主食，相较于其他龟鳖类来说，不存在适口性的问题，但不同的陆龟对植物饲料也是有选择性的。对于半水龟、水龟和鳖来说，植物饲料就存在适口性的问题。一般来说，植物性饲料适口性差，尤其是诱食效果差，如果在饲料中添加量过多，就会影响摄食量，因此在饲料中要注意动、植物饲料的合理搭配。

2. 营养价值特点

从饲料营养组成来看，植物蛋白饲料的氨基酸平衡性一般不如动物蛋白饲料，因此其营养价值一般低于动物性饲料。但维生素和矿物质丰富，可以为龟鳖提供维生素和矿物质补充。另外某些植物可消化碳水化合物含量高，如马铃薯等淀粉含量高达 80%左右(干品)，因此，其加工产品 α-淀粉，常用其作为能量饲料和粘合剂来使用。

从食性角度而言，低蛋白质、高纤维的植物饲料又是陆龟优质的饲料。

3. 消化吸收特点

植物饲料不如动物饲料容易消化吸收。如生豆粕胰蛋白酶含量高，若不经过热处理就会影响豆粕的利用。再如大豆等饲料，虽然磷含量较高，但大多以植酸磷的形式存在，难以消化利用。因此，在使用量上，除了陆龟类外，其他龟鳖类的配合饲料中应控制其使用量。

二、植物性饲料的种类

植物性饲料的种类很多，按其营养特点可分为以下三类。

1. 植物性蛋白饲料

包括大豆、豆饼、豆粕、花生粕等，蛋白质含量高，一般作为龟鳖配合饲料的植物蛋白质原料。

2. 植物性能量饲料

包括小麦、玉米、甘薯、马铃薯等，淀粉含量高，蛋白质含量低，一般作为龟鳖配合饲料的能量原料。

3. 植物性青绿饲料

包括天然的蔬菜、水果、野菜、野草等，这类青绿饲料维生素和矿物盐丰富。

从龟鳖食性总的来看，陆龟一般不会主动捕食动物饵料，所食动物饵料一般是动物的腐尸，而且比例很低，因此严格来说陆龟是植物食性的；半水龟，尤其是主要在陆地觅食的种类，其饲料中动、植物所占比例差不多；主要在水中觅食的半水龟、水龟和鳖，其饲料中的植物饲料比例低于动物饲料。因此，龟鳖对植物饲料的利用要比对动物饲料的利用复杂得多，以下根据不同龟鳖类的食性特点，对植物饲料进行归类分析。

（1）陆龟青绿饲料

① 高纤维低水分野菜、野草，见表 9-5。野菜、野草大多可作为陆龟的主食。

表 9-5 野菜、野草常规营养成分

食物名称	水分/(毫克/100克)	粗蛋白/(毫克/100克)	粗纤维/(毫克/100克)	膳食纤维/(毫克/100克)	钙/(毫克/100克)	磷/(毫克/100克)	钙磷比	草酸/(毫克/克)	备注
苜蓿草(干)		22	25		0.6	0.2	3		主食
紫花苜蓿嫩茎	88	5.9			0.33	0.12		0.35	主食
提摩西草		6.3	32		0.36	0.15			主食

续表

食物名称	水分/(毫克/100克)	粗蛋白/(毫克/100克)	粗纤维/(毫克/100克)	膳食纤维/(毫克/100克)	钙/(毫克/100克)	磷/(毫克/100克)	钙磷比	草酸/(毫克/克)	备注
西洋蒲公英(干)		18.8	24.3		1.3	0.46	2.8		主食
西洋蒲公英	86	2.7	3.5		0.19	0.07	2.8	0.25	主食
燕麦草(干)		11.2	30		0.36	0.16			主食
黑麦草(干)		10.5	37.2		0.33	0.22	1.5		主食
百慕达草(干)		6	32						主食
车前草(干)		19.3	30.5						主食
车前草	88	4	3.3		0.31	0.18	1.72		主食
大花咸丰草		2.5	1.2		0.11	0.03	4.07		主食
红三叶草		2.3	3.0		2.5	0.4	6.25		主食
白三叶草		3.9	3.5		2.5	0.8	3.13		主食
仙人掌		1.3		2.2	0.16	16	10.3		主食
芦荟		0.1	0.1	1.4	0.036	0.002	18		辅食
荠菜	91	2.9		1.7	0.29	0.08			主食
灰灰菜	86	3.5	1.2		0.21	0.07	3		主食
紫背菜(干)					2.22	0.28	7.93		主食
黄花菜	83	2.63	3.59						配食
蟛蜞菊(干)		15.67	12.4		1.96	0.29	6.76		主食
黄鹌菜				0.2	0.22	0.03	7.33		配食
苦苣菜		1.8	5.8		0.12	0.052	2.31		主食
野葛菜									主食
野苋菜								3.36	辅食
马齿苋		2.3	0.7		0.05	0.02		0.54	主食
桑葚叶(干)		22.5	10		2	0.5			主食
扶桑叶(干)		15.4	15.5		1.7	0.5			主食

② 蔬菜、瓜类，见表9-6。纤维高、水分低的部分蔬菜可以作为陆龟的主菜，如地瓜叶、油菜叶、空心菜叶（图9-1、图9-2）等。大部分作为配菜。

表9-6 蔬菜、瓜类常规营养成分

项目	水分/(毫克/100克)	蛋白质/(毫克/100克)	粗纤维/(毫克/100克)	膳食纤维/(毫克/100克)	钙/(毫克/100克)	磷/(毫克/100克)	钙磷比	草酸/(毫克/克)	备注
芦荟	99.1	0.1	0.1	1.4	36	2	18	36	零食
莴苣	96.9	0.6	0.4	0.8	254	28	9.07	330	配菜
芥蓝	92	2.4	0.8	1.9	238	39	6.10	13.0	配菜
芥菜	94.6	0.8	0.5	1.6	98	25	3.92	12.1	配菜
苋菜	93.9	2.2	0.6	2.2	156	54	2.89		配菜
小白菜	95.7	1	0.4	1.8	106	37	2.86	106	配菜
青江菜	94.8	1.7	0.5	2.1	80	28	2.86	80	配菜
地瓜叶	91	3.3	1	3.1	85	30	2.83	85	主菜
油菜叶	92.9	1.8		1.1	108	39	2.77	105	主菜
雪里红	94	1.5	0.7	1.9	64	25	2.56	64	配菜
油麦菜	95.7	1.4		0.6	70	31	2.26		零食
空心菜叶	92.8	1.4	0.8	2.1	78	37	2.11	691	主菜
羽衣甘蓝		4.11		1.27	108	87	1.25	450	主菜
圆白菜	93.5	1.2	0.5	1.3	52	28	1.86	7.4	主菜
紫甘蓝		1.3	0.9		100	56	1.79	37	配菜
菠菜	93	2.1	0.8	2.4	77	45	1.71	750	配菜
茼蒿	96	1.8	0.5	1.6	40	25	1.60		配菜
胡萝卜	89.2	1		1.1	32	27	1.19	500	零食
熟胡萝卜								33	零食
莴苣叶	95	1.7	0.6	1.7	34	30	1.13	330	配菜
黄瓜		0.8		0.5	24	24	1.00	1.0	零食
西葫芦		0.8		0.6	15	17	0.88		零食

续表

项目	水分/(毫克/100克)	蛋白质/(毫克/100克)	粗纤维/(毫克/100克)	膳食纤维/(毫克/100克)	钙/(毫克/100克)	磷/(毫克/100克)	钙磷比	草酸/(毫克/克)	备注
南瓜		0.7		0.8	16	24	0.67	9	零食
草菇	92.3	2.7		1.6	17	33	0.51		配菜
西红柿	92.9	0.9	0.6	1.2	10	20	0.5		零食
花椰菜	92.4	2.1		1.2	23	47	0.49	2.0	配菜
红苋菜	92	3	0.7	2.6	191	530	0.36	191	配菜
金针菇	90.2	2.4		2.7	0	97			配菜
芹菜叶	89.4	2.6		2.2	40	64	0.63	36	配菜
白萝卜叶	90.7	1.5		3.2	190	42	4.52	500	配菜
嫩笋叶	94.2	1.4		1	34	26	1.31		配菜
萝卜(青)缨	87.2	3.1		2.9	110	27	4.11		主菜

图 9-1　池塘梗上种植的空心菜（来源：周嗣泉）

图 9-2　池塘网片上栽种的空心菜（来源：周嗣泉）

③ 水果类，见表 9-7。水果类富含维生素和矿物元素，一般作为零食使用，雨林型陆龟可少量投喂，草食性陆龟尽量不投喂。

表 9-7 部分水果的营养价值

项目	水分/(毫克/100克)	蛋白质/(毫克/100克)	粗纤维/(毫克/100克)	膳食纤维/(毫克/100克)	钙/(毫克/100克)	磷/(毫克/100克)	钙磷比	备注
香蕉	74	1.3	0.4	1.6	5	22	0.23	零食
木瓜	85	0.5	0.6	1.7	18	10	1.8	零食
芒果		0.6		1.3	—	11		零食
柑橘	88.8	0.4	0.5	1.6	24	15	1.6	零食
葡萄	88.7	0.5		0.4	5	13	0.38	零食
猕猴桃	83.4	0.8		2.6	27	26	1.04	零食
苹果	87	0.3	0.5	1.2	5	11	0.45	零食
西瓜	93	0.6	0.1	0.3	4	23	0.17	零食
火龙果	85.5	1.1		0.3				零食
圣女果	91.4	1.4	0.8	1.4	17	21	0.81	零食
草莓	89	1.1	0.8	1.8	14	35	0.4	零食
野山莓	84.2	0.2		3	22	22	1.00	零食
桑葚	83.7	1.6		3.3	43	33	1.30	零食
覆盆子	87	0.9		4.7				零食
无花果	81.3	1.5		3	67	18	3.72	零食

④ 花和种子。陆龟在野外摄食各种野花和植物种子，鲜花和植物种子富含各种不饱和脂肪酸，主要作为陆龟脂肪酸来源。鲜花中脂肪酸的组成，以牡丹和芍药为例，见表 9-8。

表 9-8 牡丹和芍药脂肪酸组成

脂肪酸种类	牡丹	芍药
棕榈酸 $C_{16:0}$/%	18.953	17.679
棕榈油酸 $C_{16:1}$/%	0.267	0.924
十七烯酸 $C_{17:1}$/%	1.38	0.494
硬脂酸 $C_{18:0}$/%	0.632	2.283
油酸 $C_{18:1}$/%	4.782	4.179
亚油酸 $C_{18:2}$/%	48.496	46.353
亚麻酸 $C_{18:3}$/%	10.078	17.193
花生酸 $C_{20:0}$/%	3.892	1.84
花生烯酸 $C_{20:1}$/%	3.882	—
花生二烯酸 $C_{20:2}$/%	—	1.15
其他脂肪酸/%	5.461	2.869
总饱和脂肪酸/%	25.04	25.82
总不饱和脂肪酸/%	69.492	71.308

注：王荣花等（2004）。

从表 9-8 中可见牡丹和芍药不饱和脂肪酸的比例在 70%左右，远远高于饱和脂肪酸。高级不饱和脂肪酸主要以亚油酸和亚麻酸为主，其比例在 60%左右。由此可见其脂肪酸组成适宜于陆龟的营养需求。

野生植物种子的脂肪酸组成（以十字花科的植物种子为例），据孙小芹等（2011）对十字花科 58 属 94 种野生种子的脂肪酸组成的研究分析表明：最主要的脂肪酸为亚麻酸（$C_{18:3}$）平均含量 30.13%，芥酸（$C_{22:1}$）平均含量 17.74%，亚油酸（$C_{18:2}$）平均含量 17.67%，油酸（$C_{18:1}$）平均含量 15.00%，花生烯酸（$C_{20:1}$）平均含量 6.92%。不饱和脂肪酸总平均含量 89.53%，占绝对优势。饱和脂肪酸的总平均含量占的比例非常少。由此可见十字花科的野生植物的种子的脂肪酸组成适宜于陆龟的营养需求。

陆龟可食的花类植物有：扶桑花、玫瑰花、天竺葵、丝瓜花、南瓜花、芙蓉花、锦葵、蜀葵、三色堇、蔓性风铃花、木槿花、蟹爪兰花、中国灯笼花、月季花、蒲公英花等。

（2）半水龟青绿饲料　半水龟类对植物饲料的需求与陆龟有很大的差异，这主要体现在以下几方面：一是对植物的需求量大大减少，陆龟一般占到90%以上，半水龟一般在50%左右；二是对粗纤维植物的需求量大大减少；三是可以喂食蛋白质高的植物。

① 偏陆地觅食龟类。这类龟主要在陆地觅食，动植物饲料的比例基本上各占一半。其植物饵料主要为陆生植物，一般以绿叶蔬菜、菌菇类、胡萝卜、南瓜、马铃薯、豆类等为主，占食物的30%左右。纤维较高的蔬菜、野菜、青草、苜蓿等，占食物的10%左右。水果、野花类，占食物的10%左右。其种类可根据龟的食性来选择，详见陆龟植物饲料所述。

② 偏水中觅食龟类。这类龟主要在水中觅食，动物饲料的比例大于植物饵料。其植物饵料既有陆生植物，也有水生植物。与主要在陆地觅食的半水龟最大不同点在于其对植物饲料的需求量大大减少，一般需求量10%～20%。人工喂养主要为绿叶蔬菜、瓜菜、水果类。

（3）水龟青绿饲料　有关水龟对植物饲料利用的研究与陆龟相比并未引起人们的重视，在人们的传统意识里始终认为陆龟吃草，水龟吃肉。因此，人们对于陆龟植物饲料的研究和利用进行了大量细致的工作，而有关水龟、半水龟这方面的研究就很少。植物类食物不仅仅提供了一定的蛋白质，更重要的是平衡了饲料中维生素和矿物质不足，保证了龟的健康生长。水龟中大多数种类属于条件性杂食摄食者，即机会杂食掠食者，野外常常以动物为食，但也食水生植物，有时水生植物占有很高的比例。如国外对小鳄龟野外食谱地研究表明，其水生植物的比例占了1/3；国内对巴西彩龟野外食谱的研究表明，其对植物性食物的摄食频次在45%左右。另外，有些种类不同的生长阶段其食性也有变化，比如有些龟在幼龟阶段偏动物食性，而成龟阶段趋向植物食性。因此在水龟养殖过程中要合理搭配植物饲料。有关水龟水生植物饲料种类的研究报道很少，下面把常见种类列表9-9，仅供参考。常见水生植物有凤眼莲（图9-3）、水花生（图9-4）。目前在人工养殖的条件下，水龟植物性饲料还是以蔬菜、水果和花为主，与偏水中觅食的半水龟基本相同。

表 9-9 龟鳖水生植物饲料种类

科	属、种
雨久花科	凤眼莲、鸭舌草、梭鱼草
苋科	空心莲子草(水花生)
鸭跖草科	水竹、鸭跖草
禾本科	泽地早熟禾、林地早熟禾、香根草、水茅、牛鞭草、菰(茭白)、草芦、苦草
天南星科	大薸、龟背竹、海芋
旋花科	蕹菜(空心菜)、后藤、疣草
茨藻科	大茨藻
睡莲科	莲
金鱼藻科	金鱼藻
十字花科	水田碎米芥、豆瓣菜
伞形科	鸭儿芹
菊科	蒌蒿 、蟛蜞菊
报春花科	星宿菜、金钱草
花蔺科	花蔺、黄花蔺
眼子菜科	菹草、微齿眼子菜、穿叶眼子菜
水鳖科	泰来藻、水菜花、龙舌草、水车前、海菜花、水鳖
浮萍科	浮萍

图 9-3 池塘网片上栽种的凤眼莲（来源：周嗣泉）

图 9-4 池塘内生长的水花生（来源：周嗣泉）

4. 鳖的青绿饲料

目前鳖饲料以配合饲料为主，植物饲料为辅。植物饲料以蔬菜和水果为主，一般打成汁后与粉状配合饲料混在一起投喂。

第三节

配合饲料

关于人工配合饲料的种类、原料选择、配方设计、添加剂配制、饲料加工等，详见本书第十章有关内容。

第十章

龟鳖配合饲料

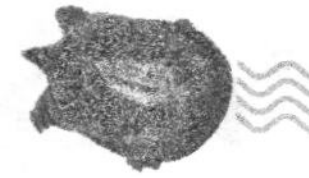

人工配合饲料是根据龟鳖的营养需求，将多种原料按一定比例科学调配加工而成的产品。人工配合饲料不同于人工混合饲料，不是简单地把各种动物饲料和植物饲料等混合起来使用，而是要进行合理配比，使饲料营养成分之间比例平衡，以发挥饲料最大的营养功效，取得最佳养殖效果。

第一节

龟鳖配合饲料的类型及优点

配合饲料是根据龟鳖不同生长阶段的营养需求，结合饲料资源、价格等情况，拟定出营养全面、价格适宜的科学配方，然后按照科学配方，将各种饲料原料经过加工即为配合饲料。

一、龟鳖配合饲料的类型

1. 按照配合饲料的形态划分

可分为：粉状饲料、颗粒饲料（软颗粒饲料、浮性膨化颗粒饲料、沉性膨化颗粒饲料）。

2. 按使用对象划分

可分为：陆龟配合饲料、半水龟配合饲、水龟配合饲料、鳖配合饲料。

3. 按生长阶段分类

龟配合饲料可分为：稚龟料、幼龟料、亚体和成体龟料、亲龟料；鳖配合饲料可分为：稚鳖料、幼鳖料、成鳖料、亲鳖料。

二、使用配合饲料的优点

1. 扩大了饲料来源

人工配合饲料使用多种动、植物饲料原料，因此饲料来源广，

可因地制宜、经济合理地利用各种饲料资源，尤其是膨化饲料优势更明显。目前鳖粉状配合饲料由于适口性、黏弹性的限制，主要原料一般为白鱼粉、豆粕和α-淀粉，其比例三者达85%左右，由此限制了其他原料的多样性选择。而全熟化膨化饲料其特殊的加工工艺则从理化两方面解决了其适口性和黏合性的问题，从而为饲料原料多样性选择提供了空间。比如鳖粉状配合饲料中α-淀粉高达20%～25%，主要是考虑到饲料的黏弹性和适口性的问题，如此高的淀粉含量一方面造成了浪费，另一方面也限制了其他原料的使用。而膨化饲料则可用玉米、面粉等其他价格低的淀粉原料来代替，既降低了饲料成本，又扩大了饲料来源。

2. 提高了饲料营养水平

就龟而言，其野外食性多样复杂，在天然饲料选择方面，既要考虑龟的营养需求，还要考虑其适口性，同时，还要受时空的限制，因此，单纯依靠食物的“杂”，即多样性，有时并不科学，而配合饲料依据龟不同生长阶段的营养需求，科学地设计配方，能够最大限度地满足龟的营养需求，从而提高了饲料效率，促进龟健康生长。

3. 提高了经济效益

使用配合饲料，可以降低养殖成本，尤其膨化饲料更为明显，从而提高经济效益。

4. 使用方便，适应集约化养殖的需求

配合饲料加工、储存、运输和投喂方便，适应集约化养殖的需求，尤其膨化饲料更为明显。

5. 可以预防疾病

配合饲料质量容易管理，可以减少因饲料质量而造成的龟鳖病，膨化饲料效果更为明显。

6. 满足特殊需求

配合饲料可满足龟鳖某些特殊需求，比如观赏龟的颜色需求等。

总之，优质的配合饲料不仅能满足龟鳖的生长需求，而且还能

有效地发挥蛋白质、脂肪、糖、维生素和矿物元素的生理功能，提高饲料蛋白质效率。因此积极推行配合饲料，尤其是膨化饲料具有重要意义。

第二节

龟鳖配合饲料原料

原料是饲料生产的基础，直接关系到产品的质量，为了合理地利用饲料资源，科学地配制龟鳖饲料，掌握各种饲料原料的营养特性及配制原则是十分重要的。

本节就配合饲料生产加工过程中常用的蛋白质原料和能量原料等做一简单介绍。

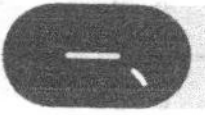

一、蛋白质饲料原料

蛋白质饲料原料是指干物质中粗蛋白含量在20%以上、粗纤维在18%以下的饲料。其种类很多，按其来源可分为动物性、植物性和微生物性蛋白质原料。

1. 动物蛋白原料

(1) 鱼粉　鱼粉是龟鳖配合饲料中最重要的动物原料，其质量的优劣决定了龟鳖饲料的质量，其内容详见本章第三节。

(2) 乌贼粉　它们是由乌贼的下脚料加工而来，其特点：蛋白质含量54%左右，挥发性盐基氮较高，比三级鱼粉的国标还高，因此添加量不能过高；氨基酸组成良好（见表10-1，并把鱼粉的氨基酸组成也列入其中以供对比），尤其是呈味氨基酸谷氨酸、天冬氨酸、甘氨酸、丙氨酸、精氨酸与鱼粉较接近，具有浓烈的腥香味，因此诱食性好，能够促进龟鳖摄食；脂肪含量高，在12%左右，容易氧化变质，酸价较高，一般超过三级鱼粉的国标水平。乌

贼粉既可以作为诱食剂，又可以作为蛋白质原料，但由于新鲜度远远不如白鱼粉，因此要注意控制添加量。贾艳菊等（2013）对饲料中添加乌贼肝粉对稚鳖生长性能和肝功能的影响进行了研究，饲料中用5%的乌贼干粉替代白鱼粉，结果表明：饲料中添加乌贼肝粉不会影响稚鳖的摄食和生长，且能够增加饲料的消化率。对于肝功能的影响是轻微的，没有显著影响。本试验时间较短，只有8周的时间，且乌贼的添加量没有做等级差别试验，这方面还应再继续进行深入试验。

表10-1　几种动物蛋白原料氨基酸组成

氨基酸	乌贼粉	厚壳贻贝	河蚌肉粉	蝇蛆粉	白鱼粉	秘鲁红鱼粉
天冬氨酸/%	2.40	6.95	3.83	3.55	4.37	5.32
谷氨酸/%	4.08	8.23	6.41	6.93	6.03	9.40
丝氨酸/%	1.26	2.4	2.20	1.35		2.74
甘氨酸/%	4.25	3.24	2.02	2.55	3.89	3.70
丙氨酸/%	2.80	3.93	2.44	4.19	3.14	3.39
脯氨酸/%	0.92	3.92	1.90	1.70	1.43	2.71
胱氨酸/%	0.33	0.88	1.83	0.59	0.54	0.53
酪氨酸/%	0.98	1.95	1.34	2.72	1.43	2.31
苏氨酸/%	0.96	2.43	2.04	1.82	2.20	2.74
缬氨酸/%	1.11	3.22	2.22	2.82	2.27	3.18
蛋氨酸/%	0.74	2.22	0.83	3.06	1.46	1.73
苯丙氨酸/%	1.08	2.59	1.84	2.66	1.75	2.51
异亮氨酸/%	0.92	2.45	2.12	1.98	1.89	2.87
亮氨酸/%	1.69	4.46	4.04	3.29	3.54	3.75
赖氨酸/%	1.55	4.76	3.85	4.24	3.38	5.03
组氨酸/%	0.44	1.24	0.89	1.15	1.16	1.44
精氨酸/%	1.78	3.92	3.42	1.95	3.43	3.29
氨基酸合计/%	27.29	58.79	41.56	46.55	41.91	56.64
备注	刘智禹等（2005）	何建瑜等（2012）	张缓（2012）	斯琴高娃（2008）		

（3）贻贝粉 贻贝粉是由贻贝加工而成的。营养价值高，富含蛋白质、脂肪、糖原、矿物质、维生素。

贻贝粉蛋白质含量为60%以上，含有动物所必需的全部氨基酸，组成比较合理，见表10-1。其中赖氨酸、蛋氨酸、酪氨酸、色氨酸的含量高于鱼类，属于优质蛋白质。呈味氨基酸与进口鱼粉接近，诱食性好。因此，既可以作为蛋白质原料，又可以作为诱食剂。贻贝脂肪中不饱和脂肪酸和磷脂含量高。

贻贝粉可以部分替代鱼粉作为龟鳖饲料的原料，但由于价格方面的原因一般添加比例较低，在5%左右，主要作为诱食剂。但要注意的是其脂肪含量虽然比乌贼粉低，但一般也超过10%，因此在使用过程中也要特别注意其新鲜度。但贻贝粉的加工是活体本体，新鲜度要高于乌贼粉。

从表10-1中可见，厚壳贻贝粉的必需氨基酸的比例组成与进口鱼粉基本一致，且数量略高。由此可见，贻贝粉是龟鳖饲料优质的蛋白质原料和诱食剂。

（4）扇贝粉 扇贝粉是采用新鲜扇贝去掉贝柱后，其余部分经过杀菌、蒸煮、压榨、烘干等工序加工而成。含有丰富的蛋白质、脂肪、碳水化合物、胆固醇、核黄素、烟酸、维生素E、磷、钾、钠、镁、铁、锌、硒、铜、锰等。在龟鳖饲料中使用，可起到诱食和部分替代白鱼粉的作用。尤其含有丰富的牛磺酸，对龟鳖具有很强的诱食作用，可以加快龟鳖摄食速度，提高摄食率，促进龟鳖的生长。

（5）河蚌肉粉 河蚌肉的含水量较高，为76.92%，干粉的蛋白质含量51.07%，干粉的粗脂肪含量6.45%，低于乌贼粉、扇贝粉和贻贝粉。氨基酸组成合理（表10-1），接近FAO/WHO推荐的最佳模式。富含各种矿物质元素，干粉的钙含量高达3.3毫克/克、磷含量1.8毫克/克。不饱和脂肪酸含量高。因此河蚌粉是一种高蛋白质、低脂肪、低糖的优质蛋白质源，可以作为龟鳖配合饲料优质的动物蛋白质原料。

（6）肉骨粉 肉骨粉是肉类加工厂、屠宰场将可食部分去除后得到的残骨、皮、内脏及碎肉经过高温蒸煮、脱脂、干燥、粉碎而

制得的产品。从目前龟鳖的使用情况来看，一般自配产品中有使用的，专业生产厂家很少使用，主要问题是产品新鲜度的问题，其挥发性盐基氮的国产标准为1000毫克/100克，与龟鳖饲料中白鱼粉的推荐标准100毫克/100克相比，超出10倍左右，因此要慎重使用，添加比例不易过高，尤其对观赏龟而言更是如此。

(7) 虾粉　虾粉在观赏龟饲料中得到广泛应用，在食用龟鳖饲料中使用得不多。目前龟鳖主要的动物蛋白质源白鱼粉、红鱼粉的价格节节攀升，居高不下，在龟鳖饲料中用虾粉部分替代白鱼粉是经济可行的。利用磷虾粉替代鱼粉养殖罗非鱼、虹鳟和大西洋鳕鱼，试验效果与鱼粉相近，甚至超过鱼粉。但在龟鳖饲料中使用，最大的问题是其新鲜度的问题，龟鳖对动物原料的新鲜度要求大大高于鱼类。虾粉容易变质，因此在使用过程中要注意其新鲜度，并控制使用量。

目前虾粉的主要来源是磷虾，磷虾有南极磷虾、太平洋磷虾和北方磷虾等物种，生活在南极海域磷虾种类有7～8种，数量最多。据初步估计，磷虾每年可捕获量，相当于目前全世界每年鱼类和甲壳类捕捞量的总和，生产潜力巨大。

目前观赏龟饲料中主要使用南极磷虾，营养价值丰富。蛋白质含量60%左右，氨基酸比例非常平衡，谷氨酸、脯氨酸、甘氨酸含量高，诱食性好；富含多不饱和脂肪酸，磷脂含量高；含有各种丰富的矿物质元素；含有天然色素虾青素等。虾粉的主要作用：一是蛋白质原料，降低饲料成本；二是诱食效果好，增加龟鳖的摄食量；三是强化观赏龟发色；四是补充钙质，防止甲壳发软。

(8) 螺肉粉　由田螺、福寿螺等的肉加工而成，是龟鳖配合饲料优质的动物蛋白质原料，可以部分替代鱼粉，以降低饲料成本。

(9) 蝇蛆粉　蝇蛆粉粗蛋白含量高达60%，接近进口鱼粉；氨基酸组成合理，必需氨基酸含量与进口鱼粉接近，蛋氨酸含量远高于进口红鱼粉，见表10-1。并含有丰富的矿物质元素、维生素及抗菌活性物质。因此蝇蛆粉是龟鳖饲料优质的动物蛋白质原料。另外蝇蛆的新鲜度比较高，与乌贼粉相比，新鲜度更容易控制，因为蝇蛆是活体本体直接加工。另外，蝇蛆培养简便、繁殖力强、养殖周期短、成本低，是白鱼粉最优替代物之一。从其在水产上应用情况来看，很多研究表明在鱼类配合饲料中替代50%以上的鱼粉对生长没有显著影响。张海琪等（2013）对蝇蛆蛋白粉代替鱼粉对中华鳖日本品系生长、肌肉品质、免疫及抗氧化的影响进行了试验研究，结果表明：经过9个月的温室养殖试验，50%的鱼粉替代率，幼鳖生长速度显著下降；能一定程度增强鳖的免疫能力，存活率有所提高；鳖肉品质基本稳定。因此，无菌蝇蛆蛋白粉可以替代部分鱼粉，适宜比例还应进一步研究。

（10）蚯蚓粉　蚯蚓的营养价值极高，诱食性很好，目前全国很多地方已实现蚯蚓规模化养殖，除了供应活饵外，也可以供应蚯蚓粉作为配合饲料的原料。一般每6千克鲜蚯蚓可加工成1千克蚯蚓粉，目前，有很多观赏龟粮中使用了蚯蚓粉，但在食用龟鳖配合饲料中，由于供应问题，还未大量使用。因此，这就要求我们，一方面要加大蚯蚓的养殖规模，以适应龟鳖养殖的需求；另一方面，还要进行替代鱼粉的研究，以推动蚯蚓粉在龟鳖配合饲料中的应用。

（11）蚕蛹粉　蚕蛹是缫丝工业的副产品。蚕蛹含蛋白质高、品质好。干蚕蛹含蛋白质可达55%～62%，蛋白质消化率一般在80%以上，且赖氨酸、色氨酸、蛋氨酸等必需氨基酸含量丰富。但其脂肪含量高，不易储存。如果大量投喂变质蚕蛹，则饲料适口性下降，龟鳖易出现明显的氧化脂肪病症。因此，蚕蛹用作龟鳖饲料时，最好先行脱脂。据报道，用脱脂蚕蛹养鳖，稚鳖养殖效果不如鱼粉，但成鳖与鱼粉相差不大。建议：在保证蚕蛹新鲜度的前提下，可在配合饲料中少量添加，以降低饲料成本。

（12）黄粉虫　黄粉虫的营养价值极高，目前全国很多地方已实现规模化生产和加工。但在使用上，大多用于观赏龟的活饵投喂。黄粉虫粉在龟鳖配合饲料中的使用，很少有报道，可以替代部分鱼粉，以降低饲料成本，今后应加强这方面的研究。

（13）蝗虫粉　蝗虫蛋白质含量高达74.8%，脂肪含量5.2%，碳水化合物含量4.7%，含18种氨基酸及多种活性物质，并含有维生素A、维生素B、维生素C及磷、钙、铁、锌、锰等成分。氨

基酸含量比鱼类、肉类、大豆都高。蝗虫粉目前一般在半水龟龟粮中应用，这也与半水龟的食性相符。也可以在水龟、鳖饲料中使用，但需加强这方面的研究。

(14) 动物肝粉　常见的可以用来制备肝粉的原料有鸡肝、鸭肝、鹅肝、猪肝、狗肝、兔肝、驴肝及牛肝等，干粉中粗蛋白含量高达66%以上，赖氨酸、亮氨酸、精氨酸含量高，且与鳖肉氨基酸比例一致，总氨基酸的量高于鱼粉。肝粉可以在龟鳖配合饲料中少量添加使用。

(15) 血粉　血粉主要是利用各种动物的血液凝块，经过脱水、干燥、粉碎而成的产品。蛋白质含量高达80%～90%，超过所有动物性蛋白质。其中赖氨酸、亮氨酸、缬氨酸含量很高，蛋氨酸、异亮氨酸含量低，因此设计配方时要注意氨基酸的互补。血粉消化吸收率低，主要是由于它本身的血细胞结构所造成的。通过破膜处理会大大增加其消化吸收率，一般采用喷雾干燥和膨化两种方法。另外还可以通过发酵的方法提高其利用率。

喷雾干燥血粉的加工方法，首先把收集到的新鲜血液经过脱纤处理，然后经过高压泵进入高压喷雾塔，同时送入热空气，血细胞蛋白经过高温释放后导致血细胞膜结构的破坏，最后经过冷却加工而成。产品的消化率提高到90%以上，但还未在龟鳖配合饲料中大量应用。刘士学等（2008）在稚鳖配合饲料中进行了替代白鱼粉的试验，在试验过程中发现，血粉的诱食性很好，稚鳖喜欢摄食，随着血粉含量的增加，稚鳖的摄食率有增大的趋势，生长速度增快，但饵料系数显著提高，这说明稚鳖对血粉的利用率比较低。综合考虑4%添加量来替代鱼粉还是可行的。

膨化血粉的加工方法，是以干燥血块为原料，经过在膨化机内膨化所形成的具有烤香味、蓬松多孔的产品。在膨化过程中，血细胞蛋白经过了膨化机内的高温、高压、高湿环境条件下的熟化和压出模孔后的膨化变化，消化率可以高达98%。

发酵血粉的加工方法，是以动物血液为主料，以麸皮、秸秆、米糠等以一定比例混合，接种特定的菌种，进行发酵后加工而成的产品。经过发酵的产品，可消化性能得到改善和提高，同时提高了

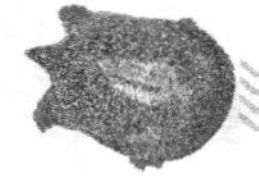

其营养水平。在龟饲料中可适量添加。

（16）乳粉　用于稚龟、稚鳖配合饲料中的乳粉主要是全脂奶粉和脱脂奶粉。全脂奶粉基本上保持了牛奶的营养成分，是用全脂鲜乳为原料经过杀菌、浓缩、干燥而成。脱脂奶粉是一种大部分脂肪已被脱去而所有蛋白质被保留下来的一种乳。奶粉是稚龟、稚鳖阶段优质的蛋白质源，适当添加可以促进摄食和生长，降低饵料系数。

（17）禽蛋　禽蛋营养丰富，龟鳖喜食，即可以煮熟投喂，也可以投喂干粉，有利于龟鳖的生长和繁殖。

2. 植物蛋白原料

（1）大豆制品

①大豆粕。豆粕是专指以溶剂萃取油脂后的大豆残粕。一般粗蛋白在40%～45%，其必需氨基酸的含量均比其他植物性饲料高，尤其是赖氨酸含量，是粕类饲料中含量最高者，可高达2.5%，是棉仁饼、菜籽饼、花生饼的一倍。除蛋氨酸含量不足外，其他氨基酸之间的比例含量也比较恰当，故其蛋白质生物学价值较高。钙含量较低，磷含量较高。富含B族维生素，但缺乏维生素A、维生素D。脂肪含量5%左右。含粗纤维6%左右。因此，豆粕蛋白质含量高、品质好、消化率高，是龟鳖配合饲料中优质的植物蛋白饲料。

② 膨化豆粕。膨化豆粕是大豆榨油后的副产物，是在大豆粉碎后增加了一道膨化工艺，膨化后可提高出油率；同时还可破坏豆粕中的抗营养因子，提高营养物质的消化率；另外味道比较香，适口性增强。是龟鳖优质的植物蛋白原料。

③ 发酵豆粕。以优质豆粕为主要原料接种特定菌种发酵，使大豆蛋白降解为优质小肽蛋白，并可产生益生菌、寡肽、维生素等，从而提高了豆粕的营养水平。

④ 膨化大豆粉。将全脂大豆破碎后，通过膨化处理，得到膨化大豆的碎屑，然后经过粉碎即成膨化大豆。与豆粕、膨化豆粕的区别，主要是脂肪含量高，可达16%左右，可以作为饲料的脂肪来源。在膨化饲料加工过程中，与添加外源油脂相比，对饲料制粒

质量的影响很小，而外源脂肪添加过多会影响制粒的质量。因此，膨化大豆粉即可以作为龟鳖饲料的蛋白质来源，又可以作为其脂肪来源。

⑤ 大豆浓缩蛋白。大豆浓缩蛋白是用高质量的豆粕除去水溶性或醇溶性非蛋白质部分后，所制得的含有65%以上蛋白质的大豆蛋白。具有适口性好、消化吸收率高、抗营养因子极低等特点。可作为龟鳖优质的植物蛋白饲料，但价格高。

(2) 花生仁饼、粕　花生仁饼是指花生米加热压榨制油后的副产品；花生粕是指花生米用溶剂提取油脂后的副产品。花生饼含油量略高，含粗蛋白略低，一般为45%左右，具有花生米的香味；花生粕含油低，含粗蛋白高，一般为48%～50%，无香味。

花生仁饼、粕蛋白质品质较好，其蛋白质消化率高，虽然蛋氨酸和赖氨酸含量略低于大豆粕，但组氨酸、精氨酸含量丰富，尤其是精氨酸含量特别高。脂肪熔点低，所含脂肪酸以油酸和亚油酸为主，不饱和脂肪酸占53%～78%，适宜龟鳖的营养需求。

生花生中抗胰蛋白酶约为生大豆的1/5，在膨化颗粒饲料加工过程中，加热可以除去。花生仁饼、粕易染上黄曲霉，产生黄曲霉毒素，故发霉变质的不能使用。

(3) 小麦胚芽粕　小麦胚芽粕是制造小麦胚芽油的副产品，是经过浸提胚芽得出的物质，一般呈金黄或者米黄色，外观好看。而且它含有麦芽糖，具有香甜味，有诱食功效，可提高饲料的适口性。

小麦胚芽粕中的蛋白质属于完全蛋白质，其含量为30%～38%，氨基酸全面平衡，赖氨酸和胱氨酸含量与豆粕一致，可替代部分豆粕，降低饲料成本，易于吸收，是很好的优质全价蛋白质营养源；含有丰富的不饱和脂肪酸、维生素A、维生素B_1、维生素B_2、维生素C、维生素D、叶酸等，特别是维生素E含量居食物之首；并含有钙、铁、锌、硒、钾等10多种矿物质，是非常理想的微量元素供给源。目前在观赏龟、鳖饲料中使用较普遍。

(4) 玉米蛋白粉　玉米蛋白粉是加工玉米淀粉时的副产品。其蛋白质含量分为40%和60%两种，蛋氨酸含量高，赖氨酸和色氨

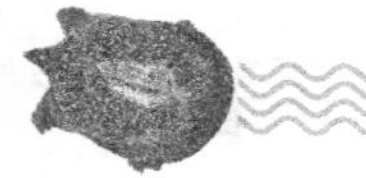

酸含量低。蛋白质含量60%的玉米蛋白粉，蛋白质含量高，较为细腻，黏结性能好。另外一个特点是富含色素，其中叶黄素的含量为280毫克/千克左右，是良好的着色剂。龟鳖本身不能合成叶黄素，只能从食物中获得。据张冰杰（2013）研究表明，在常规中华鳖粉状配合饲料中，添加6%的玉米蛋白粉，使饲料中叶黄素的含量达9.97毫克/千克，总类胡萝卜素含量达1772.42毫克/千克，饲料中不添加任何其他色素，主要依靠玉米蛋白粉作为色素源的条件下，中华鳖皮肤可以有效吸收和沉积一定量的总类胡萝卜素和叶黄素，表明玉米蛋白粉具有一定的着色作用，可以作为龟鳖饲料安全绿色的天然着色剂。

（5）谷朊粉　谷朊粉又称小麦蛋白粉，是小麦食用面粉制造过程中产生的副产品，蛋白质含量高达75%～85%，是营养丰富的植物蛋白源，具有黏性、弹性、延伸性的特点。吸水就会产生黏性，添加少量食盐可增强其黏弹性，这一特性在加工鳗鱼、鳖等饲料时能起到重要作用。目前谷朊粉在龟鳖饲料中普遍使用。

3. 单细胞蛋白饲料

单细胞蛋白又称微生物蛋白。是一些单细胞藻类、酵母菌、细菌等微型生物的干制品。它们繁殖快，蛋白质含量高，是饲料的重要蛋白质来源。蛋白质含量一般在40%～80%，氨基酸组成齐全，特别是赖氨酸、亮氨酸含量丰富，但含硫氨基酸含量低。维生素、矿物质也很丰富，此外还含有一些生理活性物质。蛋白质消化率一般在80%以上，是龟鳖优质的蛋白质饲料。

（1）啤酒酵母　酵母是一种微生物，生长繁殖快，2～4小时繁殖一代，在良好的培养条件下，接种500千克酵母菌，一天之内就可以得到2500千克酵母，增殖5倍。目前在水产养殖上应用的酵母大体有啤酒酵母、饲料酵母、石油酵母和海洋酵母。啤酒酵母是酿造啤酒后沉淀在桶底的酵母菌生物体经干燥制成，是龟鳖饲料常用的饲料原料。其蛋白质含量为45%～50%。氨基酸组成特点：赖氨酸、色氨酸、苏氨酸、异亮氨酸等几种必需氨基酸含量都较高。酵母蛋白的营养价值介于动物蛋白和植物蛋白之间。B族维生

素丰富。矿物质中有钾、磷、钙、铁、镁、钠、锰、钴等。同时酵母中还含有多种酶，因而能够促进蛋白质和碳水化合物的吸收利用。缺点是蛋氨酸和胱氨酸含量低。

酵母的添加比例也不易过高，一般在10%以内。

(2) 破壁酵母　对酵母采用高效破壁和多联酶解等高新技术，经提纯干燥精制而成。其营养价值高于普通酵母。主要有以下功效：强烈的诱食性，可增强龟鳖适口性及采食量；改善促进肠道有益菌增殖，减少疾病发生；富含小肽及多种酵素，可有效提高饲料利用率；富含核苷酸、活性肽及免疫多糖等活性成分，可显著提高动物的非特异性免疫力，增强抗病力。由于价格高，鱼类饲料的添加量一般为0.5%～0.8%，龟鳖等特种养殖品种可适当增加使用量。

(3) 螺旋藻　螺旋藻、小球藻、红球藻是营养价值最高的三种藻类。螺旋藻的营养价值及功效详见本章第四节“一、龟鳖营养性添加剂”之“5. 几种新型营养性添加剂”部分（图10-1、图10-2）。

图10-1　螺旋藻片

图10-2　螺旋藻粉

(4) 小球藻　我国常见的小球藻有椭圆小球藻、小球藻和蛋白核小球藻等，蛋白核小球藻的粗蛋白含量为55%～67%，粗脂肪含量8%～13%，氨基酸组成合理，含有丰富的叶绿素、类胡萝卜素、多种维生素和矿物质，还含有丰富的生物活性物质。可作为观赏龟的蛋白质饲料和着色剂。

（5）红球藻　是一种淡水单胞绿藻，该藻能大量累积虾青素而呈现红色，故名红球藻，又称雨生红球藻。虾青素是一种红色素，红球藻中虾青素含量为1.5%～10.0%，被看作是天然虾青素的“浓缩品”。近年来，雨生红球藻被认为是生产虾青素最佳原料之一。虾青素具有比类胡萝卜素及维生素E更高的抗氧化活性。研究表明，其抗氧化性是类胡萝卜素的10倍、维生素E的550倍。其提取物呈艳丽的红色，具有极强的色素沉积能力，作为一种功能性色素，比其他类胡萝卜素，如角黄质、叶黄素和玉米黄质有效得多。可以作为观赏龟饲料中安全绿色的天然着色剂（图10-3、图10-4）。

图10-3　红球藻粉

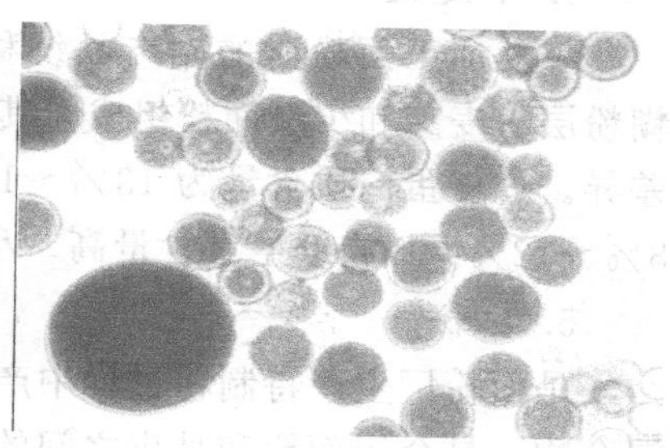
图10-4　红球藻细胞

（6）益生菌　详见本章第四节“一、龟鳖营养性添加剂”之“5. 几种新型营养性添加剂”部分。

二、能量饲料原料

1. 玉米

玉米营养组成中，粗蛋白为8%～9%。淀粉约占70%，脂肪含量约为4%，其中亚油酸所占比例较高。玉米胚乳部分含有以β-胡萝卜素、叶黄素和玉米黄质为主的色素，对龟鳖具有一定的着色作用。另外，由于淀粉含量高，可作为膨化饲料的淀粉来源。

2. 小麦

小麦的能量价值与玉米相似，但其蛋白质含量较高，可达

12%。蛋白质主要是麦谷蛋白和麦角蛋白，此外还含有白蛋白和球蛋白。麦角蛋白富有弹性和延伸性，是一种较好的黏合剂。蛋白质容易消化吸收，赖氨酸和色氨酸含量较低。无氮浸出物67.1%～74.6%，主要是淀粉，因此小麦粉可作为膨化饲料的淀粉来源。

3. 燕麦

中国裸燕麦粗蛋白达15.6%，氨基酸组成全面；脂肪含量高达8.5%，富含大量不饱和脂肪酸；维生素丰富。因此燕麦粉可作为观赏龟龟粮的植物饲料原料。

4. 小麦麸

小麦加工面粉后的副产品统称麸皮（或麦麸），由小麦种皮、糊粉层、麦芽和少量面粉组成，其成分随出粉率不同而呈现出一定差异。麸皮蛋白质含量为13%～16%、粗脂肪4%～5%、粗纤维8%～12%。B族维生素含量高。小麦麸可在龟鳖饲料中少量添加。

5. 次粉

是面粉厂生产特制粉过程中产生的糊粉层、麦乳及少量细麸的混合物，是介于面粉和麸皮之间的产品，其蛋白质和脂肪含量与小麦麸类似，但淀粉含量较小麦麸高，可以作为膨化饲料的淀粉来源，但较面粉差。

6. 膨化玉米粉

经过膨化的玉米粉碎后即成膨化玉米粉，膨化玉米粉为淡黄色、带晶状闪光的多微孔粉末，具有烤香味。膨化玉米粉具有以下优点：一是淀粉糊化率达80%～90%，大大提高了饲料的利用率；二是提高了饲料的诱食性；三是可以杀死饲料中的各种病原菌，减少龟鳖的肠道疾病的发生。

7. 米糠

米糠是稻谷碾米后的副产品，因加工方法不同，有清糠和统糠之分。清糠也称细米糠，是糙大米深加工时所分离出来的副产品，主要包括种皮、糊粉层、胚及少量谷壳、碎米，其粗蛋白、粗脂肪和粗纤维含量分别为13.8%、14.4%、13.7%。由于其粗脂肪含

量较高，多为不饱和脂肪酸，极易氧化，故应鲜用，否则必须加入抗氧化剂。米糠可在陆龟饲料中使用。

8. 大豆磷脂

大豆磷脂是大豆油脱胶过程中所得到的复合磷脂产品。主要成分有油脂、磷脂、胆碱、不饱和脂肪酸和维生素 E 等。磷脂主要有卵磷脂、脑磷脂、肌醇磷脂等。它们在生命活动中起重要作用。它们是细胞膜的组成成分，能促进油脂乳化，从而有利于油脂的消化、吸收及在体内的运输。虽然在体内能够合成，但由于作用大，一般在龟鳖饲料中少量添加。其主要作用：一是预防脂肪肝，磷脂参与脂类的代谢，促进饲料中脂类的消化、吸收、转运和合成，防止脂肪肝的产生；二是提高生长效率和饲料转化率，磷脂是细胞的组成成分，龟鳖在快速生长中，当磷脂的生物合成不能满足需求时，需要在饲料中添加磷脂，适量添加能够促进龟鳖的生长和饲料的转化。另外，饲料中的磷脂还能促进甲壳动物对胆固醇的利用，提高甲壳动物的生长和成活率。龟鳖配合饲料中的添加比例一般为1%左右。

9. 饲用油脂

龟鳖主要需要不饱和脂肪酸。目前常用脂肪有鱼油、玉米油、豆油、花生油、葵花油、磷虾油和磷脂等。

10. 乳清粉

乳清为干酪制品的副产品，将乳清液脱水干燥即为乳清粉。一般含粗蛋白 8.4%～18.6%，粗脂肪 0.2%～1.2%，钙 0.65%～1.10%，磷 0.70%～1.0%，乳糖 67.0%～71.0%，无机盐 1.5%～3.0%。乳清粉含有牛奶中大部分水溶性成分，包括乳糖、乳白蛋白、乳球蛋白、维生素及矿物质等，可作为稚鳖优质的能量饲料。

三、青绿饲料原料

1. 脱水蔬菜

脱水蔬菜是将新鲜蔬菜经过洗涤、烘干等加工程序，将其中大

部分水分脱去后而制成的一种干菜。原有色泽和营养成分基本保持不变。既易于储存和运输，又能有效地调节蔬菜生产淡旺季节。可作为陆龟的植物饲料（图 10-5～图 10-7）。

图 10-5　脱水甘蓝

图 10-6　脱水水萝卜

2. 脱水水果

图 10-7　脱水黄瓜

脱水水果是经过人工加热脱去水果中大部分水分后而制成的一种果脯。不但外观好看，而且保证了水果本来的味道，减少了养分的流失，保质期长。可作为观赏龟的植物饲料（图 10-8、图 10-9）。

图 10-8　脱水猕猴桃

图 10-9　脱水草莓

3. 脱水野菜、野草

脱水野菜、野草制品为深绿色，色泽均匀一致，具有野菜应有的风味和滋味，维生素保存率高。是观赏龟，尤其是陆龟优质的植物饲料。

四、有机钙源

1. 贝壳粉

蚌壳粉、牡蛎壳粉、蛤蜊壳粉、螺蛳壳粉等，经加热消毒、粉碎加工而成。含钙量一般在30%以上，是良好的钙源。可作为陆龟的补充钙源。

2. 蛋壳粉

蛋壳粉是由冷冻蛋厂、蛋粉厂、蛋制品厂和孵化场的废弃蛋壳灭菌粉碎加工而成。95%的蛋壳成分为碳酸钙，可用作陆龟的补充钙源。

3. 骨粉

骨粉是由动物的骨头（猪、牛、羊）经脱脂、脱胶、干燥、粉碎加工而成，钙含量30%～35%，磷含量13%～15%。骨粉的质量取决于加工过程中的脱脂、脱胶的程度是否彻底。可作为陆龟的补充钙源。

4. 虾壳粉

虾壳粉是虾类加工时剩下的不能食用的残余物（壳、头、尾等），经过干燥后制成的粉末状产品。矿物质、还原性虾青素的含量高，可作为龟鳖的优质有机钙质来源和诱食剂。在使用时要注意其新鲜度。

第三节

鱼 粉

鱼粉是龟鳖配合饲料最优质的动物蛋白，其质量的优劣决定着

饲料的品质。目前龟鳖配合饲料所用鱼粉以白鱼粉为主，以进口超级红鱼粉为补充。在龟用配合饲料中，鱼粉的使用比较复杂，一方面要根据不同龟的营养需求来设计，另外还要根据使用的目的要求来设计，因此其所用比例差别较大。无论何种方式，鱼粉都是其最重要的动物蛋白饲料原料。在鳖用配合饲料中，鱼粉的使用比例高达 50%左右。从目前龟鳖配合饲料鱼粉的使用情况来看，对鱼粉质量的认识大多还停留在常规营养成分上，其实决定龟鳖所用鱼粉质量的最重要的指标是其新鲜度。一般来说新鲜度越高，其品质就越好。因此这就要求在龟鳖饲料选择使用鱼粉时，一方面要重视鱼粉的各种营养指标，另一方面更要注意鱼粉的新鲜度指标。

一、龟鳖饲料所用鱼粉种类

1. 白鱼粉

白鱼粉一般由冷水鱼生产，主要生产原料为鳕鱼、鲽鱼等。蛋白含量高，氨基酸平衡好，脂肪含量低，黏性和弹性好，消化吸收率高。加工方式为低温蒸汽干燥。是龟鳖配合饲料主要的动物蛋白原料，价格比红鱼粉高。

白鱼粉的主要产地是美国的阿拉斯加海域、俄罗斯的鄂霍次克海域及北太平洋和南太平洋海域（新西兰）。按加工生产地点分为工船白鱼粉、母船白鱼粉、岸上白鱼粉。

（1）工船白鱼粉　所谓工船白鱼粉是指捕鱼与加工鱼粉在同一条船上进行，一般从捕鱼到加工成鱼粉在 8 小时内完成。其鱼粉新鲜度比母船和岸上加工的要好。

不同鳕鱼加工生产的白鱼粉品质有差异。生产白鱼粉的鳕鱼主要有狭鳕、真鳕、长鳍鳕鱼、新西兰鳕鱼，其所生产的白鱼粉品质由高到低依次为：狭鳕、真鳕、长鳍鳕鱼、新西兰鳕鱼。如美国海鲜工船白鱼粉以狭鳕生产的白鱼粉比新西兰用新西兰鳕鱼品质要好。

不同国家加工生产的白鱼粉品质有差异，如美国工船加工的白鱼粉质量最稳定，其新鲜度和蛋白较高。波兰工船加工的白鱼粉质量比较稳定。俄罗斯工船加工生产的白鱼粉质量好坏差异较大不稳定，在加工工艺上总体不如美国和波兰。

同一个国家加工生产的白鱼粉也有差异，如美国A季（1月20日～2月20日）鱼粉加工原料鱼主要为狭鳕，4～7月份为新西兰鳕鱼，B季（8～9月份）又为狭鳕，因此不同季节生产的白鱼粉其品质也有差异。不同国家工船生产的白鱼粉对比结果见表10-2。

表10-2 几种进口工船白鱼粉常规成分

成分	美国	波兰	俄罗斯
粗蛋白/%	67.2	67.1	62.7
粗脂肪/%	5.90	6.90	8.40
水分/%	9.30	7.80	7.90
粗灰分/%	16.70	18.20	20.20
砂粉/%	0.05	0.11	0.11

从表10-2中可见，俄罗斯白鱼粉的各项主要指标都不如美国白鱼粉。

（2）母船白鱼粉　所谓母船是指专门负责加工鱼粉的船，在该船周围有一支负责捕捞的船队，所捕捞的鱼送到母船上进行加工生产。由于在运送和装卸过程中要花费一定的时间，因此其所加工生产的鱼粉的新鲜度要比工船低，见表10-3。

表10-3 白鱼粉加工方式对新鲜度的影响

加工方式	新鲜度	原因	产地
工船	最高	捕获到加工8小时	美国、波兰、俄罗斯、新西兰
母船	次高	捕获到加工10～40小时	美国、俄罗斯
岸上	最低	捕获到加工15～60小时	美国、新西兰

（3）岸上白鱼粉　岸上加工鱼粉，一方面，从捕捞到加工的时间间隔往往要长于以上两种加工方式，因此这种加工方式其鱼粉的新鲜度不如工船和母船鱼粉（表10-3）；另一方面，由于加工所使

用的鳕鱼其种类组成的不稳定性，也造成了其品质的不稳定性。

综上所述，同是白鱼粉因为产地、季节、国家的不同而存在差异，因此在选购时要注意这一点。

2. 红鱼粉

红鱼粉的主要原料鱼是鳀鱼、沙丁鱼、凤尾鱼、青皮鱼以及其他各种小杂鱼、鱼虾下脚料等。蛋白质含量高，氨基酸较平衡，但脂肪含量高于白鱼粉，新鲜度不如白鱼粉，因此营养价值不如白鱼粉。进口优质红鱼粉可少量替代白鱼粉作为龟鳖配合饲料的动物蛋白原料。目前国产红鱼粉质量参差不齐，稳定性差一般不作为龟鳖配合饲料的动物蛋白原料，若质量稳定，且各项指标符合龟鳖要求，也可使用。

红鱼粉其常规营养指标，包括氨基酸和脂肪酸组成并不比白鱼粉差，有些指标还优于白鱼粉，如必需氨基酸蛋氨酸、赖氨酸含量从高到低依次为：国产红鱼粉、进口红鱼粉、白鱼粉、下杂鱼粉；高度饱和脂肪酸 EPA 和 DHA 的含量以南美沙丁鱼最高，日本鳀鱼次之，白鱼粉最低。但为什么不能用红鱼粉来完全或大部分代替白鱼粉呢？主要原因还是因为红鱼粉的新鲜度远不如白鱼粉。目前能做到的是用新鲜度最好的进口南美超级红鱼粉部分替代白鱼粉，但在龟鳖配合饲料中的添加比例很低，一般在5%左右。如果能够提高红鱼粉的新鲜度，完全可以提高白鱼粉的替代率，从而大大降低饲料的成本。

二、评价鱼粉质量的主要指标

评价鱼粉质量最重要的指标是蛋白质指标和新鲜度指标。

1. 蛋白质指标

(1) 粗蛋白指标　粗蛋白是鱼粉中含氮物质的总称，包括真蛋白和非蛋白含氮物质。非蛋白含氮物质主要包括游离氨基酸、硝酸盐和氨等。这一检测的弊端在于不能检测鱼粉中真蛋白的含量。

(2) 真蛋白指标　粗蛋白不能反映鱼粉中真蛋白的含量，因此有必要测定鱼粉中真蛋白的含量。利用真蛋白和粗蛋白的比例，可反映鱼粉中是否掺入水溶性非蛋白含氮物质。一般进口鱼粉不能低

于80%，国产鱼粉不低于75%。真蛋白的检测同样存在弊端，只能检测掺入的水溶性非蛋白含氮物质，如尿素、氯化铵等，而对掺假的植物蛋白如豆粕、菜粕、棉粕、花生粕等和低值高动物蛋白如羽毛粉、血粉、皮革粉和肉粉等无法检测。因此这就需要通过鱼粉的氨基酸检测来实现。

(3) 氨基酸指标

① 各种鱼粉氨基酸组成。鱼粉氨基酸含量及比例是衡量鱼粉品质的重要指标，通过测定鱼粉的氨基酸数值与其标准数值进行对比，可以比较准确地评价其蛋白质的优劣。在国家标准（GB/T 19164—2003）中单独规定了赖氨酸和蛋氨酸两个指标作为评价鱼粉质量的指标，其他氨基酸未做规定。这两种氨基酸无疑是评价鱼粉质量的重要指标，但仅检测这两个指标还是不够的，其他氨基酸的检测数据对评价鱼粉的质量也是必要的，如在这两个指标正常的情况下，如果其他氨基酸数据异常，同样不能保证所测鱼粉的质量是否可靠，极有可能所测鱼粉已掺假。关于利用氨基酸指标鉴别鱼粉是否掺假的方法见下面②部分所述。因此说氨基酸之间的比例也是非常重要的。为此把各种鱼粉必需氨基酸的实测值汇总（表10-4），以作参考，并把食用幼龟和幼鳖的氨基酸需求量也列入表10-4中以供比较。

从表10-4中可见，仅从氨基酸的含量和比例来说，鱼干粉由于氨基酸含量过低，不适宜作为龟鳖饲料的原料；白鱼粉和红鱼粉其氨基酸含量和比例与龟鳖的营养需求很符合，是龟鳖优质的动物蛋白原料。

另外一点，从表10-4中可见，白鱼粉的氨基酸含量低于红鱼粉，并不表明红鱼粉的品质高于白鱼粉，对于特种养殖品种龟鳖而言，鱼粉的新鲜度才是其品质高低的决定因素。因此红鱼粉能否用作龟鳖配合饲料的动物原料，不仅要看其氨基酸组成是否符合要求，还要看其新鲜度是否符合要求，新鲜度达不到要求也不能使用。

② 氨基酸指标鉴别鱼粉掺假。吴维辉（2011）利用氨基酸指标对鱼粉掺假进行了分析研究，数据来自实际检测，很有借鉴意义。

表 10-4 各种鱼粉必需氨基酸组成（占干物质） %

项目	狭鳕	长鳍鳕鱼	秘鲁鳀鱼	南美鲭鱼	国产红鱼粉	鱼干粉	食用幼龟氨基酸需求量	幼鳖氨基酸需求量
蛋白质							45	43
苏氨酸	2.20	2.12	2.61	2.62	2.97	1.75	2.12	1.99
缬氨酸	2.27	2.25	3.29	2.51	3.34	1.99	2.34	2.21
蛋氨酸	1.46	1.55	1.84	1.70	2.01	0.89	1.67	1.59
异亮氨酸	1.89	1.95	2.90	2.01	2.97	1.82	2.37	2.24
亮氨酸	3.54	3.33	4.84	4.43	4.95	2.96	4.04	3.87
苯丙氨酸	1.75	1.66	2.37	2.15	2.67	1.49	2.38	2.25
赖氨酸	3.38	3.15	4.90	4.35	5.63	2.12	3.67	3.47
组氨酸	1.16	1.17	1.45	2.37	1.56	0.75	1.43	1.35
精氨酸	3.43	3.03	3.27	3.41	3.76	2.73	2.98	2.74
胱氨酸	0.54	0.47	0.58	0.48	0.54	0.41		
酪氨酸	1.43	1.44	2.22	1.72	2.53	1.16	1.51	1.55

首先对鱼粉样品运用各种检测手段进行了质量分析，最终区分为合格鱼粉、低质鱼粉（赖氨酸低于 3.8%，蛋氨酸低于 1.3%）和掺假鱼粉。掺假鱼粉又分为赖氨酸、蛋氨酸合格和不合格两类。结果见表 10-5。

从表 10-5 中可见，在赖氨酸、蛋氨酸合格的掺假鱼粉中，与合格鱼粉相比丝氨酸、脯氨酸、甘氨酸含量显著升高，且变异较大；在赖氨酸、蛋氨酸不合格的鱼粉中，与合格鱼粉相比赖氨酸、蛋氨酸、组氨酸显著降低，丝氨酸、脯氨酸、甘氨酸显著升高。各种氨基酸含量变异较大。

另外从表 10-5 中可见组氨酸的变异最大，高达 21.66%，这与组氨酸容易氧化变质有关，因此，可将鱼粉中组氨的含量作为判断鱼粉新鲜度的指标。

表 10-5 合格鱼粉与掺假鱼粉氨基酸组成对照

项目	合格鱼粉		掺假鱼粉			
			赖氨酸、蛋氨酸合格		赖氨酸、蛋氨酸不合格	
	平均值	CV	平均值	CV	平均值	CV
粗蛋白/%	64.16	5.47	64.93	8.48	57.68	10.04
赖氨酸/%	4.65	9.37	4.66	11.00	3.26	14.03
蛋氨酸/%	1.74	8.87	1.67	11.65	1.22	21.75
组氨酸/%	1.57	21.66	1.31	30.76	1.03	22.66
丝氨酸/%	2.35	9.16	3.39	36.01	3.14	35.60
脯氨酸/%	2.56	13.18	3.87	25.33	4.12	38.83
甘氨酸/%	3.97	10.07	5.11	17.75	5.61	20.34

因此，通过鱼粉中氨基酸的检测，即可以判定质量优劣，还可以辨别真伪。目前大多数饲料生产单位不仅检测鱼粉的粗蛋白，而且还检测其氨基酸，这是非常必要的。

（4）胃蛋白酶消化率　以上所述粗蛋白、真蛋白、氨基酸评判指标，仅是从数据上进行推断，最终还是要落实到鱼粉蛋白质的消化利用上，胃蛋白酶消化率正是从这一角度来进行评判。其内容是指鱼粉中被胃蛋白酶消化的蛋白质与粗蛋白的比例，是鱼粉蛋白能够被龟鳖消化的真实反映。这种测定方法简便快速可靠，已在鱼粉消化率测定中应用，成为评判鱼粉质量的重要指标。影响鱼粉胃蛋白酶消化率的因素很多，如鱼粉储存时间、生产工艺、新鲜度和氨基酸组成等，因此这一指标具有综合评判的功效。表 10-6 为福建高龙公司对不同国家鱼粉胃蛋白酶消化率测定结果的比较。

表 10-6 各种鱼粉胃蛋白酶消化率对照

项目	白鱼粉			红鱼粉			下杂鱼粉
	美国	俄罗斯	波兰	秘鲁	智利	国产	
平均值/%	90.2	89.5	92	95.4	95.0	92	76.7
CV/%	2.87	3.13		1.73		3.86	12.8

从表 10-6 中可见，红鱼粉的消化率高于白鱼粉，进口鱼粉的变异小于国产鱼粉。这一测定方法也存在不足，那就是只间接反映体外消化率，至于体内消化吸收率无法体现。

综上所述，鱼粉蛋白质量的优劣最终还是要通过养殖效果来检验。

2. 新鲜度

鱼粉新鲜度主要是指鱼粉蛋白质和脂肪的新鲜度。鱼粉蛋白质的腐败和脂肪的酸败将会影响鱼粉的新鲜度。

鱼粉的新鲜度，直接影响着龟鳖的健康状况。目前对鱼粉的营养指标都比较重视，很多饲料厂家不仅化验粗蛋白，而且一般都检测氨基酸，但对新鲜度指标很少检测。其实鱼粉的新鲜度是保证龟鳖健康生长最为重要的指标，必须引起足够重视。有些鱼粉虽然没有掺假，但受生产原料、加工、储存等环节的影响，新鲜度差异也很大，直接影响到鱼粉的质量。

(1) 蛋白质新鲜度　鱼粉蛋白质腐败主要是由腐败菌等有害微生物的氧化分解，产生一些有毒物质，如挥发性盐基氮、组胺等，这两类物质是评价鱼粉蛋白质新鲜度的主要指标。

① 挥发性盐基氮（VBN）。挥发性盐基氮是蛋白质中氨基酸的降解产物，首先是一些易被氧化的氨基酸，如蛋氨酸、酪氨酸等的产物，从而造成氨基酸的不平衡，降低了蛋白质的利用率，影响了龟鳖的生长率。挥发性盐基氮一般适用于微生物繁殖初期的鱼粉的检测。福建高龙公司实测不同国家鱼粉挥发性盐基氮含量见表 10-7，把龟鳖饲料的建议标准也列入其中以供参考。

由表 10-7 中数据可见白鱼粉蛋白质新鲜度最高，其次为红鱼粉，最次为下杂鱼粉和小干鱼。龟鳖饲料白鱼粉 VBN 建议指标为：50～80 毫克/100 克 ；进口超级红鱼粉 VBN100 毫克/100 克左右，可少量替代白鱼粉。其他级别的进口鱼粉和国产鱼粉由于挥发性盐基氮含量高，一般不替代白鱼粉作为龟鳖饲料原料。

② 组胺。组胺是生物的敏感毒素，由组氨酸经微生物脱羧产生。对中华鳖的危害主要体现在两方面：一是组胺导致中华鳖机体组织出现弥散性出血现象和胃肠黏膜及胃肠肌层细胞被溶解和消化，

表 10-7 不同鱼粉挥发性盐基氮含量及龟鳖饲料推荐标准

项目	白鱼粉		进口红鱼粉			国产鱼粉		
	工船	岸上	超级	蒸干	直火	红鱼粉	下杂鱼	鱼干粉
最小值/(毫克/100克)	15.8	41.0	73.0	80	89.8	51.4	105.6	
最大值/(毫克/100克)	56.3	103.0	99.0	89	112.0	73.1	213.0	
平均值/(毫克/100克)	37.3	70.6	88.0	87.8	99.8	59.1	159.3	247.3
CV/%	39.4	41.5	12.07	9.2	11.3	16.6		
龟鳖饲料建议标准/(毫克/100克)	50	80	100	120	120～150			

引起胃和十二指肠溃疡；二是组胺与某些蛋白质发生反应生成毒性更强的肌胃糜烂素，引起胃酸大量分泌，导致消化道黏膜大面积被溶解和腐蚀，小肠呈弥散性出血，胃肠糜烂，严重者可引发十二指肠穿孔。福建高龙公司实测不同国家鱼粉组胺含量见表 10-8，把龟鳖建议指标列入其中以供参考。

表 10-8 不同鱼粉组胺含量及龟鳖配合饲料推荐标准

项目	白鱼粉	进口红鱼粉			国产鱼粉	
		超级蒸汽	蒸汽干燥	直火烘干	红鱼粉	下杂鱼粉
最小值/(毫克/千克)	12.0	106.0	122.1	296.0	164.1	514.2
最大值/(毫克/千克)	45.1	323.0	435.0	668.2	663.6	991.3
平均值/(毫克/千克)	28.03	203.8	267.8	442.0	321.8	752.8
CV/%	59.12	33.0	40.07	36.9	72.2	
龟鳖建议标准/(毫克/千克)	≤40	≤250	—	—	—	—

龟鳖饲料白鱼粉的组胺建议指标为 40 毫克/千克；南美超级蒸汽红鱼粉 250 毫克/千克，可以少量替代白鱼粉。其他级别的进口和国产红鱼粉由于组胺含量高，一般不替代白鱼粉作为龟鳖饲料的原料。

（2）脂肪新鲜度 鱼粉脂肪的酸败主要是指脂肪被氧化成游离

脂肪酸、酮和醛等氧化物。一般用酸价（AV）来评价鱼粉中脂肪氧化程度的指标，其值越高表明脂肪氧化程度越高，说明脂肪酸败越严重。使用AV值高的鱼粉为原料而生产的配合饲料将会对龟鳖产生严重危害。福建高龙公司实测不同国家鱼粉酸价含量见表10-9，把龟鳖饲料酸价的建议标准列入其中，以供参考。

表10-9　不同鱼粉酸价及龟鳖饲料推荐标准

项目	白鱼粉				进口红鱼粉			国产鱼粉	
	美国工船	美国岸上	波兰	俄罗斯	超级蒸汽	蒸汽烘干	直火干燥	红鱼粉	下杂鱼粉
最低值/（毫克KOH/克）	0.74	1.01	0.62	0.92		1.41	2.90	0.90	2.59
最高值/（毫克KOH/克）	1.03	1.54	1.17	1.77		3.95	3.57	3.67	10.5
平均值/（毫克KOH/克）	0.85	1.26	0.95	1.20		2.61	3.23	1.91	7.18
CV/%	11.4	21.1	30.6	26.4		39.8		68.1	57.2
龟鳖饲料建议标准/（毫克KOH/克）	1	1～1.5	1～1.5	1～1.5	1.5	3			

龟鳖饲料白鱼粉酸价建议指标为1～1.5毫克KOH/克，进口超级红鱼粉酸价如果能够控制在1.5毫克KOH/克左右，也可部分替代白鱼粉作为龟鳖饲料原料。其他级别的进口和国产红鱼粉一般不替代白鱼粉作为龟鳖饲料原料。

综上所述，在鳖用饲料鱼粉选择过程中，不仅要注意常规营养指标，还要重视鱼粉的新鲜度，对新鲜度要进行综合考虑，如在南美超级红鱼粉的选择使用上，其VBN、组胺和酸价都要达标的情况下，才能选择使用。

三、鱼粉质量标准

目前我国已制定了鱼粉质量的国家标准，对于普通水产养殖对象来说是可以的，但对于特种养殖对象龟鳖来说，为了保证其健康生长，还应适当提高其质量标准，为此特提出龟鳖配合饲料所用鱼粉的质量标准，以供参考。虽然在采购鱼粉时要达到该标准有一定的难度，尤其是新鲜度的指标标准，但也应综合考虑，多方对比，力求尽量符合该标准。

1. 我国鱼粉的国家标准

我国鱼粉的国家标准见表 10-10。

表 10-10 鱼粉国家标准（GB/T 19164—2003）

项目	鱼粉	指标			
		特级品	一级品	二级品	三级品
蛋白质/%		≥65	≥60	≥55	≥50
粗脂肪/%	红鱼粉	≤11	≤12	≤13	≤14
	白鱼粉	≤9	≤10		
水分/%		≤10	≤10	≤10	≤10
盐分(以 NaCl 计)/%		≤3	≤3	≤3	≤3
灰分/%	红鱼粉	≤16	≤18	≤20	≤20
	白鱼粉	≤18	≤20		
沙分/%		≤1.5	≤2	≤3	≤3
赖氨酸/%	红鱼粉	≥4.6	≥4.4	≥4.2	≥3.8
	白鱼粉	≥3.6	≥3.4		
蛋氨酸/%	红鱼粉	≥1.7	≥1.5	≥1.3	≥1.3
	白鱼粉	≥1.5	≥1.3		
胃蛋白酶消化率/%	红鱼粉	≥90	≥88	≥85	≥85
	白鱼粉	≥88	≥86		
挥发性盐基氮(VBN)/(毫克/100 克)		≤110	≤130	≤150	≤150
油脂酸价/(毫克/克)		≤3	≤5	≤7	≤7
尿素/%		≤0.3	≤0.7	≤0.7	≤0.7
组胺/(毫克/千克)	红鱼粉	≤300	≤500	≤1000	≤1500
	白鱼粉	≤40	≤40	≤40	≤40

续表

项目	鱼粉	指标			
		特级品	一级品	二级品	三级品
铬(以 6 价铬计)/(毫克/克)		≤8	≤8	≤8	≤8
粉碎粒度/%		≥96(通过筛孔为 2.8 毫米的标准筛)			
杂质/%		不含鱼粉原料的含氮物质(植物油饼粕、皮革粉、羽毛粉、尿素、血粉、肉骨粉等)以及加工鱼露的废渣			

从表 10-10 中可见，对白鱼粉和红鱼粉各等级常规营养成分要求差别不大，其主要区别在于新鲜度的要求。

2. 龟鳖饲料进口鱼粉主要指标推荐标准

龟鳖饲料进口鱼粉主要指标推荐标准见表 10-11。

表 10-11　龟鳖饲料进口鱼粉主要指标推荐标准

项目	白鱼粉	红鱼粉
粗蛋白/%	≥62	≥68
粗脂肪/%	≤7	≤10
水分/%	≤10	≤10
盐分/%	≤1.5	≤3
灰分/%	≤18	≤16
赖氨酸/%	≥3.6	≥4.6
蛋氨酸/%	≥1.5	≥1.7
胃蛋白酶消化率/%	≥88	≥90
挥发性盐基氮/(毫克/100 克)	≤50	≤100
组胺/(毫克/千克)	≤40	≤250
油脂酸价/(毫克/千克)	≤1.0	≤2
黏弹性	好	良好

第四节

龟鳖饲料添加剂

饲料添加剂是指为了某种特殊需要而添加于饲料内的少量或微量营养性和非营养性的物质。饲料添加剂是配合饲料的核心部分，其质量的优劣，不仅取决于主要营养成分的合理搭配，还取决于添加剂的质量。添加剂对提高饲料质量、降低饲料系数、加快鳖的生长、提高经济效益起着重要作用。

按照添加的目的和作用机理，可分为两大类，即营养性添加剂和非营养性添加剂。

一、龟鳖营养性添加剂

1. 氨基酸

为了使龟鳖能够充分利用饲料中的蛋白质，其饲料中氨基酸的平衡是很重要的。某些必需氨基酸如果不足或缺乏，会影响龟鳖对饲料蛋白质的利用率。因此在氨基酸不平衡的饲料中若能补充限制性氨基酸的不足，就会大大提高饲料的营养价值。另外，在饲料中添加氨基酸还可以起到诱食的作用。下面把合成氨基酸在龟鳖饲料中的使用做一简单介绍。

（1）影响合成氨基酸使用效果的原因

① 消化道结构是影响合成氨基酸使用效果的主要原因，通过对水产动物的研究表明，有胃水产动物能够有效地利用合成氨基酸，而无胃水产动物对合成氨基酸的利用存在差异。龟鳖都是有胃的，因此对合成氨基酸的利用是没问题的。

② 合成氨基酸与蛋白质结合态氨基酸能否同步吸收，也是影响其效果的重要因素。前者在消化道内释放吸收快，而后者分解吸收慢，从而造成了组织中氨基酸的不平衡，影响了合成氨基酸的使

用效果。

③ 合成氨基酸的溶失率高也是影响其使用效果的重要因素。其在水中的溶失率很大，研究表明，饲料中的合成氨基酸在水中浸泡 10 分钟，其溶失损失高达 20%～40%，这一点对于水下投喂龟鳖饲料的影响很大。

(2) 提高合成氨基酸使用效果的措施

① 增加投喂次数，利用两类氨基酸吸收峰值的叠加，来提高其使用效果。

② 水上投喂饲料，对于添加了合成氨基酸的龟鳖饲料最好采用水上投喂的方式，以减少在水中的溶失。

③ 采用经过稳定处理的合成氨基酸，如包膜氨基酸等。

(3) 龟鳖配合饲料合成氨基酸的使用

① 种类选择。目前龟鳖饲料中常用的合成氨基酸添加剂主要有赖氨酸和蛋氨酸。赖氨酸是生长性氨基酸，蛋氨酸是生命性氨基酸，因此在龟鳖饲料中添加这两类氨基酸效果明显。赖氨酸多为 L-赖氨酸盐酸盐，据报道在稚、幼鳖生长阶段应用效果明显；蛋氨酸分为两类，一类是 L-蛋氨酸或 DL-蛋氨酸，一类是 DL-蛋氨酸羟基类似物 MHA 及其钙盐，据报道，在亲鳖培育阶段使用效果好。

② 添加量。对于氨基酸的添加量，很难定出统一的添加比例，还要根据饲料原料的组成情况以及氨基酸的平衡情况而定。一般饲料中的添加量为 0.2%～1.5%。目前这方面的研究还很不够，今后应加强研究。

(4) 使用注意事项

① 由于使用量小，为了使其在配合饲料中能均匀混合，可用载体预混合，常用的载体有玉米、麸皮、小麦粉、大豆粉等，氨基酸与载体的比例约为 2∶8。

② 计算饲料需求量，严格控制添加量，以免造成浪费，因为氨基酸的价格比较高。

③ 在使用过程中要妥善保管，防止储存过程中变质失效。开封的氨基酸不用时要立即扎紧包装或密封。

2. 脂肪

(1) 龟鳖对脂肪添加剂的基本要求

① 以不饱和脂肪酸为主，尤其是富含 n-3 和 n-6 两大系列的脂肪。

② 容易吸收利用。一般来讲，龟鳖对液态状脂肪利用率高，对固态状脂肪利用率低。玉米油、豆油、花生油、鱼油、虾油等常温下为液态，龟鳖利用率高，饲料中主要添加这类脂肪。

③ 切忌投喂氧化酸败的脂肪。龟鳖若摄食了这类饲料会发生多种病症。

④ 切忌投喂过量脂肪。过量投喂会产生脂肪肝病。

(2) 不同脂肪源脂肪酸组成　见表 10-12。

表 10-12　不同脂肪源脂肪酸组成

项目	LA	ALA	ARA	EPA	DPA	DHA	n-3 系列	n-6 系列	PUFA
精炼鱼油/%	1.28	2.36	1.26	11.9	1.05	22.3	37.61	2.54	40.15
葵花籽油/%	58.8	0.2					0.2	58.8	59.0
花生油/%	37.9							37.9	37.9
玉米油/%	35.3	0.9					0.9	35.3	36.2
豆油/%	49.7	6.9					6.9	49.7	56.6
葵花籽磷脂/%	68.0	0.8					0.8	68.0	68.8
花生磷脂/%	22.7							22.7	22.7
大豆磷脂/%	47.5	5.0					5.0	47.5	52.5

从表 10-12 中可见，植物油中 n-6 系列不饱和脂肪酸含量高，鱼油中 n-3 系列不饱和脂肪酸含量高，植物油与鱼油合理搭配，比较适合龟鳖对必需脂肪酸的营养需求。

(3) 脂肪添加量的确定　目前对龟鳖饲料脂肪添加量的研究，主要侧重于食用龟鳖，研究标准以龟鳖的生长速度和饲料报酬为主要指标，对龟鳖的健康指标重视不够。但从目前北方生态养鳖的情

况来看，由于养殖周期长，如果饲料中按目前研究的标准添加脂肪，对龟鳖的健康将造成很大的影响，应该说目前龟鳖饲料脂肪的添加标准偏高。从长远来看健康养殖是将来的发展方向，因此龟鳖饲料脂肪的添加量要兼顾生长和健康两个方面，尤其后者更为重要。为此，就龟鳖饲料中脂肪的添加量的确定提出以下几个方面的建议。

① 根据养殖目的确定添加量。就龟而言，如果以观赏为目的，就应侧重于龟的健康和品相；就鳖而言，如果以追求品质为目的，就应侧重鳖的健康生长。为了保证龟鳖的健康生长，就不要过量添加油脂，以满足正常需求就可以了。

② 根据饲料原料组成确定添加量。如果饲料中鱼粉比例占绝大多数，如鳖和部分水龟的饲料，由于其从鱼粉中所获得的鱼油已比较多，建议可添加少量植物油，不用添加鱼油。如果饲料中以植物原料为主，鱼粉比例少，如陆龟和偏陆地觅食的半水龟，建议植物油和鱼油可合理搭配添加。

③ 根据不同生长阶段确定添加量。龟鳖不同生长阶段，对脂肪的需求量不同，稚、幼体阶段需求量高于亚、成体阶段，因此要根据龟鳖的不同生长阶段进行合理调整，以确定比较适宜的添加量。

④ 根据饲料使用情况确定添加量。如果龟鳖养殖过程中以配合饲料为主食，且长期投喂，油脂添加量建议低限添加；如果配合饲料为配食，油脂添加量可适当增加。

⑤ 根据养殖对象确定添加量。不同养殖对象，脂肪需求量不一样，因此要根据不同的养殖对象合理添加，如陆龟比半水龟低，半水龟比水龟和鳖低。

综上所述，龟鳖饲料中脂肪的添加量要兼顾龟鳖的健康和生长，不能仅以龟鳖短期的生长速度和饲料报酬为准。根据目前龟鳖养殖的现状，建议不要过多添加脂肪，可根据生长和健康情况适量添加。同时还要从经济角度进行考虑，充分利用当地资源，以降低成本。

关于龟鳖饲料中脂肪的添加量，推荐标准参见表10-13。

表 10-13 龟鳖配合饲料推荐脂肪添加量

项目	陆龟	半水龟		水龟	鳖
		偏陆生	偏水生		
添加量	植物油(0.5%～1%)+鱼油(0.5%～1%)	植物油(0.5%～1%)+鱼油(0.5%～1%)	植物油1%+鱼油1%	植物油1%～3%	植物油1%～3%

(4) 油脂的添加方法　龟鳖配合饲料中的油脂，目前大多数厂家都已添加好，与现用现加相比，优点是减少了劳动强度。但也存在不足，一是脂肪氧化程度高，二是不能按需求调整添加量，三是添加的脂肪种类无法控制。为了克服以上不足，最好现用现加。

(5) 脂肪添加剂的储存　油脂在储存期间会受到空气中的氧、微生物以及日光等因素的作用而发生酸败变质，尤其是鱼油，因此脂肪应放在暗处密封储存，且温度不宜过高。不要放置时间过久，最好随用随购。

3. 维生素

(1) 常用维生素的商品形式及质量规格　许多维生素在热、氧、光、酸、碱等条件下其生物活性很不稳定，容易受到破坏。因此，几乎所有的维生素添加剂都经过特殊的预处理，使其更加稳定。例如维生素A制成维生素A醋酸酯就比较稳定；维生素C经过包膜处理，其稳定性就可得到提高。为了使用方便，龟鳖用维生素一般都配制成复合型预混料。

常用维生素的商品形式及其质量规格见表10-14。

(2) 龟鳖维生素添加剂配方设计

① 根据龟鳖的营养需求量确定维生素用量。由于维生素种类多，分析困难，另外，在生产加工过程中还因环境条件、加工、储存、运输的因素而造成损失。因此，通常不考虑饲料中所含维生素的量，而把龟鳖的营养需求量作为添加量。考虑到损耗，其添加量应比需求量稍高些。另外在计算添加量时还要考虑到维生素价格和经济承受能力，尽量做到既合理又经济。龟鳖饲料中维生素需求量见表10-15。

表 10-14　常用维生素的商品形式及其质量规格

维生素	主要商品形式	质量规格	主要性状与特点
维生素 A	维生素 A 醋酸酯	100 万～270 万国际单位/克	油状或结晶体
		50 万国际单位	包膜微粒制剂，稳定，10 万粒/克
维生素 E	生育酚醋酸酯	50％	以载体吸附，较稳定
		20％	包膜制剂，稳定
维生素 D_3	维生素 D_3	50 万国际单位/克	包膜微粒制剂，小于100 万粒/克的细粉，稳定
维生素 K_3	维生素 K_3	94％	不稳定
		50％	包膜制剂，稳定
维生素 B_1	硫胺素盐酸烟	98％	不稳定
	硫胺素单硝酸盐	98％	较稳定
			包膜制剂，稳定
维生素 B_2	核黄素	96％	不稳定，有静电性，易黏结
			包膜制剂，稳定
维生素 B_6	吡哆醇盐酸盐	98％	包膜制剂，稳定
维生素 B_3	右旋泛酸钙	98％	保持干燥，稳定
维生素 B_5	盐酸	98％	稳定
	烟酰胺		包膜制剂，稳定
维生素 B_7	生物素	1％～2％	预混合物，稳定
维生素 B_{11}	叶酸	98％	易黏结，需制成混合物
维生素 B_{12}	氰钴胺或烃基钴胺	0.5％～1％	干粉剂，以甘露醇或磷酸氢钙为稀释剂
胆碱	氯化胆碱	70％～75％	液体
		50％	以 SiO_2 或有机载体预混
维生素 C	抗坏血酸(钠、钙)		不稳定，包膜较稳定
	维生素 C 硫酸钾	48％(维生素 C)	粉剂，稳定
	维生素 C 磷酸镁	46％(维生素 C)	液体，稳定
	维生素 C 多聚磷酸酯	7％～15％(维生素 C)	固体，以载体吸附，稳定

注：引自李爱杰（1996）。

表 10-15 龟鳖维生素推荐需求量

维生素	陆龟	水龟	鳖
维生素 B_1/(毫克/千克饲料)	10	35	45
维生素 B_2/(毫克/千克饲料)	15	60	65
维生素 B_6/(毫克/千克饲料)	30	35	85
烟酸/(毫克/千克饲料)	150	350	400
泛酸钙/(毫克/千克饲料)	100	105	110
肌醇/(毫克/千克饲料)	80	80	90
胆碱/(毫克/千克饲料)	2300	2300	2500
生物素/(毫克/千克饲料)	0.10	0.18	0.20
叶酸/(毫克/千克饲料)	5	9.7	10
维生素 C/(毫克/千克饲料)	300	400	500
维生素 B_{12}/(毫克/千克饲料)	0.1	0.18	0.2
维生素 A/(毫克/千克饲料)	2000 国际单位	2500 国际单位	4000 国际单位
维生素 D/(毫克/千克饲料)	1500 国际单位	1500 国际单位	2000 国际单位
维生素 K/(毫克/千克饲料)	5	10	10
维生素 E/(毫克/千克饲料)	350	365	400

② 选择维生素原料，并根据维生素添加量计算出商品维生素用量。选择原料要根据龟鳖的需求、原料的性状特点、质量规格、价格、加工工艺和使用方式等进行综合考虑。可参考表 10-16。

③ 计算载体用量。假设维生素添加剂在饲料中占 0.3%，那么每千克饲料中维生素载体的质量为 3 克减去每千克饲料中维生素的商品用量。载体以麸皮和脱脂米糠为好。

(3) 包装与储存　为避免外界因素对维生素稳定性的影响，包装选用多层铝塑袋，在装入维生素后立即抽空热封。产品在储存时，

表 10-16　维生素原料及配方

维生素	商品形式	商品规格/%	陆龟商品用量	水龟商品用量	鳖商品用量
维生素 B_1/(毫克/千克饲料)	硫胺素单硝酸盐	98	10.20	35.71	45.92
维生素 B_2/(毫克/千克饲料)	核黄素	96	15.63	62.5	67.71
维生素 B_6/(毫克/千克饲料)	吡哆醇盐酸盐	98	30.61	35.71	86.73
烟酸/(毫克/千克饲料)	盐酸	98	153.06	357.14	408.16
泛酸钙/(毫克/千克饲料)	泛酸钙	98	102.04	107.14	112.24
肌醇/(毫克/千克饲料)	肌醇		80	80	90
胆碱/(毫克/千克饲料)	氯化胆碱	50	4600	4600	5000
生物素/(毫克/千克饲料)	生物素	2	5	9	10
叶酸/(毫克/千克饲料)	叶酸	98	5.10	9.90	10.20
维生素 C/(毫克/千克饲料)	抗坏血酸钙	98	306.12	408.16	510.20
维生素 B_{12}/(毫克/千克饲料)	氰钴胺或烃基钴胺	0.5	20	36	40
维生素 A/(毫克/千克饲料)	维生素 A 醋酸酯	5 万国际单位/克	4	5	8
维生素 D/(毫克/千克饲料)	维生素 D_3	5 万国际单位/克	3	3	4
维生素 K/(毫克/千克饲料)	维生素 K_3	50	10	20	20
维生素 E/(毫克/千克饲料)	生育酚醋酸酯	50	700	730	800

温度不宜过高，放置不宜过久。

4. *矿物元素*

(1) 常用矿物元素

① 常量元素，主要包括钙、磷、钠、钾、镁、氯等，钠、氯、钾主要来源于 NaCl 和 KCl；镁来源于 $MgSO_4$、$MgCO_4$；钙和磷主要来源于 CaH_2PO_4、$CaHPO_4$、NaH_2PO_4、$NaHPO_4$、KH_2PO_4、$CaCO_3$、乳酸钙等。

② 微量元素，主要包括铁、铜、锌、锰、碘、硒等。

（2）矿物元素添加剂的配方设计

① 矿物元素添加量的确定。常量元素的添加量，一般是从龟鳖的矿物营养需求量中减去所用饲料中的矿物元素的含量，两者之间的差值即是添加量。如果饲料中所测含量接近或达不到需求量，可适当添加。但过多添加不仅增加成本，对龟鳖生长也不利，甚至有害。从目前龟鳖配合饲料基础饲料来看，龟的变化很大，营养成分组成很复杂；而鳖的变化较小，营养成分组成变化不很复杂。就龟而言，陆龟和偏植物食性的半水龟、水龟基础饲料变化最大，因此常量元素在配方设计时，可将基础饲料中的含量忽略不计，而直接将陆龟常量元素的需求量作为添加量；偏动物食性的半水龟、水龟基础饲料变化相对较小，因此常量元素在配方设计时，就要适当考虑基础饲料中动物原料常量元素的含量，将其从需求量中减除作为添加量。就鳖而言，鳖配合饲料中动物原料主要以白鱼粉为主，在50%左右，鱼粉中的钙和磷的含量丰富，接近鳖的需求量，在配方设计时，少量添加即可。据杨国华报道，在以白鱼粉（59%）为主要蛋白质源的稚鳖饲料中补充1.5%的钙、0.6%的磷和0.5%的钾，可以起到明显加快生长的目的。关于常量元素的添加量必需反复经过试验才能确定，因为影响添加量的因素很多，仅凭理论计算是不够的。

微量元素添加量的确定与常量元素的确定基本差不多，陆龟和偏植物食性的半水龟、水龟，基础饲料中的微量元素含量可忽略不计；偏动物食性的半水龟、水龟，就要适当考虑基础饲料中动物原料微量元素的含量，将其从需求量中减除作为添加量；鳖配合饲料的动物原料鱼粉微量元素很丰富，某些含量也很高，因此在配方设计时，不能忽略不计，一般从需求量中减去饲料中的含量，作为添加量。当然这个添加量还必需经过反复试验来确定。

鱼粉中和虾粉中矿物元素的含量和龟鳖需求量见表10-17。

② 矿物元素的选择。选择合适的矿物元素，并查明矿物元素的含量以及原料纯度。如硫酸锌，分子式为 $ZnSO_4 \cdot 7H_2O$，元素Zn的含量为22%，原料纯度为99%。

表 10-17 鱼粉、虾粉矿物元素含量与龟鳖需求量对比

项目＼元素		钙/(毫克/千克)	磷/(毫克/千克)	镁/(毫克/千克)	铁/(毫克/千克)	铜/(毫克/千克)	锰/(毫克/千克)	锌/(毫克/千克)	硒/(微克/千克)
进口鱼粉 64.5%		38100	28300	1800	226	9.1	9.2	98.9	2.7
磷虾粉 61.8%	全虾	21264		5557	40.54	55.45	3.26	39.21	
	肌肉	3271	9132		47	5	5	45	340.5
水龟需量		20000	13300	2200	433	20	103	178	0.8
鳖需求量		25400	16900	2000	170	8	20	70	0.3

③ 根据矿物元素的添加量和原料纯度，计算出矿物元素的商品用量。如 Mn 元素的商品用量可按以下方法计算：如鳖对 Mn 元素的需求量为 20 毫克/千克饲料，假若以进口鱼粉为蛋白质源，鱼粉中 Mn 元素的含量为 9.2 毫克/千克，饲料中其他原料中的 Mn 元素的含量忽略不计，鱼粉在饲料中的比例为 50%，那么 Mn 元素的添加量为 20 毫克/千克－(9.2 毫克/千克×50%)＝15.4 毫克/千克。假若选择 $MnSO_4$ 为商品原料，分子式为 $MnSO_4 \cdot H_2O$，Mn 元素的含量为 28%，原料的纯度为 98%，那么 Mn 元素的商品用量为：15.4 毫克/千克÷28%÷98%＝56.12 毫克/千克。

④ 计算载体用量。假设矿物质添加剂在全价料中占 3%，即每千克全价配合饲料中含预混料为 30 克，矿物元素的商品用量假设为 5 克，那么预混料载体质量为 30 克－5 克＝25 克。

(3) 龟鳖矿物元素配方设计实例

① 龟鳖矿物元素营养需求量，见表 10-18。

表 10-18 龟鳖矿物元素营养推荐需求量及添加量

项目	陆龟		水龟		鳖	
	需求量	添加量	需求量	添加量	需求量	添加量
钙/(毫克/千克)	13000	—	22000	—	25400	2540
磷/(毫克/千克)	3200	—	14000	—	16900	—

续表

项目	陆龟		水龟		鳖	
	需求量	添加量	需求量	添加量	需求量	添加量
氯/(毫克/千克)	7200	—	5000	—		—
镁/(毫克/千克)	2200	1120	2400	1320	2000	920
钾/(毫克/千克)	11000	5600	8800	3400	8000	2600
钠/(毫克/千克)	4600	—	6600	—	1000	—
铁/(毫克/千克)	400	264.4	480	344.4	170	34.4
铜/(毫克/千克)	19	13.54	20	14.54	8	2.54
锰/(毫克/千克)	140	134.44	110	104.44	20	14.44
锌/(毫克/千克)	140	80.66	190	130.66	70	10.66
硒/(毫克/千克)	0.50	—	0.9	—	0.3	—
碘/(毫克/千克)	2	2	0.95	0.95	0.5	0.5
铬/(毫克/千克)	2.1	—	1.4	—		—
钴/(毫克/千克)	1.2	1.2	2.4	2.4	0.2	0.2

② 饲料原料中矿物元素含量。鳖饲料以鱼粉为主，饲料中矿物元素的含量，只考虑鱼粉中的，其他忽略不计。鱼粉在饲料中的比例以60%计。龟鳖饲料中矿物元素的含量见表10-19。

表10-19 龟鳖饲料中矿物元素的含量

项目	钙/(毫克/千克)	磷/(毫克/千克)	镁/(毫克/千克)	钾/(毫克/千克)	钠/(毫克/千克)	铁/(毫克/千克)	铜/(毫克/千克)	锰/(毫克/千克)	锌/(毫克/千克)	硒/(毫克/千克)
鱼粉 64.5%	22860	16980	1080	5400	5280	135.6	5.46	5.56	59.34	1.62

③ 矿物元素添加量，以鳖为例，用需求量减去饲料中的含量即是添加量，见表10-20。从表10-20中可见，饲料中硒的含量远远高于需求量，可不用另外添加，钠也不用另外添加。钙、磷考虑到需求量高等因素可适量添加，一般添加量钙1%～1.5%，磷0.6%。在下文计算矿物元素添加量时对以上四种不再叙述。

表 10-20　矿物元素添加量

元素	钙/(毫克/千克)	磷/(毫克/千克)	镁/(毫克/千克)	钾/(毫克/千克)	钠/(毫克/千克)	铁/(毫克/千克)	铜/(毫克/千克)	锰/(毫克/千克)	锌/(毫克/千克)	硒/(毫克/千克)	碘/(毫克/千克)	钴/(毫克/千克)
添加量	2540	−80	920	2600	−4280	34.4	2.54	24.4	10.7	−1.1	0.5	0.2

④ 矿物元素原料的选择。矿物元素原料的选择见表 10-21。

表 10-21　商品矿物原料的规格及纯度

原料名称	分子式	含量/%	纯度/%
氯化钾	KCl	K:52.45	99
硫酸镁	$MgSO_4$	Mg:20.19	99.5
硫酸亚铁	$FeSO_4 \cdot 7H_2O$	Fe:20.10	98.5
硫酸铜	$CuSO_4 \cdot 5H_2O$	Cu:25.50	96.0
硫酸锌	$ZnSO_4 \cdot H_2O$	Zn:22.75	99.0
硫酸锰	$MnSO_4 \cdot H_2O$	Mn:32.52	98.0
碘化钾	KI	I:76.44	98.0
硫酸钴	$CoSO_4 \cdot H_2O$	Co:21	98.0

⑤ 计算矿物元素的商品用量，以鳖为例，见表 10-22。

表 10-22　鳖配合饲料中矿物元素原料的商品用量

原料名称	计算式	商品用量/(毫克/千克)
氯化钾	2600÷52.45%÷99%(KI 中的钾量少不计)	5007.17
硫酸镁	920÷20.19%÷99.5%	4579.61
硫酸亚铁	34.4÷20.10%÷98.5%	173.75
硫酸铜	2.54÷25.50%÷96.0%	10.38
硫酸锌	10.66÷22.75%÷99%	47.33
硫酸锰	24.44÷32.52%÷98%	76.69
碘化钾	0.5÷76.44%÷98%	0.68
硫酸钴	0.2÷21%÷98%	0.97
合计		9896.58

⑥ 矿物元素添加剂配方，以鳖为例，见表10-23。

表10-23 鳖配合饲料矿物质添加剂配方

原料名称	分子式	用量/(毫克/千克)	说明
氯化钾	KCl	5007	钙、磷可适量添加
硫酸镁	$MgSO_4$	4580	
硫酸亚铁	$FeSO_4 \cdot 7H_2O$	174	
硫酸铜	$CuSO_4 \cdot 5H_2O$	10.40	
硫酸锌	$ZnSO_4 \cdot H_2O$	47.36	
硫酸锰	$MnSO_4 \cdot H_2O$	76.70	
碘化钾	KI	0.68	
硫酸钴	$CoSO_4 \cdot H_2O$	0.97	

5. 几种新型营养性添加剂

（1）光合细菌　光合细菌即可作为水质改良剂又可作为饲料添加剂。从氨基酸组成来看，含有龟鳖所需的所有必需氨基酸；从脂肪酸组成来看，高度不饱和脂肪酸缺乏；从维生素的组成来看，几乎含有B族所有的维生素；另外，辅酶Q和类胡罗素等生理活性物质的含量也高。因此，光合细菌除高度不饱和脂肪酸缺乏外，其他营养物质都比较齐全，是一种营养价值较高的微生物添加剂。

许多研究结果表明，光合细菌对龟鳖具有明显的促长、诱食和增强体质的效果。

光合细菌的添加量一般为：150亿个活菌体/千克饲料左右，人工培养的光合细菌菌液浓度一般为30亿～50亿个活菌体/毫升左右，因此，添加量为3～5毫升/千克饲料左右。

（2）水产微生态制剂　水产微生态制剂还没有一个统一的定义，从饲料添加剂的角度，可以定义为：通过改善水产动物肠道微生态平衡，对其生长产生有利影响的微生物饲料添加剂。包括水产益生菌、水产益生元及水产合生元。

① 水产益生菌，是针对水产动物的生理特点和养殖问题，专门生产的生物活菌制剂，包括芽孢杆菌、酵母菌、乳酸菌等为主体

的多种有益菌，经常饲喂可促进肠道健康。利用益生菌的“占位性保护、免疫抑制与排斥”等作用，可有效抑制肠内致病菌的孳生，防治肠内腐败发酵，改善肠内生态环境，维持肠内生态平衡，帮助消化，增强对饲料的消化吸收，促进鳖的生长，提高龟鳖的免疫力和抗病力等。

据报道野外生长的陆龟有吃同类或食草类动物粪便的习惯，这与陆龟的食性与消化系统的构造有关。我们知道陆龟的食性为草食性和偏草食性的杂食性，其食物主要在大肠内消化吸收，必须依靠大肠内的细菌帮助分解（发酵）才能吸收营养，所以肠道菌群非常重要。但大肠发酵吸收后接着就排泄到体外，不像水龟和鳖食物主要在小肠消化吸收，最后进入大肠再进一步吸收。这就不可避免地造成了两方面的浪费，一是发酵不充分就排出体外造成的浪费，二是发酵好的未来得及吸收就排出体外造成的浪费。因此陆龟食粪便的原因，一是获取其中的益生菌，二是对其中的营养物质进行二次吸收。但粪便也是传染源，尤其是病龟，健康的龟如果摄食就会发生病害。因此人工补充益生菌有其必要性。

陆龟一般在以下情况下可补充益生菌：陆龟食欲差；因外界环境变化等非生物因素造成陆龟消化不良或轻度腹泻，如豹龟在潮湿气候条件下容易腹泻，出现这种情况就可以在食物中添加益生菌；陆龟肠道菌群因服用打虫或抗生素治病而遭到破坏时，食物中可添加益生菌，一方面对肠道内壁的黏膜起到修复作用，另一方面对肠道菌群的平衡起到修复作用；新购入的龟一般要对肠道进行调理。

② 水产益生元，是一种能够选择性地刺激肠内有益菌生长繁殖，而不被龟鳖消化，具有维护肠道微生物菌群平衡，并进行免疫调节功能的一种微生态调节剂。

益生元主要包括各种寡糖类物质（或称低聚糖），由 2～10 个单糖分子组成。寡糖根据功能可分为普通寡糖和功能性寡糖两类。普通寡糖可以被动物体消化吸收，如蔗糖、麦芽糖等。功能性寡糖不能被动物体消化吸收，如果寡糖、异麦芽糖等，但能够被某种肠道益生菌增殖所用，如乳酸菌、双歧杆菌等。因此水产益生元是功能性寡聚糖。

据章剑（2001）报道，中国台湾在龟饲料中添加益生元，开发出具有免疫、解毒、整肠、除臭、健胃、增食等功效的龟饲料，已在水族养龟中大量应用。

肖明松（2004）等选用中华幼鳖，对果寡糖和糖萜素的饲喂效果：生长性能、免疫功能、血清指标、消化率和消化酶活力等进行了研究。结果表明：随着果寡糖和糖萜素水平的提高，中华鳖的平均日增重显著增加，饲料系数显著降低；饲料中随着果寡糖和糖萜素的水平提高，粗蛋白质及钙、磷的表观消化率得到显著提高；对胃、胰腺、前肠组织蛋白酶活性影响显著，而对中后肠组织蛋白酶活性影响不显著；对胰脏、前肠组织脂肪酶活性影响显著，而对胃、中肠和后肠组织脂肪酶活性影响不显著；对胰脏、后肠组织淀粉酶活性影响显著，而对前肠、中肠组织淀粉酶活性影响不显著。

③ 水产合生元，是指益生菌和益生元科学组合的制剂，从这两种物质各自的功效来看，二者合用互相协同，将会发挥各自更大的功效，产生叠加效应。

④ 目前市场上几种微生态制剂产品。a. 产酶益生素：益生菌活菌制剂。1 克产品含益生菌活菌：枯草芽孢杆菌、地衣芽孢杆菌、乳酸菌、丁酸梭菌 15 亿（浓缩品）或 2 亿（非浓缩品）。b. 妈咪爱：本品为益生菌复方制剂。1 克产品含屎肠球菌、枯草杆菌 1.5 亿；维生素 C 10 毫克、维生素 B_1 0.5 毫克、维生素 B_2 0.5 毫克、维生素 B_6 0.5 毫克、维生素 B_{12} 1.0 微克、烟酰胺 2.0 毫克、乳酸钙 20 毫克、氯化锌 1.25 毫克。辅料为：乳糖、d-甘露醇等。c. 合生元：益生菌和益生元的组合制剂。1 克产品含益生菌嗜乳酸杆菌、婴儿双歧杆菌、两歧双歧杆菌 50 亿。益生元为低聚果糖等。d. 乳酶生：益生菌活菌制剂。1 克产品含益生菌肠链球菌不低于 300 万个。e. 乳酸菌素片：内含乳酸菌。f. 汉臣氏：益生菌和益生元的组合制剂。1 克产品含益生菌活菌：婴儿双歧杆菌、两歧双歧杆菌不低于 60 亿个。益生元为低聚果糖、超双歧因子。g. 美国 Nutri BAC：本品为多种活菌所组成，该药物可有效促进陆龟体内有益菌群生长至达到体内平衡，对于食欲不振、患肠胃病、偏瘦、排泄不成形等问题均有明显疗效。

(3) 肉碱　肉碱是一种能在生物体内合成的水溶性类维生素营养物质。在龟鳖体内是由赖氨酸和蛋氨酸在肝脏中合成的，在外源摄入不足、应激和疾病等状况下，容易缺乏，导致生长受阻。肉碱具有以下主要生理功能。

① 在脂肪与能量代谢中具有重要作用。适量添加可促进脂肪代谢。钱纯英（2002）在幼鳖基础饲料中添加肉碱，研究对幼鳖生长和酮体的影响，结果表明，添加肉碱的试验组肝脏脂肪含量和腹壁脂肪率均显著低于不添加组，表明肉碱可加速脂肪酸的转运和氧化供能速率的增加。不添加肉碱的对照组，脂肪能量转化的速率低，肝脏和腹壁脂肪积累增加，不仅影响了鳖的生长，更重要的是影响了鳖肝脏的正常功能。

② 提高了龟鳖的生长速度。据钱纯英（2002）报道，在幼鳖饲料中添加肉碱，试验组生长率明显高于对照组，添加量在0.01%时生长率提高了13.8%。据吴遵霖等（1977）报道，在幼鳖饲料中添加肉碱，试验组平均日增重率最高比对照组快36%。

③ 提高了蛋白质利用率。据钱纯英（2002）报道，在幼鳖饲料中添加肉碱，试验组比不添加肉碱的对照组，蛋白质效率提高了15%～20%。据吴尊霖等（1977）报道，在幼鳖饲料中添加肉碱，饲料系数最高下降20.7%。

(4) β-胡萝卜素　β-胡萝卜素是国际上广泛应用的营养性添加剂，具有以下功效：①是维生素A原，可以转化为维生素A，具有维生素A的生理功能。②着色剂，改善体色和肉质。③降低体内脂肪含量。④消除体内有毒的氧自由基，提高自身免疫力，抗御细菌、病毒的侵袭，提高养殖成活率。

关于作为龟鳖饲料添加剂，杨新瑜等（1997）利用制药厂生产的β-胡萝卜素，以0.4%浓度添加在鳖饲料中，结果表明，试验组中华鳖的成活率比对照组提高了15.8%，日增重率提高了105.6%。

(5) 螺旋藻　螺旋藻营养价值高。蛋白质含量高达60%～70%，含有龟鳖所需的所有必需氨基酸，易于消化吸收，适口性好；富含维生素，尤以β-胡萝卜素、维生素B_1、维生素B_6、维生

素 B_{12}、维生素 E、维生素 K 等含量高，亦含维生素 C、维生素 D 等；矿物质含量全面、易吸收，对调节机体生理机能、促进细胞新陈代谢具有重要作用；不饱和脂肪酸比例高、品质好，尤其是亚麻酸含量相当高，占干重的 1.1%，亚麻酸是龟鳖的必需脂肪酸，不仅具有促生长作用，而且还能增强抗病力；碳水化合物纤维素含量只有 4%～5%，易于消化吸收；含有多种酶，能促进物质的消化吸收，从而提高饲料的效率；含有促生长作用的未知生长因子；含有丰富的色素系统；含有提高动物免疫力和抗病力的因子等。

螺旋藻作为龟鳖饲料添加剂目前已得到广泛应用，尤其在观赏龟饲料中。

在各种龟粮中已广泛添加了螺旋藻，不仅促进了龟的生长，提高了其免疫力，而且改进了龟的体色。

宁运旺等（2000）研究表明，饲料中添加 1%～2%的螺旋藻对幼鳖增重有显著的促进作用，并可使摄食率提高 18.6%～23.5%，增强抗病力。

陈鹏飞等（1997）研究表明，稚鳖饲料中螺旋藻添加量 3%的试验组的增重倍数是对照组的 2 倍多，成活率高出 17%。

(6) 大蒜素饲料添加剂　龟鳖饲料中加入大蒜素添加剂，可防止龟鳖发病，提高生长速度。

贾卫斌（1997）研究表明，在稚鳖饵料中（50%活饵＋50%配合饲料）每个月上旬添加 1%大蒜素，一年后，试验组比对照组增产 20%。

二、龟鳖非营养性添加剂

非营养性添加剂是指在饲料的主体成分之外，添加到饲料中的促进生长发育、改善饲料结构、保持饲料质量、帮助消化吸收、防治龟鳖疾病的添加剂，包括生长促进剂、酶制剂、益生菌、益生元、合生元、诱食剂、黏合剂、抗氧化剂、中草药添加剂、防腐剂等。

1. 酶制剂

酶在生物界普遍存在，尤其是细菌、真菌等是各种酶制剂的来

源。将生物体内产生的酶经过加工后制成的产品，就是酶制剂。

龟鳖无论摄食天然饵料还是人工配合饲料，其中的营养物质，如蛋白质、脂肪、糖等营养物质，必须在消化酶的作用下，才能分解成能够被机体吸收利用的小分子。饲料消化酶主要来源于龟鳖消化系统产生的各种酶，称为内源酶。另外还有饲料本身所含的各种酶。在天然条件下，这两种酶基本上能满足其代谢需求。但在人工养殖条件下，大多投喂人工配合饲料，饲料成分复杂，投饵量大，再加上饲料原料如鱼粉、豆粕等多为熟制品，其中所含的各种酶几乎被破坏殆尽。因此内源酶的供应很难满足其机体的消化需求。在这种情况下，适当补充一部分外源消化酶，尤其是复合酶制剂，对提高饲料的利用价值具有重要意义。

(1) 龟鳖饲料酶制剂的选择

① 陆龟饲料酶制剂的选择。陆龟食性主要为草食性，饲料的营养需求量大体为：碳水化合物70%左右；粗纤维15%～30%；蛋白质10%左右。由以上可见，陆龟饲料的特点是高碳水化合物、高纤维、低蛋白质。因此在酶制剂选择上要侧重于以纤维素酶、淀粉酶和糖化酶为主的复合酶制剂。

② 半水龟饲料酶制剂的选择。半水龟杂食性，饲料的营养需求量大体为：蛋白质35%～40%，碳水化合物30%～50%，粗纤维4%左右。其营养成分与陆龟相比，蛋白质含量大幅度提高，粗纤维含量大幅度降低。因此在酶制剂选择上要侧重于以蛋白酶、淀粉酶和糖化酶为主的复合酶制剂。

③ 水龟饲料酶制剂的选择。水龟的食性与鳖基本相似。

④ 鳖饲料酶制剂的选择。鳖饲料所用的复合酶制剂，以中性蛋白酶、酸性蛋白酶、淀粉酶、糖化酶、植酸酶为主。

(2) 龟鳖饲用酶制剂的使用方式 酶制剂最好现喂现添加。投喂前把酶制剂与粉状饲料混合均匀，加适量水调和成面团状，即可投喂。

添加量按使用说明添加，不同厂家生产的酶制剂，因其活力不同，添加量也不相同。添加量要适宜，过低效果不明显，过高会出现负面影响。刘文斌等（1998）在鳖饲料中添加酶制剂研究表明，

其添加量0.2%时，鳖的增重率和饵料系数处于最优水平。当增至到0.3%时，明显下降。试验分析认为，酶制剂添加量过高，加快了营养物质在体内分解的速度，尤其是蛋白质、淀粉等主要成分分解加快，会引起肠道食糜黏度下降，使其在肠道中的滞留时间缩短，有些营养物质来不及吸收就直接排出体外，反而降低了鳖对营养物质的吸收。

(3) 龟鳖饲料添加酶制剂的养殖效果

① 提高了鳖的增重率和饲料效率。据朱文慧等（1988）报道，在稚鳖饲料中加入0.2%的国产复合酶制剂，试验结果表明，试验组摄食量比对照组提高28%，增重率提高11.8%，饲料系数降低了9%。酶制剂对稚鳖有明显的促生长作用。该试验所用复合酶制剂的主要成分为：α-淀粉酶，115活力单位/克；糖化酶，3115活力单位/克；中性蛋白酶，2149活力单位/克；酸性蛋白酶，2792活力单位/克。

刘文斌等（1998）报道，在幼鳖饲料中分别添加0.1%、0.2%、0.3%的国产复合酶制剂，试验结果表明，添加量为0.2%组，其养殖效果最好，增重率比对照组提高75%，饵料系数降低14.5%；其次为0.1%组，增重率比对照组提高20%，饵料系数降低5.9%；添加量0.3%组，其养殖效果不如对照组。该试验所用复合酶制剂主要成分有蛋白酶、植酸酶、糖化酶、超氧化歧化酶、β-葡聚糖酶、纤维素酶等。

② 提高鳖的成活率。上述两个试验还表明，鳖饲料中添加适量的酶制剂能够提高鳖的成活率。说明酶制剂不仅有促生长的作用，还有增强鳖抗病能力的作用。

2. 黏合剂

为了防止龟鳖配合饲料中营养成分在水中的流失，提高饲料利用率，减轻水体污染程度，在龟鳖配合饲料中添加黏合剂是非常重要的。

目前龟鳖粉状饲料中常用黏合剂有：α-淀粉、谷朊粉，以α-淀粉为主。膨化饲料中以面粉为主。

影响龟鳖饲料中黏合剂添加量的因素很多，最为重要的是要注

意以下几点对添加量的影响：一是同一种类黏合剂，厂家不同，其黏合性也存在差异，主要原因是工艺和原料的差异造成的，这就要求多选择厂家进行对比筛选；二是同一个厂家所生产的同一种类的黏合剂级别与用途不同，其黏合性也不相同，如α-淀粉食品级与饲料级就存在很大差别；三是同一种类的黏合剂原料不同，其黏合性也存在差异，如马铃薯和木薯生产的α-淀粉黏性存在差异；四是投喂方式的差别，也是影响添加量的重要因素，如水上投喂和水下投喂其添加量差别很大，前者低于后者；五是加工工艺不同，如膨化饲料和粉状饲料黏合剂添加差异很大，前者利用原料自身膨化就可以解决饲料的黏合性，不需要再在饲料中另外添加α-淀粉。现推荐龟鳖粉状饲料所用的黏合剂配方，以供参考。

（1）α-淀粉22%～25%。

（2）α-淀粉20%+谷朊粉3%。

以上为水下投喂的添加量，水上投喂可适当减量。

3. 抗氧化剂

饲料存放过程中，饲料中的一些成分，特别是油脂和脂溶性维生素A、维生素D等，它们与空气接触后容易氧化。饲料中添加的抗氧化剂具有抗氧化作用。常用抗氧化剂有丁基羟基茴香醚（BHA）、二丁基羟基甲苯（BHT）、乙氧醛喹啉（山道喹），还有柠檬酸、维生素E等。几种抗氧化剂的用量见表10-24。

表10-24　抗氧化剂种类及使用量

名称	化学式	用量
BHA	$C_{11}H_{15}O_2$ 或 $C_{15}H_{14}O_2$	0.02%以下
BHT	$C_{15}H_{14}O$	0.02%以下
山道喹		0.015%以下
柠檬酸	$C_6H_8O_7$	0.02%以下
维生素E		无严格限制

4. 防腐剂

防腐剂能够防止饲料霉变。霉变饲料不仅影响饲料适口性，降

低摄食量，还会影响龟鳖的健康等。为防止饲料霉变，一般采用在饲料中添加防腐剂的办法。常用的防腐剂有丙酸钙、丙酸钠、丙酸铵，用量为0.3%。使用时可将上述防腐剂加入饲料中拌匀即可，液体状的直接喷洒于饲料中即可。

5. 诱食剂

对于龟鳖饲料中有无必要添加诱食剂的问题，应该根据龟鳖的食性及配合饲料的组成情况而定。如陆龟其食性大多为草食性，因此，没有必要添加诱食剂。再如鳖其食性偏动物食性，对植物的利用率低，如果为了降低饲料成本，而增加植物饲料的比例，就会影响鳖的摄食，在这种情况下就有必要在饲料中添加诱食剂。

龟鳖诱食剂的主要种类如下。

(1) 氨基酸　主要是指风味氨基酸。据张海明等（2003）研究表明，丙氨酸（Ala）、甘氨酸（Gly）、赖氨酸（Lys）、脯氨酸（Pro）四类氨基酸对鳖具有很强的诱食作用，是鳖的主要诱食物质，其中丙氨酸是最强的诱食氨基酸。潘训彬等（2008）的研究结果表明，丙氨酸和脯氨酸对中华鳖具有很强的诱食效果。应该说丙氨酸、甘氨酸、脯氨酸、谷氨酸、蛋氨酸和赖氨酸等都具有一定的诱食效果，但试验表明丙氨酸的诱食效果最强。

关于氨基酸的添加量，潘训彬等（2008）在低蛋白质配合饲料（30.6%）中添加氨基酸对中华鳖摄食的影响进行了研究。结果表明：试验组当L-丙氨酸的添加量为0.1%时，与对照组相比，虽有一定的诱食效果，但差异不显著，摄食量试验组比对照组高出33.10%；当L-丙氨酸的添加量为0.2%时，差异显著，诱食效果明显，摄食量试验组比对照组高出110.36%；当L-丙氨酸的添加量为0.3%时，差异显著，诱食效果明显，摄食量试验组比对照组高出85.98%。

(2) 生物肽　肽是两个或两个以上的氨基酸以肽键相连的化合物，具有活性的多肽又称生物肽。在鳖的配合饲料中添加生物肽具有较明显的诱食效果。与单体氨基酸相比，生物肽的生理功能更为重要。目前龟鳖饲料中添加的生物肽用鱼肉生产，如美国华大公司用深海鱼生产的生物肽，内含各种鱼蛋白酶解的诱食肽，如谷氨

酸-谷氨酸、苏氨酸-谷氨酸-谷氨酸、天冬氨酸-谷氨酸-丝氨酸等，因此诱食极强。据马小珍等（2006）研究表明，在成鳖饲料中添加0.5%的该制品，具有较明显的诱食效果。

（3）甜菜碱　甜菜碱是新一代化学诱食剂，具腥味，为白色结晶体，是利用离子工艺由甜菜糖蜜中提取的天然营养物质。其除了具有诱食效果外，还是一种高效率的甲基供体，能代替蛋氨酸和氯化胆碱等。由于它是中性物质，添加在饲料中不会破坏维生素。肖祖乐等（1997）对鳖饲料中添加甜菜碱的诱食效果进行了研究，结果表明，甜菜碱对鳖具有强烈的诱食效果，可大大提高鳖的摄食量。当添加量为0.5%时，试验组比对照组平均高出69.6%；当添加量为1%时，高出200.63%；当添加量为1.5%时，高出200.06%。由此可见甜菜碱的适宜添加量为1%左右。

（4）天然原料诱食剂

① 南极、太平洋磷虾。目前半水龟和水龟使用得较多，利用方式一般有两种：一种是在饲料中添加虾粉；另一种是直接投喂虾鲜物。应该说其诱食效果高于鱼粉。从其氨基酸组成来看，据欧杨华（2014）的研究表明，太平洋磷虾的氨基酸含量比鱼粉都高，其中对龟鳖诱食极强的丙氨酸和脯氨酸含量高出更多，丙氨酸高出近一倍，脯氨酸高出近两倍。

② 畜禽肝脏。猪肝、鸡肝、鸭肝等，是龟鳖嗜食的物质，可作为龟鳖的诱食剂。龟鳖有病时食欲差，有时甚至不吃食，因此无法给龟鳖喂食药饵，在这种情况下可在饲料中添加猪肝、鸡肝、鸭肝等，增强龟鳖食欲，解决龟鳖吃食的问题。这种方法，在鳖病治疗过程中可以采用。畜禽肝脏诱食效果好，主要原因与其营养组成有关，尤其是脯氨酸和赖氨酸的含量高有关。

③ 蚯蚓。蚯蚓是龟鳖很好的诱食剂，尤其在观赏龟半水龟、水龟的养殖上，既可作为活饵投喂，又可加工成肉糜与粉状料搭配投喂，还可以加工成干粉作为动物蛋白原料添加到饲料中。不仅是很好的诱食剂，也是优质的动物性蛋白饵料。养鳖生产上一般在饲料中少量添加，可起到明显的诱食作用和促生长作用。

④ 几种天然食物诱食效果对比。某些天然原料，如蚯蚓、鲜

鱼虾、枝角类、乌贼干粉、贻贝粉、畜禽动物肝粉等对龟鳖具有诱食效果。据张海明等（2003）对11种天然食物的嗜食性研究表明，鳖对多种动物性食物都有明显的嗜食性，其平均摄食量见表10-25。

从表10-25中可见，秘鲁鱼粉、黄鳝、猪肝是鳖的嗜食食物，田螺、河蚌、鸡肠是鳖的喜食食物，玉米粉、糯米粉、豆粕粉是鳖的可食食物。鱼粉、黄鳝、猪肝可以作为鳖饲料的诱食剂。

表10-25 鳖对不同食物的总平均摄食量

食物	秘鲁鱼粉/(克/次)	黄鳝/(克/次)	猪肝/(克/次)	田螺/(克/次)	河蚌/(克/次)	鸡肠/(克/次)	玉米粉/(克/次)	糯米粉/(克/次)	豆粕粉/(克/次)
摄食量	10.67	10.01	8.64	6.94	5.13	4.18	3.97	3.38	2.49

6. 天然增色剂

为改进观赏龟和食用龟鳖的体色，可以在饲料中添加色素物质。目前国家仅批准虾青素可以在水产动物上使用，天然叶黄素正在审批中。目前龟鳖饲料中添加的天然增色剂，是一类富含类胡萝卜素的天然物质（表10-26）。

表10-26 天然类胡萝卜素来源及含量

来源	类胡萝卜素含量/(毫克/千克)	主要类胡萝卜素类型
螺旋藻	2000～4800	玉米黄素
	10000	胡萝卜素
绿藻	1000～2000	虾青素
红球藻	15000～100000	虾青素
小球藻	2000～4000	叶黄素
万寿菊	10000～12000	叶黄素
金盏花	6000～10000	叶黄素
海草	300～2200	叶黄素
花粉	350～1300	叶黄素
三叶草	500	叶黄素

续表

来源	类胡萝卜素含量/(毫克/千克)	主要类胡萝卜素类型
苜蓿粉	200～350	叶黄素
玉米	<50	叶黄素
玉米蛋白粉	280	叶黄素
红发夫酵母	1000	虾青素
南极磷虾	100～300	虾青素
虾皮	400～800	虾青素
虾糠	50	虾青素
虾壳	<50	虾青素

7. 营养调节药添加剂

营养调节药主要是指维生素。补充某些维生素，除了避免因其不足而引起的龟鳖生理失调外，还能预防龟鳖的某些疾病。国内大量研究表明：在集约化程度高的养殖条件下，龟鳖的应激性疾病、白底板病、白点病、腐皮病等常见病与缺乏维生素有很大关系。章剑（1998）在治疗鳖的白底板病时，采用口服抗病毒、抗菌药物，特别是在饲料中添加正常用量 10 倍维生素 K、维生素 C、维生素 E，并用 ClO_2 全池泼洒消毒，能在 1～2 周内控制此病；杨宗坫（1997）通过增加某些 B 族维生素的添加量，而不用抗生素，即有效控制了白点病的蔓延。

鳖常用的营养调节药有维生素 E、维生素 K、维生素 C 以及复合维生素。其作用和用量见表 8-3 和表 8-4。

8. 中草药及果蔬类添加剂

随着龟鳖养殖业的迅速发展，龟鳖发病率越来越高，尤其是在集约化程度高的养殖环境下。有些急性传染病，若不及时防治，一旦暴发流行，往往会造成巨大损失。目前添加于饲料中的防治龟鳖病的药物多为抗菌类药物，长期使用一方面会产生耐药性，药的用量越来越大，但治疗效果越来越差，甚至无效；另一方面还会在龟鳖体内产生残留，对人类产生危害。就目前我国龟鳖病害防治用药情况来看，存在着滥用抗生素药物的现象，随意使用抗生素，甚至

龟鳖与人混用，这种现象必须引起重视。但要从根本上解决这一问题，还必须开发出新的替代产品。中草药制剂可作为替代产品之一。

中草药属天然绿色植物，既有药用价值，又有营养价值。使用中草药有许多优点。

首先，它具有防病治病的作用，可以防止细菌性病、真菌病、病毒病和寄生虫病。而且还能调节机体免疫力，具有非特异抗菌作用。

其次，它含有多种氨基酸、微量元素、维生素和生物活性物质，能促进机体代谢，促进龟鳖的生长。

另外，长期使用无毒副作用，不产生耐药性、无残留。

以上这些优点是抗生素等抗菌药物所不能比拟的。再加上其资源丰富、价格相对低廉、加工方便等优点，其研制开发具有重要意义。

（1）饲料常用中草药及作用　大黄：具有泄热通肠、凉血解毒之功效。内服可防治龟鳖赤、白板病和肠道出血病。预防添加量为投饲量的0.8%，煎汁拌料，连喂5天。也可微粉（过100目筛）后直接拌入饲料中投喂，之前需用温水浸泡6小时。膨化料可直接添加。外泼可防治龟鳖白斑、白点、腐皮病，用量为每立方米水体10～15克煎汁泼洒，一般连泼3天。

黄柏：清热解毒，用于防治细菌性肠炎、出血病。外用可防治龟鳖疖疮、腐皮病，用量为每立方米水体10～15克煎汁泼洒，连泼3天。内服可治肠炎病，饲料添加量1%，连喂5天。

黄芩：具解毒止血的功能。外用可防治各种皮肤病，每立方米水体10～15克。内服可防治龟鳖肝胆病、病毒病和各种细菌感染的疾病，添加量为饲料投喂量的0.8%。

甘草：清热解毒、补脾益气。可用来防治龟鳖肝病和赤、白板病，内服量为饲料投喂量的1%～1.2%，每月投喂4～6天。

五倍子：收敛止血、抑菌解毒。外用可防治稚龟鳖的白点病和白斑病，用量为每立方米水体8～15克，连用3天。

板蓝根：清热解毒、凉血。防治龟鳖的赤、白板病，内服用量

为每日投饲量的1.2%，连喂5天。

连翘：清热解毒、消痈散结。可防治龟鳖的脂肪肝和肝炎病，添加量为饲料投喂量的1%～2%，每月投喂10天。外用可防治龟鳖的白点病，用量为每立方米水体8～10克，连泼3天。

金银花：清热解毒、止血利胆。内服可防治龟鳖的赤、白板病，用量为饲料投喂量的1%～1.5%，连喂4～6天。

苦参：主要用来防治龟鳖的水霉病和白斑病，外用量为每立方米水体10～15克。

茯苓：健脾补中、宁心安神。可防治龟鳖的水肿病，内服为饲料投喂量的0.5%～1.2%。

穿心莲：清热解毒、消肿止痛。可用于龟鳖白斑病、白点病的防治，也可用于防治赤、白板病。外泼用量为每立方米水体10～15克，连用3天。内服为饲料投饲量的0.8%，连投6天。

鱼腥草：清热解毒、利水消肿。外用可防治龟鳖的白斑、白点、腐皮、疖疮病，每立方米水体用10～15克，连用3天。内服为饲料投喂量的0.5%，连用6天。

蒲公英：消热解毒、消痈散结。主要用来防治龟鳖的霉菌病、腐皮病，内服量为饲料投喂量的1.2%。也可用鲜品榨汁拌入饲料内连喂4～6天。外用为每立方米水体12～15克。

半枝莲：清热解毒、消肿活血。可用于防治龟鳖的腐皮、赤白板病。内服为饲料投喂量的1%，连喂4～6天。也可打成细粉直接添加。

白花蛇舌草：清热解毒、活血止痛、散瘀消肿。可用来防治龟鳖的肝病和出血病，内服用量为饲料投喂量的1%，连喂4～6天。

地锦草：解毒消肿、凉血止血。内服可防治各种出血病，可按饲料10%的比例打成草浆拌入饲料中投喂，连喂4～6天。

马齿苋：清热利湿、凉血解毒。外用可防治龟鳖白点、白斑病，用量为每立方米水体鲜草200克或干品20克，连泼3天。

空心莲子草：清热利尿、凉血解毒。可预防龟鳖的赤、白板病，饲料鲜品添加量为5%～10%，连喂10天。

鸭拓草：清热解毒、利水消肿。可预防龟鳖的水肿病，内服鲜

品量为饲料量的10%，连喂10天。外用可预防龟鳖的腐皮和白点病，用量为每立方米水体20克，连泼3天。

铁苋菜：清热解毒、消积止血。可防治龟鳖的疖疮、白点病，外用每立方米水体20克，连泼3天。内服可预防龟鳖的肠道出血病和赤板病，添加量为饲料投喂量的1.2%，连喂8天。

（2）饲料中常用果蔬类及其作用

① 苹果：生津止渴、益脾止泻。可预防维生素缺乏症，用量为饲料投喂量的7%～10%。

② 橘子：疏肝理气、消肿解痛。晒干即为陈皮，有助于龟鳖的消化和增进食欲。用量为饲料量的1%，连喂10天。鲜橘汁添加可提高免疫力，增强抗病力，添加量为10%。

③ 猕猴桃：生津和胃。可预防龟鳖肝病，可补充维生素C，使用鲜品量为饲料量的8%～10%，连喂10天。

④ 草莓：生津健脾。对龟鳖暴发性疾病如腐皮病、赤板病、白板病等的防治有辅助疗效，鲜品使用量为饲料量的5%～8%，每月10天。

⑤ 葡萄：富含维生素C、维生素B，补肝强肾、利尿解毒。可提高龟鳖的抗病力，鲜品内服添加量为饲料量的5%；辅助治疗是为10%，连喂10天。

⑥ 空心菜：含有大量维生素，具有抗病毒的作用。凉血止血、润肠通便、消肿去瘤、消热解毒。由于富含维生素可辅助治疗龟鳖病，如赤、白板病等，鲜品添加量为饲料量的10%，连喂10天。平时可作为饲料营养添加剂长期使用。

⑦ 大蒜：健胃止痢、杀菌驱虫。防治龟鳖的腐皮和赤、白板病，鲜品内服添加为饲料量的1%，连喂10天。

⑧ 番茄：含多种维生素。清热生津、凉血消肿。可预防龟鳖多种维生素缺乏症，如烂眼、白眼、烂脚病等。也可起到抗菌消炎的作用。平时可经常添加。治疗龟鳖病时可辅助添加，鲜品添加量为饲料量的5%～10%，长期使用效果更好。

⑨ 萝卜：助消化、促生长，可分解淀粉和脂肪。可防治龟鳖的脂肪肝病，鲜品内服量为饲料量的6%～10%，连喂10天。

⑩ 胡萝卜：富含多种维生素，防治龟鳖腐皮、烂眼病，长期添加可提高龟鳖的品质，鲜品煮熟使用量为饲料量的5%～10%。

(3) 中草药添加注意问题及方法

① 注意规格。龟鳖苗阶段应用气味较小、口感好的鲜嫩草药为主，常用的有马齿苋、蒲公英、铁苋菜等。其他生长阶段可用中草药粉。

② 注意用量。添加量不要过多，以尽量减少对适口性的影响，防止龟鳖摄食量剧减或拒食，影响治疗。

内服时，龟鳖苗阶段用鲜草药一般为投饲量的5%～10%，其他生长阶段防病为投饲量的0.5%～1.5%，治疗为2%～3%为宜。外用泼洒时，一般控制在每立方米水体10～30克为宜。如三黄粉其用法用量：外用，首先按每立方米水体用药20～30克计量药物，然后将药物加水20倍煮沸20分钟，倒出药液，再依法熬1次，把两次所得的药液全池均匀泼洒；内服，将三种药物研为粉末，按每千克饲料拌入药粉5～8克做药饵投喂；预防，每半个月喂1次，连喂2天；治疗，每天喂1次，3天为1个疗程，一般连服2个疗程。

龟鳖无公害养殖中药种类、使用方法见表10-27。

表10-27　龟鳖无公害养殖中药种类、使用方法

中药种类	用途	用法与用量	注意事项
大蒜	用于防治细菌性肠炎	拌饵投喂：10～30克/千克体重，连用4～6天（海水鱼类相同）	
大蒜素粉（含大蒜素10%）	用于防治细菌性肠炎	0.2克/千克体重，连用4～6天（海水鱼类相同）	
大黄	用于防治细菌性肠炎、烂鳃	全池泼洒2.5～4.0毫克/升（海水鱼类相同）。拌饵投喂：5～10克/千克体重，连用4～6天（海水鱼类相同）	投喂时常与黄芩、黄柏合用（三者比例为5∶2∶3）
黄芩	用于防治细菌性肠炎、烂鳃、赤皮、出血病	拌饵投喂：2～4克/千克体重，连用4～6天（海水鱼类相同）	投喂时常与黄芩、黄柏合用（三者比例为2∶5∶3）

续表

中药种类	用途	用法与用量	注意事项
黄柏	用于防治细菌性肠炎、出血	拌饵投喂：3～6克/千克体重，连用4～6天（海水鱼类相同）	投喂时常与黄芩、黄柏合用（三者比例为3∶5∶2）
五倍子	用于防治细菌性烂鳃、赤皮、白皮、疖疮	全池泼洒：2～4毫克/升（海水鱼同）	
穿心莲	用于防治细菌性肠炎、烂鳃、赤皮	全池泼洒：15～20毫克/升；拌饵投喂：10～20克/千克体重，连用4～6天	
苦参	用于防治细菌性肠炎、竖鳞	全池泼洒：1.0～1.5毫克/升；拌饵投喂：1～2克/千克体重，连用4～6天	

③ 注意用法。中草药防治龟鳖病的方法很多，常用的是：鲜药打浆或榨汁。如是干中药可打成细粉，药粉在应用时，如是泼洒，最好煎熬成药水；如是投喂，最好用50℃左右的热水浸泡3小时使其软化，然后再按比例添加到饲料中。膨化饲料可直接添加，因为在膨化过程中药粉要经过高温、高压、高湿的过程，将大大提高其药效。

④ 注意配伍。一定要弄清配方中的单味中草药的药性和药理，同时还要搞清它们之间的配伍禁忌。方中药物不宜多，通常以3～8味为好。如三黄粉，可防治鳖鳃腺炎、红脖子病、红底板病、白底板病等，其配伍：大黄（30%）、黄柏（20%）、黄芩（50%）。另外注意选用广谱性中草药作为主药，如金银花、板蓝根、贯众等。

⑤ 注意疗程。有的养殖场长期不断地投喂中药，这种方法不可取。中草药起的是防治作用，而不应为营养添加剂长期投喂。所以建议防病以每月投喂4～6天为宜。治疗时，越早用药效果越好，若患病已到晚期，治疗效果一般。

⑥ 注意中草药与西药的搭配使用。中草药也不是万能的，要根据龟鳖病情，注意采用中西药结合的方式口服给药，以发挥中、西药各自的长处，提高治疗效果。

(4) 中草药与西药结合治疗鳖病实例　我们在近二十年的鳖病防治过程中，体验到仅用西药，有其局限性：剂量越来越大，而效果越来越差。这是因为西药药理基本上是对病原体的杀灭，初用疗效好，但病原体易变异，产生耐药性，再用原剂量进行防治，就很难奏效，因此就必须增大药物使用剂量。如此恶性循环，不仅使鳖病越来越难治，而且还为食品安全埋下隐患。为破解这一难题，我们在近几年的鳖病防治中，一是坚持"以防为主，防治结合"的指导思想，二是采取了中西药结合防治鳖病的探讨，取得了初步成果。现介绍如下。

① 腮腺炎病。病原与症状：目前认为此病原是一种无膜的球状病毒，暂称为中华鳖病毒（TSSV），主要危害高密度养殖的幼鳖。流行季节5～10月，6～7月为高发期。流行温度25～30℃。此病在夏季高温少雨、水质不良的鳖池多发。主要症状为病鳖全身浮肿，颈部尤甚，被甲和腹甲有点状或斑块状出血；口和鼻孔中有流血出现。咽喉充血，腮腺灰白糜烂。胸腔与腹腔有血水或血块。胃肠道贫血，呈毛玻璃样病变。

流行及危害：该病主要危害幼鳖，传染快，危害大，死亡率高，例章丘一发病池的死亡率40%，聊城一发病池全池90%死亡。

预防：鳖放前用生石灰对池塘进行彻底清塘，放养后定期全池消毒，每7～10天用一次氯、碘、醛类制剂的消毒剂，按说明使用即可。应注意三类消毒剂交替使用。

同时进行中药拌料投喂：蜂花粉按饲料投喂量的1%添加投喂，连喂5～7天；或海藻多糖按饲料的1%添加投喂；或玉屏风散（黄芪、防风、白术）拌料投喂，按饲料投喂量的1%添加；或健鳃开食灵（丹参、红花、苍术、白术、山楂、鱼腥草）按饲料投喂量的1%拌入投喂。连喂5～7天。以上中药诸方应注意交替使用。

尽量不采用全封闭式控温养殖的方式；保持水质良好；减轻池塘的负载量，以每亩不超过500千克为宜。

治疗：10%聚维酮碘全池泼洒，按0.3～0.5毫克/升，每天一次，连用三天；或醛毒福全池泼洒，每立方米水体0.04克（以戊二醛计），每天一次，连用三天。

氟苯尼考粉，鳖每千克体重0.15克，拌料投喂，每天一次，连用5天；同时配合饲料中维生素预混料的添加量增加一倍；同时用龙胆泻肝丸（龙胆草、炒黄芩、生栀子、泽泻、通草、车前子、当归、柴胡、生地）拌料投喂，按饲料的1%～3%量投喂。连喂天数视病情轻重而定。

② 疖疮病（烂甲病）。病原与症状：病原是嗜水气单胞菌，也有人认为是嗜水气单胞菌普通变形杆菌（*Proteus vulgaris*）、产碱杆菌（*Alcaligenes* sp.）共同引起。导致本病的根本原因是水质恶化和养殖密度过高。病鳖在背腹甲裙边出现疖疮，病灶周边出血发炎。严重的可烂成空洞，故又叫洞穴病，可引发内脏、肝胆充血肿大，病鳖行动迟缓，食欲不振。此病易与腐皮病并发。

流行及危害：本病主要危害幼鳖，亲鳖也时有发生。温室养殖四季皆可发生，室外养殖流行季节5～9月，以5～7月为高峰。流行水温20～30℃。

预防：放养前对养鳖池用生石灰彻底清塘；放养时用10%聚维酮碘进行浸洗消毒；放养后应及时泼洒消毒药物，可用氯、碘、醛类进行消毒，每天一次，按说明使用即可。注意三类药交替使用。

同时用中药拌饵投喂：按饲料投喂量的1%添加固表抗病灵（苦参、党参、黄芪、防风、黄精、当归），连喂7天。

为强化饲料的皮损修复功能，对刚下池的鳖进行饲料营养强化，加大维生素A、维生素D、维生素E、维生素C用量，或配合饲料中维生素预混料的添加量增加一倍。也可在饲料中按其投喂量的2%～4%加入鸡肝，以此达到快速修复受伤表皮组织的功效。

治疗：高聚复合碘全池泼洒，按每亩（1米水深）100～160毫升，每天一次，连用3天；或醛灭全池泼洒，按每亩（1米水深）

133毫升，每天一次，连用3天。

恩诺沙星，每1千克饲料4克拌料投喂，每天1次，连喂5～7天；或复方新诺明，每1千克体重100毫克拌料投喂，每天一次，连喂6天，首次加倍；同时投喂健皮散（苦参、白藓皮、赤芍、红花、桑枝、防风、蝉衣），按饲料投喂量的2%拌料投喂。

危重病鳖注射庆大霉素或卡那霉素或链霉素，每1千克体重均为20万单位，后腿注射；用碘伏、双氧水处理病灶，局部清创后，涂上甲鱼外伤膏（青黛、月石、三七、冰片等），用创可贴外封；亦可用紫药水涂抹病灶。以上两项处理后把病鳖埋入湿细沙或新鲜湿水草中，3～5天后，再酌情进行处理。

③ 腐皮病。病原主要是气单胞菌、假单胞菌和无色杆菌（*Achromdacter* sp.）等多种细菌，常因鳖在互相撕咬或池岸粗糙物体磨伤后细菌感染所致。主要症状为体表糜烂或溃烂，病灶可发生在颈部、背甲、裙边、四肢等各部。四肢患病严重者脚爪全部烂掉。该病病程较长，严重者可引发内脏病变。重病者反应迟钝、活动无力，不吃食直至死亡。此病流行季节大致与疖疮病相同，因此两病病因与防治方法颇相似，其防治方法见疖疮病。

④ 生殖器外脱病。病因：高密度的人工控温养殖改变了鳖的自然生态条件，配合饲料中添加激素和各种人工添加物的过度使用，引发鳖的生长发育异常而引发该病。主要症状为：病鳖泄殖腔红肿发炎，肛门充血，雄性生殖器从泄殖孔中伸出无力收回原位。严重者互相追逐撕咬引发腐皮病，下垂严重者食欲减退，后因体虚弱而死亡。

流行与危害：主要危害100克以上的雄鳖，温室养殖模式重于仿生态养殖模式。严重的发病率20%左右，死亡率可高达50%，全国各地均有发生。

预防：严格进行饲料、水质的日常管理；降低放养密度；规范使用化学合成药物；尽力减少全封闭高密度控温养殖。

中药拌料投喂，补中益气粉（黄芪、炙甘草、当归、陈皮、升麻、柴胡、白术等）粉碎80目，按饲料投喂量的1%添加投喂，

连喂10天。

治疗：中药补中益气粉内服，按饲料投喂量的2%拌料投喂，连喂20～30天；同时按饲料投喂量的2%加入煮熟的鲜鸡肝，另加新鲜西红柿或马齿苋等蔬菜。

⑤ 脂肪肝病，也称脂肪代谢不良病。病因：因长期食用腐烂鱼虾肉、变质的蚕蛹、过期的鳖饲料，让变性脂肪在体内积累，造成肝肾机能障碍，诱发本病。饲料中长期缺乏维生素（如维生素C、维生素E等）也可引发此病。主要症状为：鳖体浮肿消瘦；背甲皮肤失去光泽，裙边变薄而有皱褶；活动无力；腹腔、肝脏变为黄黑色。严重者肠道排便不畅。最后在近肛门肠道中鳖粪变成硬球状。此病病程较长，易由急性转成慢性。

预防：加强饲养管理，在投喂配合饲料的同时，适当补充天然饵料；改进投喂方法，增加投喂次数，减少每次投喂量，最好投喂膨化饲料，每次投喂在30分钟内吃完为宜；调控好鳖池水质，保持水质良好；中药健鳃开食灵拌药投喂。

治疗：中药处方柴胡、杭芍、茵陈、草决明、健鳃开食灵，上述药物混合粉碎到80目，每千克饲料加入10～20克拌料投喂，连喂15～20天；鳖配合饲料中维生素预混料增加1倍添加；增加新鲜绿叶蔬菜的投喂，可按饲料投喂量的1%添加。

以上三方共用，一般20～30天90%病鳖可治愈。

第五节

龟鳖人工饲料配方

饲料配方是根据龟鳖的营养需求、饲料的营养价值、原料的性状及价格等条件合理地确定各种饲料的配合比例，这种饲料的配比即称为饲料配方。

一、饲料配方设计的原则

饲料配方设计时要遵循科学、经济、实用、安全的原则。

二、龟鳖天然饲料配比及配合饲料配方设计时应注意的几个问题

1. 确定适宜的营养水平

这是饲料配方设计时首先要考虑的问题，龟鳖对饲料各种营养成分的适宜需求量受很多因素影响，这就要求在饲料配方设计时，要根据具体情况，确定适宜的营养水平，以满足龟鳖的营养需求。

2. 选择优质的蛋白质饲料

在选择蛋白质饲料时，要特别注意氨基酸的平衡问题，可以通过各种蛋白质饲料的合理搭配，平衡饲料中的各种氨基酸。另外还要注意蛋白质饲料的适口性和可消化性，尽量选择龟鳖喜欢摄食且容易消化吸收的蛋白质饲料。

3. 注意动、植物饲料的合理配比

龟的食性要比鳖的食性复杂得多，这就要求要根据龟食性的不同进行合理配比。

(1) 陆龟动、植物（低蛋白质、高纤维）饲料配比　陆龟天然动、植物饲料的配比见表10-28。从表10-28中可见，陆龟对天然动物饲料的需求量很低，草食性的陆龟一般不投喂，杂食性的陆龟可少量投喂。因此，陆龟配合饲料中动、植物饲料的配比不是重点，主要是低蛋白质不同纤维含量的植物饲料的配比。

表10-28　陆龟天然动物、植物饲料的配比

动、植物饲料	热带雨林型	草原灌丛型	莽原沙漠型
高纤维植物(野草、野菜等)/%	30	50～60	60～80
低纤维植物(蔬菜水果)/%	65	50～40	40～20
动物食物/%	5	0	0

（2）半水龟动、植物饲料配比　半水龟的食性与陆龟有着很大的区别，一是对动物蛋白质需求量高；二是对植物饲料的需求量低。

半水龟的食性比较复杂，为杂食性。其天然动、植物饲料的配比见表 10-29。从表 10-29 中可见，偏水中觅食型陆龟，其天然动、植物饲料的配比为 4∶1；偏陆地觅食型半水龟，天然动、植物饲料的配比比较接近。由于半水龟种类多，食性复杂，因此配合饲料中动、植物蛋白的比例很难形成统一的标准，可参照半水龟天然动、植物饲料的配比来设计。

表 10-29　半水龟天然动、植物饲料的配比

项目	偏水中觅食型	偏陆地觅食型	
		高偏陆地	一般偏陆地
天然动、植物饲料配比	80∶20	40∶60	60∶40

（3）水龟动、植物饲料配比　水龟食性总的来说偏动物食性，杂食偏植物食性的龟很少，其天然动、植物饲料的配比见表10-30。一般来说其配合饲料中动、植物蛋白的比例与鳖接近。有些纯动物食性和高度偏动物食性的龟要高于鳖。周贵谭（2004）研究表明，体重 34 克左右的乌龟配合饲料中适宜动、植物蛋白比为 2.82。由于水龟的种类繁多，食性变化大，配合饲料中动、植物蛋白的配比很难形成统一的标准，可参照水龟天然动、植物饲料的配比来设计，也可以参照鳖的标准来设计。

表 10-30　水龟天然动、植物饲料配比

项目	纯动物食性	杂食偏动物食性		杂食偏植物食性
		高度偏动物食性	条件性偏动物食性	
天然动、植物比例	100%	（80～90）∶（10～20）	（50～80）∶（20～50）	（30～40）∶（60～70）

（4）鳖动、植物饲料配比　从鳖的食性来看，偏动物食性，其天然动、植物饲料的配比与水龟中高度偏动物食性的类型相似，大

体为90%∶10%左右。对于配合饲料的动、植物蛋白比，任泽林等（1977）的研究表明，稚鳖配合饲料中动、植物蛋白的比例6∶1较适宜。贾艳菊（2007）研究表明，稚鳖膨化饲料中适宜动、植物蛋白比为3∶1。

4. 注意碳水化合物和脂肪的合理添加

对于偏动物性食性的龟鳖来说，在配合饲料中添加一定量的碳水化合物和脂肪均具有节约蛋白质的功效，因此适量添加对于提高蛋白质效率、节约饲料成本、提高经济效益具有重要作用。

5. 注意饲料的适口性

适口性是影响龟鳖配合饲料质量的主要因素之一，有时适口性的作用甚至超过营养水平的影响。这就要求在配方设计时，一方面要注意龟鳖原料的选择，另一方面还要注意诱食剂的合理使用。

6. 注意饲料的黏弹性

这主要指粉状龟鳖配合饲料。黏弹性直接影响饲料在水中的稳定性和适口性，进而影响饲料的利用率。其饲料有水上和水下投喂两种方式，水上投喂黏合性可低些；水下投喂，则要求黏合性要好。这就要求在配方设计时，要注意选用合理的黏合剂。

7. 注意饲料的保健效果

目前配合饲料养殖龟鳖集约化程度比较高，疾病发生率很高，这就要求配合饲料要营养全面，而且应具有良好的保健作用。

三、龟鳖天然饲料配比及配合饲料配方

1. 陆龟天然饲料配比及配合饲料配方

可根据各种陆龟的食性特点，结合当地饲料资源情况合理选择，进行合理搭配，以最大限度满足陆龟多样化的营养需求。

（1）天然动、植物饲料配方

① 草食性陆龟配方　主食（60%～80%）：高纤维野菜、野草和高纤维蔬菜。主要种类：蒲公英、车前草、苜蓿、黑麦草、香麻

叶、大花咸丰草、火炭母、荠菜、紫背菜、蟛蜞菊、苦苣菜、野葛菜、马齿苋、桑葚叶、扶桑叶、紫花地丁、地瓜叶、油菜叶、空心菜叶、圆白菜等。

配食（20%～40%）：纤维较低的蔬菜。主要种类：芥蓝、芥菜、雪里红、紫甘蓝、莴苣叶、草菇、花椰菜、红苋菜、金针菇、芦荟、刺蒺藜、灰灰菜、野苋菜、丝瓜叶、榆钱叶、三叶草、枸杞叶、小白菜、木耳菜、无刺仙人掌、芹菜叶、香椿、大头菜叶、萝卜叶、青椒叶、嫩笋叶、嫩玉米叶等。

零食（少量）：瓜果蔬菜。主要种类：油麦菜、胡萝卜、黄瓜、南瓜、西红柿、猕猴桃、香蕉、木瓜、芒果、柑橘、葡萄、带皮苹果、野山莓、桑葚等。

花类（少量）：菊花、扶桑花、玫瑰花、丝瓜花、石榴花、茄子花、南瓜花、天竺葵、芙蓉花、锦葵、蜀葵、三色堇、蔓性风铃花、木槿花、蟹爪兰花等。

植物种子：少量。

② 杂食性陆龟。主食：种类同草食性龟类，但所占比例减少，为30%左右。

配食：种类同草食性陆龟，但所占比例增加，为65%左右。

动物性饵料：草食性陆龟类一般不饲喂，杂食性陆龟可适量饲喂，一般在5%左右，主要种类：蜗牛、昆虫类等。

水果类：可适量饲喂，投喂量可比草食性陆龟高。

花类：同草食性龟类。

植物种子：少量。

（2）配合饲料配方　由于陆龟食性呈现多样性、复杂性的特点，另外，所用原料也复杂多样，因此无法提供统一的饲料配方。可根据各种陆龟的食性特点，结合当地的原料情况合理设计配方。市场上几种龟粮的主要营养指标和所用原料见表10-31。

2. 半水龟天然饲料配比及配合饲料配方

（1）半水龟天然动、植物饲料配方　半水龟天然动、植物饲料配方见表10-32。可以根据半水龟的营养需求特点，结合当地饲料资源情况，选择动植物饲料，合理设计配方。

表 10-31　常用陆龟龟粮主要营养指标及原料组成

产地	食性	蛋白质含量/%	纤维含量/%	钙含量/%	磷含量/%	原料组成	适用龟类	特点
美国 ZOOMED	草食性	9	26	1.4	0.4	各种牧草(燕麦草、提摩西草、苜蓿草),蒲公英嫩叶,丝兰嫩叶及其他陆龟喜欢的植物嫩叶;多种维生素及矿物元素	苏卡达,豹龟,欧洲陆龟,希腊陆龟,赫曼等	高纤维,低蛋白质;不含人工色素、防腐剂及香料
	杂食性	13	23	1.4	0.4	各种牧草(燕麦草、提摩西草、苜蓿草),蒲公英嫩叶,丝兰嫩叶及其他陆龟喜欢的植物嫩叶;少量水果(木瓜及芒果)及动物蛋白质;多种维生素及矿物元素	红腿、黄腿、辐射、缅陆、折背、棕靴、星龟及亚洲与美洲箱龟	高纤维,低蛋白质;不含人工色素、防腐剂及香料
美国 MAZURI		15	18	1.45	0.60	大豆壳,玉米,燕麦,去皮豆粕,小麦,甘蔗糖蜜,脱水苜蓿草粉,小麦胚芽,大豆油,酿酒酵母,DL-蛋氨酸,L-赖氨酸;多种维生素及矿物元素;活益生菌培养物	所有陆龟	高纤维、高钙、低磷
中国命脉	幼龟	11	13	1.2	0.3	各类牧草(猫尾草、苜蓿草、燕麦草等),仙人掌,蒲公英,车前草,金钱草以及各类蔬菜;益生元	所有陆龟	高纤维、低蛋白质、高钙、低磷
	亚、成体龟	7	24	2	0.4	各类牧草(猫尾草、苜蓿草、燕麦草等),仙人掌,蒲公英,车前草,金钱草以及各类蔬菜;益生元	所有陆龟	高纤维、低蛋白质、高钙、低磷

表 10-32 半水龟天然动、植物饲料配方

项目		动物饲料		植物饲料	
		比例/%	种类	比例/%	种类
偏陆地觅食	高偏陆地	60	蚯蚓、蜗牛、蛞蝓、蝗虫、蟋蟀、黄粉虫、蝇蛆等陆生动物为主；鱼、虾、螺蚌等水生动物为辅	40	绿叶蔬菜、菌类、胡萝卜、南瓜、马铃薯、豆类等为主(24%)；纤维较高的蔬菜、野菜、青草、苜蓿等(8%)；水果、野花类(8%)
	一般偏陆地	50	水中昆虫、蛙类、蝌蚪、鱼、虾、蟹、泥鳅、黄鳝、螺蚌等水生动物为主；蚯蚓、蜗牛、蛞蝓、蝗虫、蟋蟀、黄粉虫、蝇蛆等陆生动物为辅	50	绿叶蔬菜、菌类、胡萝卜、南瓜、马铃薯、豆类等为主(36%)；纤维较高的蔬菜、野菜、青草、苜蓿等(12%)；水果、野花类(12%)
偏水中觅食		80	水中昆虫、蛙类、蝌蚪、鱼、虾、蟹、泥鳅、黄鳝、螺蚌等水生动物为主；蚯蚓、蜗牛、蛞蝓、蝗虫、蟋蟀、黄粉虫、蝇蛆等陆生动物为辅	20	水生植物、蔬菜、水果等(20%)

(2) 半水龟配合饲料配方　半水龟和陆龟一样，也无法提供统一的配方，因此可根据各种半水龟的营养需求特点，结合当地的原料情况合理设计配方。市场上几种龟粮的主要营养指标和所用原料见表10-33，以供设计配方时参考。

表 10-33 几种半水龟龟粮主要营养指标及原料组成

项目		蛋白质/%	钙/%	磷/%	原料组成
命脉	稚龟	45	2.5	1.2	天然谷物(燕麦、玉米、大豆等)，顶级进口白鱼粉，昆虫(蝗虫、蚯蚓)，红球藻，龟蛋蛋壳，螺旋藻，各种天然维生素(维生素A、维生素E、维生素D_3等)，必需矿物质、微量元素及促进肠胃消化的特殊生物菌、预防疾病的抗菌植物等

续表

项目		蛋白质/%	钙/%	磷/%	原料组成
命脉	幼龟	40	2.1	1.2	天然谷物（燕麦、玉米、大豆等），顶级进口白鱼粉，昆虫（蝗虫、蚯蚓），红球藻，龟蛋蛋壳，螺旋藻，各种天然维生素（维生素 A、维生素 E、维生素 D_3 等），必需矿物质、微量元素及促进肠胃消化的特殊生物菌、预防疾病的抗菌植物等
	亚、成体	25	1.8	1.1	天然谷物（燕麦、玉米、大豆等），顶级进口白鱼粉，昆虫（蝗虫、蚯蚓），红球藻，龟蛋蛋壳，螺旋藻，各种天然维生素（维生素 A、维生素 E、维生素 D_3 等），必需矿物质、微量元素及促进肠胃消化的特殊生物菌、预防疾病的抗菌植物等
T-REX 箱龟		23			谷物，麦麸，燕麦油（纤维原料），苜蓿草，大豆，蔗糖，耶肉，香料，赖氨酸盐，丝兰花萃取物，多种维生素及矿物元素

3. 水龟天然饲料配比及配合饲料配方

（1）水龟天然动物、植物饲料配方　水龟天然动、植物饲料配方见表 10-34。可以根据水龟的营养需求特点，结合当地饲料资源情况，选择饲料原料，合理设计配方。

表 10-34　观赏水龟天然动、植物饲料配方

项目		动物饲料 比例/%	动物饲料 种类	植物饲料 比例/%	植物饲料 种类
肉食性		100	昆虫、蛙类、蝌蚪、泥鳅、黄鳝、螺蚌类、鱼、虾、蟹水生动物为主；蚯蚓、蜗牛、蛞蝓、蝗虫、蟋蟀、黄粉虫、蝇蛆等陆生动物为辅		
杂食偏动物食型	高度偏肉食性	80～90	昆虫、蛙类、蝌蚪、泥鳅、黄鳝、螺蚌类、鱼、虾、蟹水生动物为主；蚯蚓、蜗牛、蛞蝓、蝗虫、蟋蟀、黄粉虫、蝇蛆等陆生动物为辅	10～20	水生植物、蔬菜、水果等

续表

<table>
<tr><th colspan="2" rowspan="2">项目</th><th colspan="2">动物饲料</th><th colspan="2">植物饲料</th></tr>
<tr><th>比例/%</th><th>种类</th><th>比例/%</th><th>种类</th></tr>
<tr><td>杂食偏动物食型</td><td>条件偏肉食性</td><td>50～80</td><td>昆虫、蛙类、蝌蚪、泥鳅、黄鳝、螺蚌类、鱼、虾、蟹水生动物为主；蚯蚓、蜗牛、蛞蝓、蝗虫、蟋蟀、黄粉虫、蝇蛆等陆生动物为辅</td><td>20～50</td><td>水生植物、蔬菜、水果等</td></tr>
<tr><td colspan="2">杂食偏植物食型</td><td>30～40</td><td>昆虫、蛙类、蝌蚪、泥鳅、黄鳝、螺蚌类、鱼、虾、蟹水生动物为主；蚯蚓、蜗牛、蛞蝓、蝗虫、蟋蟀、黄粉虫、蝇蛆等陆生动物为辅</td><td>60～70</td><td>水生植物、蔬菜、水果等</td></tr>
</table>

（2）水龟配合饲料配方　水龟和陆龟、半水龟一样也无法提供统一的配方，可根据各种水龟的营养需求特点，结合当地的原料情况合理地设计配方。市场上几种龟粮的主要营养指标和所用原料见表 10-35，以供设计配方时参考。

表 10-35　几种水龟龟粮主要营养指标及原料组成

<table>
<tr><th colspan="2">龟粮</th><th>蛋白质/%</th><th>原料组成</th><th>特点</th></tr>
<tr><td rowspan="2">德彩龟粮</td><td>超级龟粮</td><td>47</td><td>虾粉，磷虾，植物蛋白，蔬菜，鱼粉，酵母，脂肪和油脂，藻类，维生素，各种矿物质，各种维生素等</td><td>天然的虾为原料，利于发色和预防软甲</td></tr>
<tr><td>基本龟粮</td><td>39</td><td>鱼粉、虾粉、酵母、野菜类、蔬菜类、植物蛋白、藻类、油脂、卵磷脂、β-葡聚糖</td><td></td></tr>
<tr><td rowspan="2">高够力龟粮</td><td>基础龟粮</td><td>38</td><td>鱼粉，面粉，豆粕，白糖糕，玉米，蛋白粉，啤酒酵母，消化酶，大蒜，氨基酸，各种维生素，矿物质和维生素 C</td><td></td></tr>
<tr><td>三合一龟粮</td><td>40</td><td>鱼粉，面粉，豆粕，玉米，啤酒酵母，蛋白粉，磷虾粉，鱼油，淀粉，小麦胚芽，海带粉，乳酸钙，类胡萝卜素，壳聚糖，螺旋藻，大蒜，氨基酸，消化酵素，各种维生素，矿物质</td><td>维生素、乳酸钙、益生元配合使用</td></tr>
</table>

续表

龟粮		蛋白质/%	原料组成	特点
高够力龟粮	善玉菌龟粮	41	鱼粉，小麦粉，大豆粉，啤酒酵母，小麦胚芽，玉米，茶叶，乳化剂，海带粉，大米，氨基酸（L-谷氨酸钠，蛋氨酸），大蒜，生菌剂，类胡萝卜素，维生素，矿物质	善玉菌可抑制水质腐败发臭；调整龟肠道微生物平衡。
命脉龟粮	经典系列龟粮	稚龟 45 幼龟 40 成龟 35	粗粮：玉米、燕麦、黄豆；动物原料：进口鱼粉、蚯蚓、昆虫；海藻粉：螺旋藻、红球藻；益生菌：双歧杆菌、乳酸杆菌	
	缓沉幼龟粮	40	粗粮：玉米、燕麦、黄豆；动物原料：进口鱼粉、蚯蚓、昆虫；海藻粉：螺旋藻、红球藻；益生菌：双歧杆菌、乳酸杆菌	沉性，适合深水龟使用

（3）食用水龟配合饲料配方　可参照鳖配合饲料配方。

4. 鳖配合饲料配方

下面把北方生态养鳖的配合饲料配方介绍如下，以供参考。

（1）稚鳖饲料配方表10-36。

表10-36　稚鳖饲料配方

原料	粉状（水上）		粉状（水下）		膨化（水上）		膨化（水下）	
	1	2	1	2	1	2	1	2
美国白鱼粉/%	54	50	54	50	54	50	54	50
南美超级红鱼粉/%		4		4		4		4
鱿鱼粉/%	3	3	3	3	3	3	3	3
蝇蛆粉/%								
牛肝粉/%	1	1	1	1	1	1	1	1
贻贝粉/%								
蚯蚓粉/%								
奶粉/%	0.3	0.3	0.3	0.3	0.3	0.3	0.3	0.3
蛋黄粉/%	0.3	0.2	0.2	0.2				

续表

原料	粉状(水上)		粉状(水下)		膨化(水上)		膨化(水下)	
	1	2	1	2	1	2	1	2
啤酒酵母/%	5	5	3.25	3.25	2	2	2	2
膨化豆粕/%	2	2	2	2				
豆粕/%					2	2	2	2
玉米蛋白粉/%	3	3	3	3	3	3	3	3
α-淀粉/%	18	18	22	22				
谷朊粉/%	3	3	3	3	3	3	3	3
麦胚粉/%	3.48	3.58	1.33	1.33	0.99	0.99	7.99	7.99
面粉/%					23	23	16	16
枯草芽孢杆菌/%	0.1	0.1	0.1	0.1				
低聚木糖/%	0.02	0.02	0.02	0.02				
肉碱/%	0.01	0.01	0.01	0.01	0.01	0.01	0.01	0.01
丙氨酸/%	0.2	0.2	0.2	0.2				
赖氨酸/%	0.2	0.2	0.2	0.2				
蛋氨酸/%	0.15	0.15	0.15	0.15				
大豆磷脂/%	1	1	1	1	1	1	1	1
玉米油/%	1.5	1.5	1.5	1.5	1.5	1.5	1.5	1.5
鱼油/%	0.5	0.5	0.5	0.5	0.5	0.5	0.5	0.5
磷酸二氢钙/%	1	1	1	1	1	1	1	1
鳖用预混料/%	2.2	2.2	2.2	2.2	2.2	2.2	2.2	2.2
维生素 C/%	0.02	0.02	0.02	0.02				
维生素 E/%	0.02	0.02	0.02	0.02				
合计/%	100	100	100	100	100	100	100	100
蛋白质	>46				>46			

（2）幼鳖饲料配方表 10-37。

表 10-37　幼鳖饲料配方

原料	粉状(水上)		粉状(水下)		膨化(水上)		膨化(水下)	
	1	2	1	2	1	2	1	2
美国白鱼粉/%	48	45	48	45	48	45	48	45
南美超级红鱼粉/%		3		3		3		3
鱿鱼粉/%	3	3	3	3	3	3	3	3
牛肝粉/%	2	2	2	2	2	2	2	2
啤酒酵母/%	4	4	4	4	3	3	5	5
膨化豆粕/%	5	5	5	5				
豆粕/%					2	2	2	2
玉米蛋白粉/%	5	5	5	5	6	6	6	6
α-淀粉/%	18	18	22	22				
淀粉/%								
谷朊粉/%	3	3	3	3	3	3	3	3
麦胚粉/%	5.35	5.05	1.53	1.05	3.79	3.79	8.79	8.79
面粉/%					23	23	16	16
产酶益生素/%	0.2	0.2	0.2	0.2				
肉碱/%	0.01	0.01	0.01	0.01	0.01	0.01	0.01	0.01
丙氨酸/%	0.2	0.2	0.02	0.2				
赖氨酸/%		0.15		0.15				
蛋氨酸/%		0.15		0.15				
大豆磷脂/%	1	1	1	1	1	1	1	1
玉米油/%	1.5	1.5	1.5	1.5	1.5	1.5	1.5	1.5
鱼油/%	0.5	0.5	0.5	0.5	0.5	0.5	0.5	0.5
磷酸二氢钙/%	1	1	1	1	1	1	1	1
鳖用预混料/%	2.2	2.2	2.2	2.2	2.2	2.2	2.2	2.2
维生素 C/%	0.02	0.02	0.02	0.02				
维生素 E/%	0.02	0.02	0.02	0.02				
合计/%	100	100	100	100	100	100	100	100
蛋白质	>43				>43			

（3）成鳖饲料配方表10-38。

表10-38 成鳖饲料配方

原料	粉状(水上)		粉状(水下)		膨化(水上)		膨化(水下)	
	1	2	1	2	1	2	1	2
美国白鱼粉/%	42	39	42	39	42	39	42	39
南美超级红粉/%		3		3		3		3
鱿鱼粉/%	3	3	3	3	3	3	3	3
牛肝粉/%	5	5	5	5	5	5	5	5
啤酒酵母/%	7	7	5	5	5	5	5	5
膨化豆粕/%	8	8	6	6				
豆粕/%					8	8	8	8
玉米蛋白粉/%	3	3	3	3	3	3	3	3
α-淀粉/%	18	18	22	22				
面粉/%					23	23	16	16
谷朊粉/%	3	3	3	3	3	3	3	3
麦胚粉/%	4.35	4.05	4.35	4.05	1.8	1.8	8.8	8.8
产酶益生素/%	0.2	0.2	0.2	0.2				
枯草芽孢杆菌/%								
低聚木糖/%								
肉碱/%	0.01	0.01	0.01	0.01				
丙氨酸/%	0.2	0.2	0.2	0.2				
脯氨酸/%								
赖氨酸/%		0.15		0.15				
蛋氨酸/%		0.15		0.15				
大豆磷脂/%	1	1	1	1	1	1	1	1
玉米油/%	1.5	1.5	1.5	1.5	1.5	1.5	1.5	1.5
鱼油/%	0.5	0.5	0.5	0.5	0.5	0.5	0.5	0.5
磷酸二氢钙/%	1	1	1	1	1	1	1	1
鳖用预混料/%	2.2	2.2	2.2	2.2	2.2	2.2	2.2	2.2

续表

原料	粉状(水上)		粉状(水下)		膨化(水上)		膨化(水下)	
	1	2	1	2	1	2	1	2
维生素 C/%	0.02	0.02	0.02	0.02				
维生素 E/%	0.02	0.02	0.02	0.02				
合计/%	100	100	100	100	100	100	100	100
蛋白质	>41				>41			

第六节

龟鳖配合饲料的加工

龟鳖配合饲料的加工过程是养殖过程中最重要的一环，其加工质量的好坏，将直接影响到养殖效果的好坏。与鱼类相比，由于营养需求、生理机能和生活习性的差异，对饲料加工工艺的要求也不相同。这主要体现在以下几方面：一是对饲料的适口性、黏弹性要求更高；二是对饲料的粉碎粒度要求更高；三是添加脂肪应保证混合均匀；四是膨化加工条件下不能添加酶制剂和微生态制剂；五是膨化加工条件下要注意维生素的损耗与补充；六是膨化工艺更复杂，要根据龟鳖对饲料的不同需求，如沉浮性等，合理选择加工工艺。因此，在龟鳖配合饲料加工时，要充分考虑这些特点，选用合适的加工机械和合理的加工工艺。

一、龟鳖配合饲料的加工工艺

龟鳖配合饲料生产流程见图 10-10。

从目前龟鳖配合饲料加工生产情况来看，龟用配合饲料主要以膨化颗粒饲料为主（陆龟除外）；鳖用配合饲料以粉状料为主，但膨化颗粒料发展势头强劲，从长远来看膨化饲料是将来的发展方

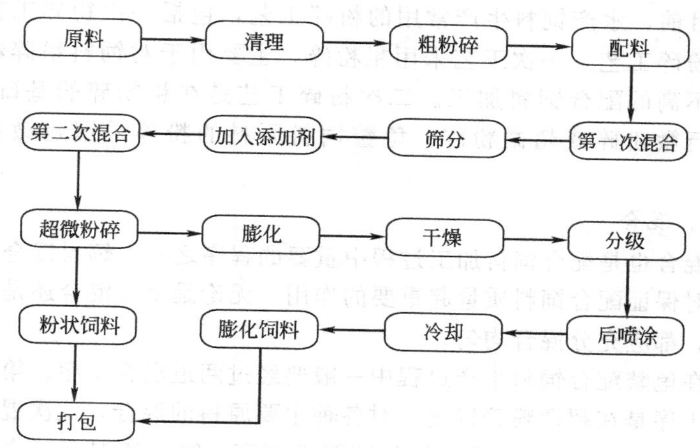

图 10-10 龟鳖配合饲料生产流程

向。下面对加工的主要工序做简单介绍。

1. 原料控制

选择原料除考虑营养成分外，还必须考虑加工工艺的要求。比如膨化工艺对淀粉膨化效果好，如果生产浮性膨化颗粒饲料，对饲料中的淀粉要求一般在20%左右；而沉性料则要求在10%～15%之间，因此在选择原料时就要考虑植物原料中淀粉的含量。同样是蛋白质饲料，植物性蛋白的膨化效果要优于动物性蛋白，因此在选择蛋白质饲料时也要考虑膨化工艺的要求。

2. 原料清理

主要是清理原料中的各种杂质，包括麻绳、麻袋片、铁钉、铁丝、螺丝、石头、木块等，以保证配合饲料的质量和加工设备的安全。这道工序必须认真对待。

3. 粉碎

这是龟鳖配合饲料加工过程中最重要的一道工序。饲料原料的粉碎粒度，一方面影响饲料的混合均匀度和颗粒成型能力；另一方面会影响到龟鳖对饲料的消化率和饲料在水中的稳定性。一般来讲，原料粉碎越细，龟鳖的消化吸收率越高，饲料在水中的稳定性就越好。

目前，水产饲料生产常用的粉碎工艺，包括一次粉碎工艺和二次粉碎工艺。一次工艺采用粗粉碎，主要用于对饲料粉碎粒度要求不高的配合饲料加工。二次粉碎工艺是在粗粉碎的基础上，再进行微粉碎或超微粉碎。龟鳖饲料原料的粉碎采用超微粉碎加工。

4. 混合

混合也是配合饲料加工过程中重要的程序之一。饲料混合的好坏，对保证配合饲料质量起重要的作用。无论是手工混合还是机械混合，都应充分混合均匀。

在龟鳖配合饲料生产过程中一般要经过两道混合工序。第一道混合工序是在超微粉碎以前，对各种主要原料的混合，此次混合被称为“粗混合”。对其混合均匀度要求不高。第二道混合工序是在加入微量组分、液体添加剂后进行的混合，此次混合被称为“精混合”，对其混合均匀度要求高，通过混合要使配方中的各种原料充分混合均匀。微量原料，如维生素、矿物质等应先经过预混。至于混合时间长短不能一概而论，可通过原料混合后的变异系数来确定，龟鳖配合饲料变异系数要小于 5%，这是保证产品质量的关键。混合均匀后即成粉状配合饲料，加水做成面团状或软颗粒状就可投喂。

5. 膨化制粒

龟鳖粉状饲料经过膨化加工，即成膨化颗粒饲料。可按养殖需要加工成浮性、沉性和缓沉性饲料。在欧美发达国家已普遍使用，已占到水产饲料的 80%左右。目前，在我国发展势头强劲，尤其在特种养殖品种上。膨化制粒主要有以下流程。

(1) 喂料　膨化对所喂粉料粒径和粗纤维有特殊要求。为防止挤压机模孔堵塞，通常需要原料的粉碎粒度达到模孔直径的 1/3，小颗粒要达到 1/5。当原料中含有大于模孔直径 1/3 的粉粒时，堵塞的概率大大增加。其筛孔与目数的对应关系见表 10-39。其次，物料中粗纤维的含量，也是造成膨化小颗粒饲料加工停机的主要原因，因此饲料原料中粗纤维的含量不能过高，或者在物料膨化前进行筛分，有效去除纤维状物质，防治堵塞模板。

表 10-39 筛孔直径与目数对照

筛孔直径/毫米	目数/目
0.90	20
0.45	40
0.3	60
0.20	80
0.15	100
0.125	120
0.105	140
0.097	160
0.088	180
0.076	200

（2）调质与加水　物料进入膨化机的膨化腔之前，要使用蒸汽和水对物料在调制器内进行预处理，这个湿热处理的过程就是调质。其目的就是使淀粉糊化、蛋白质变性、物料软化，从而使物料有良好的膨化加工性能。影响调质的关键因素有三个，分别是水分、温度和时间。水分要求物料含水率浮性料20%～25%、沉性料25%～32%；温度90℃左右；时间长短取决于调制器的型号。浮性和沉性料对调质有不同的要求，浮性料对调质要求低，对膨化程度要求高；沉性料对调质要求高，对膨化程度要求相对低。这就要求沉性料要充分调质，以减弱膨化的程度，而浮性料不用充分调质，以增强膨化的程度。因为充分调质的物料，在挤压膨化机螺杆内摩擦力相应减弱，糊化度降低，产品的膨化度就会降低。未经充分调质的物料正好相反。总之物料的膨化度与调质有很大关系，要根据产品对膨化度的不同要求，做好物料的调质工作。

在调质过程中，还可以添加油脂。但油脂添加量不宜超过5%，其余部分可在后处理中喷涂到颗粒上。否则会降低产品的膨化度。

（3）挤压膨化　挤压膨化机的挤压类型，以螺杆结构可分为单螺杆挤压和双螺杆挤压，双螺杆挤压与单螺杆挤压相比，物料受力更均衡，机内停留时间一致，产品均一；以加工工艺可分为湿法挤

压和干法挤压，湿法挤压产品需要干燥。

调质后的物料被送入挤压机的螺杆挤压腔内，物料被强烈挤压、搅拌、剪切，在高温（120～140℃）、高压、高剪切力条件下使淀粉糊化、蛋白质变性、纤维质部分降解。当物料从模孔喷出的瞬间，在强大的压力差作用下，形成疏松、多孔、酥脆的膨化产品。为避免一些热敏性营养成分遭到破坏，物料在挤压仓内的停留时间不要过长，以10～40秒为宜。

（4）干燥　从模孔中挤压出来的产品，水分含量高，还需要送入干燥机中进行干燥。产品干燥需要慢慢进行，如果温度过高或流动太快，产品内部水分不容易散发出，容易造成霉变。另外干燥对饲料的颗粒密度有影响，从而影响饲料的沉浮性。

（5）后喷涂　经过干燥、分级的产品，进入喷涂系统。主要是根据产品的要求进行油脂、维生素等的喷涂。后喷涂可以减少热敏性物质，如维生素的损耗。油脂的喷涂，使饲料的耐水性、适口性增强，外观更漂亮。

（6）冷却　产品在后喷涂后必须进行冷却，冷却后的温度不能比空气温度高出4℃，否则，热量来不及散发，会引起表面水分冷凝造成饲料霉变。

挤压加工大多数为人工或半自动操作，产品质量与生产人员的熟练程度有很大关系，这种操作方式，经常造成产品质量的不稳定。如果条件允许的话，建议采用全自动控制方式进行操作，以减少人为因素的影响。

二、主要加工设备

鳖用配合饲料的加工设备主要有：清杂设备、粉碎机组、混合机组、制粒成型设备、烘干设备和高压喷油设备等。由于对原料的粉碎粒度要求高，必须采用优良的粉碎机组，一般由立式无筛型低温超微和气流分级机相配合构成。工业上所使用的超微粉碎机多种多样，但适用于龟鳖饲料粉碎加工的必须具备以下特点：首先加工粉碎的饲料原料应符合龟鳖的要求；其次物料粉碎时温度不能太高，否则饲料的营养成分会受到破坏。立式无筛型超微粉碎机基本

上能满足上述要求。另外，龟鳖饲料需要添加脂肪，因此需要有高压喷油设备。关于龟鳖配合饲料加工设备的详细情况，可参阅有关鱼虾饲料加工设备的介绍。其主要设备见图 10-11～图 10-16。

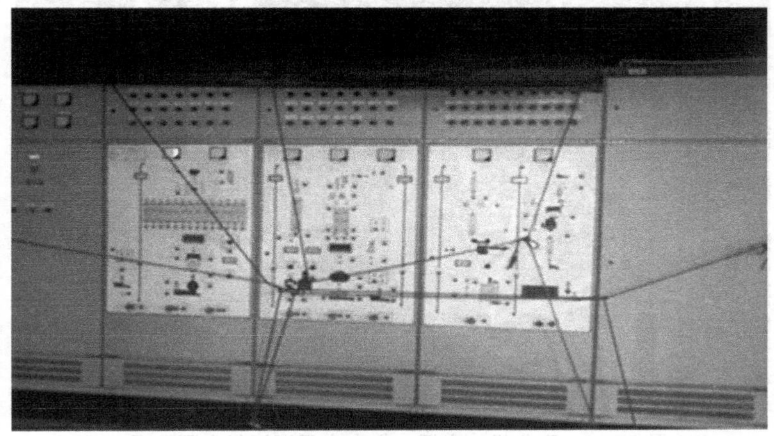

图 10-11　程控室（来源：山东东平湖饲料有限公司）

图 10-12　超微粉碎机（来源：山东东平湖饲料有限公司）

图 10-13　膨化机（来源：山东东平湖饲料有限公司）

图 10-14　膨化制粒机（来源：山东东平湖饲料有限公司）

图 10-15 冷却机（来源：山东东平湖饲料有限公司）

图 10-16 烘干机（来源：山东东平湖饲料有限公司）

第七节

龟鳖配合饲料的质量标准

配合饲料质量的好坏，直接影响到养殖的效果。因此其质量应有一个统一的行业标准，这也是质量管理的一个重要方面。但目前还没有一个统一的行业标准，不同的生产厂家其质量标准也不相同，这必将影响到龟鳖饲料行业的健康发展。为此，我们根据龟鳖养殖业的发展现状和有关研究成果，对龟鳖配合饲料质量标准推荐如下，以供参考。

一、感官性状

1. 粉状饲料

要求色泽一致，无霉变、结块和异味，有较浓的鱼腥味。

2. 膨化颗粒饲料要求

（1）不能有明显的软颗粒。

（2）颗粒大小均匀。直径规格要求 80%在标准范围内。

（3）形状规则，无明显塞机料，不能大于 20%；无粘连现象。

（4）表面光滑，色泽一致，油脂喷涂均匀。

二、水分

粉状料不超过 10%；膨化颗粒饲料不超过 10%。

三、饲料原料（鱼粉）新鲜度标准

饲料原料（鱼粉）新鲜度标准见表 10-40。

表 10-40 鱼粉新鲜度指标推荐标准

项目	进口白鱼粉	进口超级红鱼粉
挥发性盐基氮/(毫克/100 克)	≤50	≤100
组胺/(毫克/千克)	≤40	≤250
油脂酸价/(毫克/克)	≤1.0	≤2

四、饲料粉碎粒度标准

1. 粉状饲料粉碎粒度标准

稚龟鳖料 95%过 80 目筛；幼龟鳖料 80%过 80 目筛；成龟鳖料 60%过 80 目筛。

2. 膨化饲料粉碎粒度标准

膨化饲料粉碎粒度标准见表 10-41。

表 10-41 龟鳖膨化颗粒饲料粉碎粒度推荐标准

粒径/毫米	1.0～2.0	2.0～2.5	3.0～3.5	3.5 以上
饲料粉碎粒度	98%过 80 目筛	97%过 80 目筛	94%过 80 目筛	94%过 80 目筛

五、混合均匀度

1. 粉状饲料

混合均匀度的变异系数：稚鳖小于 5%，幼鳖小于 6%，成鳖和亲鳖小于 8%。

2. 膨化饲料

所有饲料混合均匀度的变异系数小于 5%。

六、在水中的稳定性

1. 粉状饲料

加水制成的面团状或软颗粒状饲料，在水中的稳定性：稚龟鳖料 2.5 小时不溃散、幼龟鳖 2.5 小时不溃散、成龟鳖和亲龟鳖料 2 小时不溃散。水上投喂一般 2 小时以内吃完，水下投喂一般 0.5 小

时左右吃完。

2. 膨化饲料

一般要求12小时以上不溃散。龟鳖一般0.5小时吃完。

七、营养成分指标

营养成分指标见表10-42。

表10-42　龟鳖配合饲料营养成分指标

项目		蛋白质/%	脂肪/%	碳水化合物/%	粗纤维/%	钙/%	磷/%
陆龟	幼龟	13	3	60	15	1.3	0.3
	亚、成体龟	9	2	70	22	1.3	0.3
半水龟	稚龟	40	4	30	3	2.2	1.4
	幼龟	35	4	40	4	2.2	1.4
	成龟	30	3	50	8	2.2	1.4
水龟	稚龟	43	5	30	2	2.2	1.4
	幼龟	40	5	30	3	2.2	1.4
	成龟	35	4	30	5	2.2	1.4
鳖	稚鳖	45	5	30	2	2.5	1.6
	幼鳖	41	4	30	3	2.5	1.6
	成鳖	38	4	30	5	2.5	1.6
	亲鳖	38	4.5	30	5	3	2

第十一章

龟鳖膨化饲料

目前龟鳖膨化饲料的应用，正处于快速发展阶段。龟料起步早，已在观赏龟养殖上普遍使用。鳖料在2010年左右开始，南方地区主要用于温室控温养殖上，北方地区主要用于外塘常温生态养殖上。近几年的应用表明，膨化饲料具有粉状饲料许多无法比拟的优点，经济效益、社会效益、生态效益明显，是饲料行业将来的发展方向。

第一节

膨化饲料的定义

膨化饲料是指粉料通过膨化加工技术生产的一种熟化饲料。粉料在高温（110～200℃）、高压（25～100千克/厘米^2）以及高剪切力、高水分（10%～30%）的环境中，通过连续混合、调质、升温增压、熟化挤出模孔和骤然降压后形成一种蓬松多孔的饲料，即为膨化饲料，见图11-1。

图11-1　不同规格的膨化颗粒饲料

第二节

龟鳖膨化饲料的种类

按物理沉浮性来分，可分为浮性和沉性两类膨化颗粒饲料。

一、浮性膨化颗粒饲料

浮性膨化颗粒饲料能够长时间漂浮在水面之上。目前在观赏龟以及在食用龟鳖外塘养殖中使用比较普遍。其最大优点是，可以观察到龟鳖的摄食情况，便于适时调整投喂量。缺点是受外界环境影响较大，比如气温、水温、刮风、下雨、人为活动等，都会影响到饲料的投喂。

二、沉性膨化颗粒饲料

沉性膨化颗粒饲料在水中能够下沉，在观赏龟养殖中，主要用于深水和水底活动的观赏龟，如猪鼻龟、泥龟等。在食用龟鳖养殖中，主要用于温室控温和保温养殖中。其最大优点是饲料投喂受外界环境影响小，龟鳖容易驯化。缺点是不容易观察到龟鳖的摄食情况。

一般外塘养殖用浮性料，温室养殖用沉性料。

第三节

影响饲料膨化度的原料因素

一、淀粉含量

淀粉是影响饲料膨化的主要因素，含量越高膨化越好。一般沉

性龟鳖膨化饲料淀粉含量在 10%～15%，浮性膨化饲料不低于 20%。

谷物类原料，如小麦面粉、玉米粉、大米粉等和块茎植物原料（马铃薯、木薯等）是理想的淀粉来源，具有较好的膨化效果。考虑到价格因素，一般使用谷物类作为淀粉原料来源。

小麦面筋蛋白也是膨胀性非常好的原料。

二、原料水分含量

水分含量过高糊化不完全，易造成挤出的产品变形；过低能耗、机耗高，产品外观差。一般要求在 15%～27%之间。

三、纤维含量

纤维含量的高低，会影响淀粉的糊化。因此要控制好饲料的纤维含量。

四、动植物蛋白饲料

一般来说动物蛋白的膨化性能不如植物蛋白，因此动植物蛋白原料的合理选择和搭配很重要。

五、油脂含量

油脂在膨化饲料的生产过程中提供了润滑和弹性的作用，对于单螺杆挤压机来说，油脂含量 8%以内，有助于饲料膨化，高于此值，会减弱饲料膨化。油脂来源有两个途径，原料自身所有和外加，自身所有对膨化度的影响小，外喷影响大。

第四节

膨化颗粒与粉状龟鳖料优缺点比较

一、膨化颗粒龟鳖料优点

1. 消化利用率高

主要原因如下。

（1）膨化加工工艺要求原料的粉碎粒度更细　粉状龟鳖料一般要求：稚龟鳖料 95%过 80 目筛；幼龟鳖料 80%过 80 目筛；成龟鳖料 60%过 80 目筛。膨化龟鳖料一般要求：粒径 1.0～2.0 毫米 98%过 80 目筛，粒径 2.0～2.5 毫米 97%过 80 目筛，其粉碎粒度要求更细，从而提高了饲料的消化吸收率。

（2）高温膨化过程提高了淀粉的熟化度　粉状配合饲料中的淀粉，在普通调质条件下（80～90℃）熟化度只有 25%～40%，而在膨化条件下（110～120℃）可大大提高到 80%～90%，从而提高了淀粉的消化吸收率。

（3）提高了蛋白质利用率　膨化可以钝化蛋白质饲料中的抗营养因子，如抗胰蛋白酶因子等（表 11-1），从而提高了植物蛋白的利用价值。同时使蛋白质变性、结构疏松、表面积增大，增加了酶和蛋白质结合的面积，更加有利于消化吸收。

表 11-1　豆粕挤压处理对大豆蛋白品质的影响

项目 \ 种类	大豆片		大豆粉		大豆浓缩蛋白	
加工方式	未膨化	膨化	未膨化	膨化	未膨化	膨化
抗胰蛋白酶因子/(毫克/克)	26.9	0.4	31.6	0.4	0.8	0.4

过去认为膨化加工对饲料利用率的提高主要是淀粉熟化度的原

因，并不能提高蛋白质的消化率，但越来越多的研究表明，膨化可以提高蛋白质的利用率。

(4) 提高了纤维的利用率　膨化能够使饲料中不溶性粗纤维分子键的共价键断裂，成为可溶性粗纤维。同时破坏和软化纤维结构的细胞壁部分，释放出被粗纤维包裹的营养物质，增加了饲料的可消化性。

2. 水中稳定性好

其耐水稳定性一般在 12 小时以上。因此在投喂过程中浪费少，水体污染轻、环境好，龟鳖发病少、生长快。

3. 便于直接观察龟鳖的摄食与活动情况

水面投喂饲料，便于观察龟鳖的吃食和活动情况，以便科学地安排投饵、病害防治等日常管理工作。

4. 杀灭了原料中的有害病菌

物料经过瞬时加温温度可达 120℃以上，饲料中的有害病菌绝大多数被杀灭。游见明等（2013）对含水量 12%的大米，在 150℃进行膨化处理，其微生物变化见表 11-2。

表 11-2　膨化对大米中微生物的影响

项目	菌落总数	大肠菌数	霉菌	沙门氏菌
膨化前/个	2×10^4	954	277	1
膨化后/个	202	5	34	未检出

5. 保值期更长

膨化使原料中微生物分解的脂肪酶完全失活，降低了细菌含量和氧化作用，从而使原料稳定性提高，更耐储存。

6. 饲料适口性好

主要原因：一是原料熟化，油脂渗透到表面，饲料气味好，诱食性强；二是淀粉在糊化过程中产生葡萄糖等低分子糖类，具有诱食效果；三是吸水性好，龟鳖喜食；四是表面光滑，更适宜于龟鳖的吞咽。

7. 原料来源广，降低了饲料成本

(1) 植物能源饲料替代 α-淀粉。粉状龟鳖料的黏合剂主要为 α-淀

粉和谷朊粉，α-淀粉的用量在20%左右，价格一般在5000元/吨左右，谷朊粉的价格更高。膨化饲料黏合剂原料可以用小麦面粉、玉米粉、稻米粉等，不仅扩大了饲料源，而且大大降低了饲料成本。

（2）膨化改良红鱼粉替代白鱼粉。食用龟鳖配合饲料白鱼粉的用量一般在50%左右，之所以使用白鱼粉，而不用价格低、营养成分差不多的进口红鱼粉，主要还是鱼粉新鲜度的问题。因为白鱼粉新鲜度远远高于红鱼粉，适口性好，若饲料中加入红鱼粉将影响到饲料的适口性，造成龟鳖摄食率降低，从而影响龟鳖的生长。因此如果能够提高红鱼粉的新鲜度，从理论上讲可以部分替代白鱼粉。

刘娟萍等（2007）研究表明，挤压膨化处理红鱼粉可以降低红鱼粉的酸价，膨化的适宜条件为：温度110℃，原料含水量为240克/千克，酸价最低可降至1.23毫克KOH/克，降低幅度达59%。龟鳖配合饲料中白鱼粉酸度指标的推荐标准为：1～1.5毫克KOH/克，红鱼粉经过膨化改良后完全符合标准。

刘娟萍等（2007）研究表明，挤压膨化可以降低红鱼粉的组胺含量。挤压膨化前红鱼粉的组胺含量为63.65毫克/千克，挤压膨化后降为22.36毫克/千克，降低了64.87%。龟鳖配合饲料中白鱼粉组胺指标的推荐标准为40毫克/千克，红鱼粉经过膨化处理后完全符合标准。

刘娟萍等（2007）研究表明，挤压膨化处理过的红鱼粉的离体消化率明显优于未经处理过的红鱼粉，与白鱼粉相近。

由此可见，膨化处理的确能提高红鱼粉的新鲜度，从而提高了鱼粉的营养价值，可以适当替代部分白鱼粉，但还要经过实际养殖来验证。

8. 省时省力省人工，提高了劳动生产率，降低了养殖成本

目前我国劳动力成本逐年提高，且人力资源越来越紧张，如何降低用工成本，就成为减少养殖成本一个重要的方面。使用膨化龟鳖料，可以大大提高生产效率，节约劳动力成本。主要原因：一是省掉了粉状龟鳖料投喂前再加工的过程，节约了时间，降低了劳动强度；二是减少了投喂时间。膨化饲料投喂更方便，有些地方跟鱼饲料投喂一样，采用了投饵机投喂（图11-2）。

图 11-2　膨化饲料投饵机与投饵框（来源：周嗣泉）

二、膨化龟鳖料的缺点

热敏物质损失严重。

1. 维生素损失

膨化对维生素造成破坏，特别是对热和湿敏感性强的维生素，如维生素 B_1、维生素 B_2、叶酸、维生素 C、维生素 A、维生素 K 等最容易受到破坏，其他维生素如烟酸、生物素、维生素 B_{12}、胆碱、肌醇等相对比较稳定。

一般通过以下方法来解决膨化加工对维生素的损失。一是有针对性地加量使用容易被破坏的维生素。二是加入与维生素具有协同作用的营养物质来减轻对维生素的破坏，比如维生素 E 和硒，钴和维生素 B_{12} 等。三是选用热稳定型的维生素，如维生素 A 微粒胶囊、微囊型维生素 E 醋酸酯、高稳型维生素 C 磷酸酯等。四是采用后喷涂添加维生素。

2. 酶制剂失活

外源性酶的最适温度在 35～40℃，一般不超过 50℃。但膨化过程温度达到 120℃左右，并伴有高湿、高压的环境，在这样的条件下，大多数外源性酶制剂的活性都将损失殆尽。因此膨化饲料中不添加外源性酶制剂。

3. 活菌制剂活性丧失

目前，饲料中应用较多的外源性微生物制剂主要有乳酸杆菌、酵母、芽孢杆菌等，这些微生物制剂对温度尤为敏感，当膨化制粒温度超过 120℃时其活性将全部丧失。因此在膨化饲料中不添加微生物制剂。

第五节

膨化饲料使用误区

一、龟鳖生长速度不如粉状饲料

龟鳖生长速度与吃食量有很大关系，同一种料在合理的吃食范围内，吃食量越大，生长越快。之所以出现膨化饲料摄食量不如粉状饲料的情况，主要与膨化饲料的内在质量有关。有些厂家为了降低生产成本，利用膨化饲料诱食性好的优势，大量用低值原料替代优质原料，从而造成龟鳖采食量不如粉状料的现象。通过近几年的应用情况来看，膨化饲料只要配比合理，龟鳖的摄食量与粉状饲料差异不大，生长速度也差不多。

二、维生素破坏严重，膨化料不如粉状料

有些维生素膨化过程中比较稳定，有些维生素破坏确实比粉状料大，但可以采取有效措施来解决。

（1）有些单体维生素热稳定性好，见表 11-3。龟鳖料的膨化温度一般控制在 120℃左右，在此温度下，有些单体维生素还是比较稳定的。从表 11-3 中可见，胆碱、B 族维生素在 121℃时稳定性比较高。

（2）有些单体维生素热稳定性不好，但可用其对热稳定性好的剂型来代替，见表 11-3、表 11-4、表 11-5。比如在干法膨化条件下，晶体维生素 C 保存率仅为 28.65%，包膜维生素 C 可达 60%左右，维生素 C 磷酸酯更是高达 82%左右。维生素 C 磷酸酯为维生素 C 衍生物，进入龟鳖体内能够通过磷酸酯酶迅速酶解游离出维生素 C，其既具有维生素 C 的功效，又克服了易被氧化的缺点，

从而大大减少了维生素 C 的损耗，并且还能有效延长维生素 C 储存期。

表 11-3　不同维生素在不同温度下的保存率

膨化温度/在机内滞留时间	121℃/3 分钟	132℃/3 分钟	149℃/3 分钟	154℃/3 分钟	166℃/3 分钟
维生素 A(微粒胶囊)/%	91	88	80	77	71
维生素 D_3(微粒胶囊)/%	94	92	87	85	83
维生素 E(醋酸酯)/%	97	96	94	94	93
维生素 E(醇)/%	55	46	22	15	5
维生素 K(甲萘醌)/%	63	54	37	33	25
维生素 C/%	57	47	31	25	15
胆碱/%	98	97	96	95	94
其他 B 族维生素/%	90～96	85～95	78～89	76～87	71～82

表 11-4　维生素 C 干法膨化条件下不同剂型的保存率

名称	晶体维生素 C	包被维生素 C	包被维生素 C①	维生素 C 磷酸酯
保存率/%	28.65	48.38	59.85	82.41

① 包被维生素 C 测定前经预处理结果更准确。

注：数据引自严芳芳（2013）。

表 11-5　维生素 K 在 120℃不同剂型的保存率

名称	MSB	MPB	MSBC	MNB
保存率/%	28	46	40	53

三、膨化龟鳖料没法加药治病

膨化饲料虽然不能像粉状料那样，可以直接拌成药饵投喂，但厂家可根据客户要求，直接把药物加入饲料中加工成药饵。尤其是中药，在膨化过程中经过超微粉碎及高温、高压、高湿的环境，效果更佳。客户也可根据实际情况，把药物、维生素、酶制剂、微生态制剂等加入黏合剂中，然后再黏到膨化饲料颗粒上投喂。

四、膨化龟鳖料粒径大小无所谓

膨化饲料吃入肠道中要有一个吸水膨胀的过程，因此颗粒不易过大。另外颗粒大小要尽量照顾规格较小的龟鳖，这样可避免因龟鳖规格不整齐，造成吃食不均而影响生长的问题。

五、膨化龟鳖料过量投喂长得快

膨化料诱食好，投喂方便，有些养殖户投喂量远超粉状料，虽然生长速度快，但龟鳖也容易得病。建议：投喂量可参照粉状料，不要超得过多。

六、龟鳖料投喂次数不能改变

养殖户认为投喂次数已多年形成，不能轻易改变，这是一个认识上的误区。南方控温养殖，稚鳖膨化料每天喂 4 次以上。膨化料最好采用量少次多的投喂方式，晚上也可加喂一次，这样既可以增加鳖的食欲有利于采食，又可以有利于消化吸收，提高饲料利用率。

第六节 膨化饲料高效养鳖技术要点

经过近几年不断研究和实践，膨化料养鳖技术已日臻成熟，现把养殖技术要点总结如下。

一、膨化料投喂

1. 膨化料的选择

膨化鳖料一般分为：稚鳖料、幼鳖料、成鳖料、亲鳖料。就其

使用情况来说，南方以稚鳖、幼鳖料为主。北方地区，一般按鳖的不同生长阶段选用不同的饲料，这是由于北方地区养殖方式大多为生态养鳖，养殖周期长，要兼顾生长和健康两方面的要求。

2. 投饵原则

坚持“四定”原则，即定点、定时、定质、定量。

3. 饲料台、框搭建

膨化饲料的投喂场有两种：一是水下饲料台，一般用于沉性膨化饲料的水下投喂；二是水面饲料框，一般用于浮性膨化饲料的水面投喂。

水下饲料台的设置与粉状料相同。水面饲料框的设置，可就地取材，采用 PVC 管、塑料管等，优点是好弯制，在水中平整，局部不上翘。缺点是价格相对高些。至于搭建个数可根据池塘面积而定，面积大就多搭建几个（图 11-3）。每个的面积一般为 20 米^2，也要根据池塘面积而定。其实饲料框的主要作用是不让饲料漂到池边以免造成浪费，再就是便于观察鳖的摄食及活动情况，但从我们使用情况来看，除非风大可能刮到池边，一般情况下不等漂到池边，鳖就吃完了。即使到了池边也不用担心，一般鳖也会吃掉的。因此说面积小的池子不用搭建饲料框，直接投喂即可。但稚鳖养殖是特例，养殖池虽然面积不大，但池内一般都有吊挂于水中的聚乙烯网片做成的寄居巢，以供鳖附着休息，若不搭建饲料框的话，料很容易附着到网片上，影响鳖的摄食。另外稚鳖料由于粒径小，不可避免地会有少量下沉的，建议在饲料框下再搭建水下饲料台，以承接下沉饲料，避免造成浪费。

4. 投喂次数与时间

粉状料投喂次数一般每天上午、下午各一次。膨化料投喂则有些不同，一般本着量少次多的原则。根据近年的养殖试验，常温养殖条件下，生长旺季稚、幼鳖 6～9 月建议每天投喂 3～4 次，成鳖每天 2～3 次。春季根据气温和水温情况每天投喂 1～2 次。控温养殖投喂建议参考常温生长旺季的投喂次数。真正做到投喂次数的科学合理，还有大量的研究工作需要做，建议从生理、生化等方面进行深入研究。

图 11-3 池塘膨化饲料投喂框设置

投喂时间要根据气温、水温的情况作出合理安排。常温养殖春秋季节要尽量安排在中午，夏季伏天要避开水温最高的时间。据我们观察进入伏天，下午 3：00 左右鳖吃食都不行，这主要因为表层水温非常高，已超过鳖最适水温的上限，严重影响了鳖的摄食。

5. 投喂量

影响投饵量的因素很多，包括鳖的体重、水温、水质、气候条件、饲料种类、饲料适口性、养殖方式等，要根据具体情况及时调整，以尽量确定较为合理的投喂量（表 11-6）。表 11-6 中数据是根据外塘常温生态养殖情况总结而来，仅供参考。具体投喂量一般控制在 0.5 小时吃完为宜，据此再进行投饵量的调整。

表 11-6 6～9 月份膨化鳖料投饵率（占体重）

项目	稚鳖	幼鳖	成鳖	亲鳖
投饵率/%	2.8	1.8	1.2	0.8

膨化饲料的日投喂量一般控制在不超过粉状料的水平上，因为在饲料营养水平一致的条件下，膨化料饲料系数要低于粉状饲料。

6. 粒径选择

尽量做到适口，否则影响摄食，尤其稚鳖料。据我们观察成鳖料粒径也不要太大，否则也会影响摄食。鳖不同规格所选择的饲料粒径参见表 11-7。

表 11-7　鳖不同规格所对应的饲料粒径

规格/克	5～25	25～100	100～500	500 以上
粒径/毫米	1.2	1.5	2.0	2.5

7. 投喂方式

一般有两种投喂方式，水上投喂浮性膨化饲料和水下投喂沉性膨化饲料。水上投喂直接把料投到水中或饲料框中即可，也可以使用投饵机投喂。水下投喂直接把料投到水下食台上即可。

传统思想观念认为膨化鳖料应该是浮性的，这是不正确的。就目前甲鱼料的使用情况来看，浮性、沉性料都使用，但侧重点不同。沉性料主要用于温室控温养殖中，浮性料主要用于外塘常温养殖中。

采用何种投喂方式要根据具体情况而定，比如外塘养殖进入炎热的伏天，表层水温往往超过鳖的最适水温的上限，严重影响了鳖的摄食，为此，建议伏天水上投喂可改为水下投喂。

通过一段时间定时定点投喂，鳖也跟鱼一样形成条件反射，到喂食时间都集中在投喂点等待喂食。

二、水温调控

水温是影响鳖摄食生长最重要因素之一，尤其是控温养殖，水温决定着龟鳖的摄食水平。建议温室控温养殖首先要关注水温。一般来说，中华鳖最适水温为 30～31℃，在此温度下鳖摄食量最大，生长速度最快，饵料系数最低。

苏礼荣、江东等（2014）在中华鳖控温养殖条件下，对不同品种、不同水温条件下，膨化饲料与粉状饲料摄食量的研究表明：最适水温条件下的摄食量，膨化饲料与粉状料相差不大，但水温变化 1～2℃，两者差异明显，见表 11-8。

表 11-8　水温对鳖摄食膨化饲料的影响

水温/℃	品种	摄食量达到粉料的水平	最适水温/℃
26～28	泰国鳖	40%～70%	32

续表

水温/℃	品种	摄食量达到粉料的水平	最适水温/℃
30～31	中华鳖	与粉料持平	30～31
28～32	台湾鳖	70%～90%	31～32
30～31	日本鳖	80%～100%	31
31	杂交鳖	超过粉状料同期	31

三、水质调控

膨化鳖料水中稳定性好，浪费少。同时由于消化吸收率高，排泄的氮磷等废物相比粉状料少。因此水质能保持相对较长时间的稳定性。但随着鳖的生长，投饵量的增加，水体中的有机废物、氨氮、亚硝酸盐、硫化氢等也会逐渐增高，积累到一定程度，会影响到鳖的生长和吃食。苏礼荣、江东等（2014）对亚硝酸盐影响鳖摄食量的研究表明：亚硝酸盐对鳖的摄食量有非常明显的影响（表 11-9）。

表 11-9 亚硝酸盐对鳖摄食量的影响

组别	品种	养殖时间	每只吃食量/(克/天)	投喂次数/(次/天)	温度/℃	亚硝酸盐(毫克/升)
1	台湾鳖	116 天	1.5	4	30～31	0.1
2	台湾鳖	106 天	1.3	4	30	0.15
3	台湾鳖	181 天	3.0	3	31	0.05
4	台湾鳖	121 天	1.65	3	30	0.15
5	台湾鳖	121 天	1.45	4	29	0.15～0.2

近几年，我们在养殖生产中为调控水质，重点在物理增氧、微生物改良水质两方面做了大量的工作，也取得了明显效果。增氧方面，采用微孔增氧机和叶轮式增氧机并用的方式（图 11-4），对水体进行立体增氧，增氧效果远远优于单独使用叶轮式增氧机。尤其底层溶氧的改善，可有效抑制有害微生物的滋生，加快有机废物的降解，降低有毒物质的含量，从而有效控制了鳖病的发生。在微生

图 11-4 鳖池微孔增氧机与叶轮式增氧机设置（来源：周嗣泉）

物方面我们重点选择了含有芽孢杆菌、硝化细菌微生物制剂，由于这两种微生物都是好氧的，因此跟微孔增氧配合使用效果更佳。

第七节

膨化鳖料应用效果

一、饵料系数和饲料成本低

张冰杰（2013）对膨化饲料和粉状饲料养鳖效果进行了对比研究（表 11-10）。

表 11-10 膨化和粉状鳖料养鳖效果对比

组别	成活率/%	增重率/%	饵料系数
对照组(粉料组)	86.63	96.38	2.01
实验组(膨化组)	95.97	126.71	1.12

由表 11-10 中可见，实验组增重率比对照组高出 31.47%，饵料系数低 44.28%。这说明只要配方合理，膨化饲料的优势还是比较明显的。

二、规格均匀

鳖规格较均匀，这与膨化料投喂方式有关，由于投饵面积大，鳖无论强弱大小都获得同等吃食机会，因此规格较均匀。尤其稚鳖效果最为明显。

三、生长速度快

据天邦股份公司的试验报道，温室内，稚鳖养殖 7 个月，膨化料出鳖每只 350 克，而粉状料每只 300 克。

四、品质好

甲鱼体型好，色泽鲜亮，肌肉结实，压称有分量，肝脏比例小，油脂金黄色，底板黄，裙边宽大，卖相好，接近野生。

五、得病率低

鳖是否养殖成功，获得较好的经济效益，与鳖的成活率密切相关，只要鳖病少，死亡率低，应该说养殖就基本成功了，只是效益高低的问题。通过近几年养殖观察，膨化饲料养鳖全年得病率低，解剖还发现，原先常见肝胆综合征明显减轻。所以鳖健康，活力生猛。

总之，膨化鳖料的研制和推广还有大量工作要做，营养需求、适口性、养殖技术等方面还需要进行全面深入的研究，以期推动养鳖业的健康发展。

第十二章

龟鳖饲料的科学投喂

在龟鳖养殖生产过程中，正确合理地选用饲料，采用科学的投喂技术，可促进龟鳖的生长，提高饲料效率，降低生产成本，提高经济效益。

龟鳖饲料科学投喂的内容，包括饲料的合理选用、投饵场所的合理建造、投饵量的合理计算、投喂方式的合理选择、投喂方法的正确制定等。

第一节 龟鳖饲料的合理选用

龟鳖饲料是养殖生产的物质保障，其选用是否合理会直接影响到龟鳖的生长。龟鳖种类不同，其生活习性和营养需求就不同，龟鳖不同的生长阶段营养需求也不相同，这是龟鳖饲料合理选用的依据。

一、龟饲料的合理选用

1．陆龟饲料的合理选用

陆龟饲料的选用要遵循低蛋白质、高纤维、高钙磷比的总原则。目前，市售龟粮种类繁多，特点不一，因此选用时要在注意以上总原则的前提下，还要注意陆龟饲料选用的特殊性。主要体现在两个方面：一是不同类型的陆龟营养需求的差异性，雨林型、草原型、沙漠型三类陆龟的营养需求存在差异，这就要求在选用饲料时，要根据不同类型陆龟的食性特点，合理选用；二是陆龟不同生长阶段的差异性，陆龟在不同生长阶段的食性也有差别，稚、幼龟蛋白质的需求量高于亚、成体陆龟，粗纤维的需求量低于亚、成体陆龟，对动物蛋白的需求量高于亚、成体龟。这就要求在选用饲料时要注意以上特点，合理选用饲料。

2. 半水龟饲料的合理选用

半水龟的食性最为复杂，大体可分为杂食偏植物食性、杂食中间食性、杂食偏动物食性三种类型，因此在选用饲料时要根据不同的食性特点合理选用。另外不同生长阶段食性特点也不相同。

3. 水龟饲料的合理选用

水龟的食性大体可分为肉食性、杂食偏肉食性、杂食偏植物食性三种类型，因此在选用饲料时要根据不同的食性特点合理选用。另外不同生长阶段食性特点也不相同。

二、鳖饲料的合理选用

1. 稚鳖饲料的合理选用

稚鳖身体幼小，摄食能力弱，食谱窄。各器官发育不很完善，如口裂小，上、下颌的角质喙硬度较弱等。因此，稚鳖对饲料的质量要求高，要求饲料蛋白质含量高、营养全面、容易消化吸收等。

其饲料种类有天然动物饲料和配合饲料两大类。天然动物饲料以水蚤（红虫）和水蚯蚓为好，这两种活饵蛋白质含量高、营养全面、容易消化吸收，是稚鳖优质的开口饵料。其他鲜活饲料还有摇蚊幼虫、蚯蚓、去壳小虾、鱼糜、绞碎螺肉等。配合饲料要求精、细、软，其蛋白质含量在45%左右，且以动物性蛋白为主。

稚鳖饲料应以配合饲料为主，适量添加一部分天然动物饲料。也可单独以配合饲料作为稚鳖的开口料。

2. 幼鳖饲料的合理选用

幼鳖活动能力和觅食能力强于稚鳖，各器官进一步发育，口已能吞食和咬碎硬的食物。虽然如此，幼鳖对饲料的质量要求仍很高。应以配合饲料为主，适当补充一部分天然动物饲料。配合饲料同样要求精、细、软，营养全面、易于消化吸收，其蛋白质含量在41%左右，且以动物蛋白为主。天然动物饵料包括螺、蚌、鱼肉等，剁碎或绞碎投喂。

3. 成鳖饲料的合理选用

成鳖阶段其活动和觅食能力更强，各器官发育完善。角质喙坚而有力，捕食、撕咬能力强，可以咬碎螺蛳等坚硬的食物。当饵料缺乏时，还可以吃植物、蔬菜、谷物等。

成鳖的饲料以配合饲料为主，可适当投喂一部分天然动物饲料，并搭配少量的植物性饲料。配合饲料蛋白质含量在38%左右，且以动物蛋白为主。鲜活动物饲料包括螺、蚌、虾、鱼肉、畜禽加工副产品等。植物性饲料包括青菜、瓜果等，可以榨汁添加于饲料中。

4. 亲鳖饲料的选用

亲鳖饲料可分为配合饲料与天然动物饲料。一般以配合饲料为主，适当增加天然动物饲料的比例。这两种饲料一般混合使用。配合饲料的蛋白质含量在38%左右，且以动物蛋白为主。天然动物饲料有螺、蚌、虾、鱼肉、畜禽加工副产品等。

为了满足亲鳖繁殖的特殊生理需要，往往在饲料中添加少量的维生素、赖氨酸、蛋氨酸等营养性添加剂，以及投喂一定量的螺蛳来补充产卵所消耗的大量钙质。亲鳖饲料投喂是否合理将影响到鳖的产卵量和卵的质量。

第二节

投饵原则

投饲时必须坚持“四定”原则，即定时、定位、定质、定量。

1. 定时

按时投喂饲料，让龟鳖养成定时吃食的习惯，既有利于龟鳖的生长，又有利于饲养管理。

2. 定位

设置固定的食台（食框），让龟鳖在固定的地方吃食，既便于

观察龟鳖吃食情况，及时调整投饵量，也便于清除残饵，减轻水体污染。

3. 定质

合理选用适宜于龟鳖生长的优质饲料，对于保证龟鳖健康生长至关重要。投喂营养不全的饲料，不仅影响龟鳖的正常生长发育，还容易产生各种营养不良症，如萎瘪症、畸形病等。投喂变质饲料，更容易产生各种病害，如脂肪代谢不良症。

4. 定量

日投饲量应根据龟鳖的体重、水温以及吃食情况灵活掌握。投喂量过多，易造成浪费；投喂量过少，不能满足龟鳖的生长需求。因此，确定适宜投喂量，对龟鳖的生长非常重要。

以上所讲的“四定”原则，并非一成不变，要根据具体情况灵活掌握、适当调整，以最大限度地适应龟鳖的养殖需要。

第三节 投饵量

一、影响投饵量的因素

饲料的投喂量，主要受龟鳖的体重、水温、水质、饲料种类、饲料适口性、饲料黏合性及养殖方式等的影响。

1. 龟鳖体重

龟鳖越小，代谢强度越高，生长速度越快，投饵率也就越高。因此，在养殖过程中，稚、幼龟鳖的投饵率高于成龟鳖。因此，投饵率要随着龟鳖的生长情况及时进行调整。

2. 气温

气温主要对陆龟和半水龟中偏陆地觅食的龟摄食与生长影响较

大，只有在适宜的生长温度范围内，才能够正常摄食与生长。

3. 水温

水温是影响生活在水中的半水龟、水龟和鳖摄食率的决定因素。这主要体现在水温的变化影响龟鳖的吃食量，在龟鳖适宜生长的温度范围内，水温有时变化1～2℃，就会对龟鳖摄食产生很大的影响。因此要根据水温和天气的变化情况，及时调整投饵率。

苏礼荣、江东等（2014）对外塘生态甲鱼养殖过程中，生长季节水温的变化对摄食情况的影响进行了研究（表12-1）。

表 12-1 外塘生态甲鱼养殖水温对摄食情况的影响

项目	7月24日	8月19日	8月23日	8月27日	8月30日	9月2日
水温/℃	29	27.3	25.8	29.8	30.5	30.9
吃食量(膨化颗粒料)/%	0.98	0.68	0.56	0.85	0.98	1.07
吃食量(粉状料)/%	1.17	0.67	0.58	1.00	1.17	1.25

表12-1中数据是根据鳖的实际采食量所得出的，主要是由于天气的变化，如阴天下雨等造成了水温的变化，从而影响了鳖的摄食量。从表12-1中可见水温27.3℃，膨化颗粒饲料的投饵率为0.68%；水温30.5℃，投饵率为0.98%。水温相差3℃左右，投饵率相差近一半。鳖最适宜的生长温度范围为30～32℃，从表12-1中可见水温29.8℃时，投饵率为0.85%；水温30.9℃时，投饵率为1.07%，尽管水温相差1.1℃，投饵率就相差25%以上。由此可见，外塘生态养鳖，池塘水温变化受天气影响较大，不如温室好控制，这就要求时刻关注天气变化对水温的影响，及时调整投饵率。

表12-1中的数据是具体到某一天水温变化对采食量的影响。表12-2中的数据是苏礼荣、江东等（2014）汇总各个月份水温变化情况，对龟鳖平均摄食量的影响。

表 12-2 外塘生态养鳖各个月份水温变化对摄食量的影响

项目	六月	七月	八月	九月	十月
水温/℃	25	28	32	30	25
投喂率/%	0.5	1.1	2	1.6	0.65
吃食时间/分钟	60	60	45	45	60

从表 12-2 中可以明显地看到，随着水温的变化摄食率的变化情况，七月份比六月份高 120%；八月份比七月份高 81.82%，八月份水温达到最佳温度，摄食量最高；九月份水温比八月份下降 2℃，鳖的摄食率比八月份下降了 20%；十月份与六月份水温接近，摄食率基本相同。

由以上可见，随着水温的变化不仅每个月份鳖的摄食率不同，而且每个月份中由于天气的变化，也可造成日摄食率的变化，因此鳖的摄食率还要注意根据天气的情况及时微调。龟养殖过程中也是如此。

4. 水质

对于长期生活在水中的龟鳖而言，良好的水质环境，才能保证龟鳖体质好、摄食旺盛、生长快。反之，则体质弱、食欲差、生长缓慢。尤其在控温养殖条件下。据报道，鳖若长期生活在酸性至弱酸性（pH6.0～6.8）的水体中，不爱活动，摄食量减少，生长缓慢，还易发病。当水体中氨氮的浓度达 7～10 毫克/升时摄食量下降，虽能生存但无法正常生长。由此可见，水质对投饵量也有显著的影响，应引起足够重视。

5. 天气

主要是指阴天、刮风、下雨等突发现象，对水上投饵影响较大，要适当减少投饵量。

6. 饲料适口性

饲料适口性是影响投饵量的重要因素。龟鳖的嗅觉灵敏，对饲料的适口性要求极高。龟鳖喜食适口性好的饲料，而对适口性差的饲料摄取量少，甚至拒食。这一点与某些鱼类（鲤鱼、草鱼等）有不同之处，鱼类对饲料的诱食要求不如龟鳖高。

一般营养价值高的龟鳖饲料，适口性也好，龟鳖喜食；营养价值低的饲料适口性也差，龟鳖对其摄取量小，甚至拒食。

7. 饲料的黏合性

黏合性关系到饲料在水中的稳定性，黏合性好的饲料在水中浪费少，饲料利用率高，其投饵量相对减少。养殖实践表明，饲料黏合性能的高低对龟鳖饲料投喂量的影响非常大，必须引起足够重视。

二、龟鳖投饵量的确定

影响龟鳖投饵量的因素很多，这就要求在确定投饵量时，既要抓住主要因素，又要考虑次要因素。从理论上讲，最适投饵量是存在的，但实际生产过程中是不可能确定的，只能根据具体情况，经过不断地摸索研究，确定一个比较理想的投饵量。目前投饵量的确定方法有两种：一种是通过体重与投饵率来计算，称为公式计算法；另一种是通过实际采食量来确定，称为采食量计算法。

1. 公式计算法

在生产上确定投饵量一般是根据投饵率计算得来，投饵率是指每日所投喂的饲料占龟鳖体重的百分数，投饵量的计算公式：投饵量＝龟鳖重量×投饵率。

（1）龟鳖现存重量的确定

① 抽样法。从龟鳖池中或箱中抽出部分龟鳖，求出龟鳖的平均体重。然后再根据日常记录，从放养龟鳖的总数中减去死亡数，即为现存数量，用此数去乘平均体重，即可估算出龟鳖的现存重量。对于观赏龟来说，由于养殖规模小，数量少，比较适合采用此法，且比较准确。对于食用龟鳖来说，由于养殖规模大，数量多，存在一定的误差。

② 饲料系数法。饲料系数是指增重 1 千克体重所消耗的饲料质量（千克），用所投喂的饲料总量除以饲料系数就可计算出龟鳖的现存重量。

（2）投饵率确定

① 龟投饵率确定。家庭饲养观赏龟以观赏为目的，一般数量少，且饲料种类多样化，一般不按投饵率来计算投喂量，其计算方

法见“摄食量计算法”部分的内容。

生产单位饲养观赏龟以出售商品为目的，主要是半水龟和水龟，从目前饲料的使用情况来看，主要有以下种类：粉状配合饲料、膨化饲料、混合饲料（粉状饲料与新鲜动、植物饲料组合）、天然动物饲料。配合饲料投饵率在生长季节一般3%左右。鲜活动物饵料的投饵率没有固定的规定，可根据动物饵料的供应情况而定，在生长季节一般控制在5%左右。关键还要看其吃食情况，进行合理调整，详见“摄食量计算法”部分的内容。

② 鳖投饵率确定。投饵率受很多因素的影响，不同地区差异很大，现把我们生产过程中的投饵率汇总，见表12-3～表12-5，以供参考。

表12-3　山东地区外塘粉状鳖饲料日投饵率

项目	5月中下旬	6月	7月	8月	9月上旬
稚鳖/%	0.50	2.30	2.20	2.40	0.35
幼鳖/%	0.40	1.65	1.55	1.80	0.25
成鳖/%	0.34	1.35	1.20	1.45	0.20
亲鳖/%	0.30	0.85	0.80	0.95	0.15

表12-4　山东地区外塘膨化鳖饲料投饵率

项目	5月中下旬	6月	7月	8月	9月上旬
稚鳖/%	0.45	2.10	2.00	2.20	0.30
幼鳖/%	0.35	1.50	1.40	1.6	0.20
成鳖/%	0.30	1.22	1.10	1.3	0.16
亲鳖/%	0.25	0.75	0.70	0.85	0.14

表12-5　控温（30～32℃）养殖条件下配合饲料投饵率

项目	粉状饲料			膨化饲料		
规格/克	稚鳖 <50	幼鳖 50～250	成鳖 250～600	稚鳖 <50	幼鳖 50～250	成鳖 250～600
投饵率/%	2.10	1.40	1.20	1.90	1.30	1.10

③ 投饵量的确定及调整。确定了龟鳖的现存重量和投饵率后，两者相乘即为投饲量。在实际生产中，由于龟鳖的现存量每天都在增长，因此，不可能每天都调整投饲量，一般10天左右调整一次。

2. 摄食量计算法

公式计算法存在弊端，龟鳖现存量是一个估算值，投饵率是一个经验值，因此无法确定一个准确的投饵量。最终这个问题还是要在生产过程中来解决，那就是通过龟鳖实际摄食量来最终确定。这种方法的优点是兼顾了影响龟鳖投饵量的各种因素。

（1）首先确定龟鳖摄食时间　通过多年的养殖实践，可以确定一个龟鳖合理的摄食时间。摄食时间的长短主要受投喂方式的影响。

① 家庭观赏龟摄食时间。陆龟饲料投喂方式为水上投喂，一般控制在0.5小时吃完。半水龟、水龟饲料如果水上投喂，一般控制在0.5小时吃完；如果水中投喂，一般控制在2～3分钟吃完。

家庭养殖观赏龟一般以观赏为目的，且养殖数量有限，饲料的投喂时间没有严格的要求，以龟健康生长为标准，不可过量投喂。

② 养殖场商品观赏龟摄食时间。主要是指半水龟和水龟的养殖，如果水上投喂，一般控制在1.5小时左右吃完；如果水中投喂一般控制在0.5小时左右吃完。

养殖商品观赏龟，养殖数量较多，主要以出售商品赚钱为目的，因此要兼顾观赏和生长两方面，在不影响观赏价值的前提下，要加快龟的生长速度。

③ 食用龟鳖摄食时间。食用龟鳖投喂方法一般分为水上投喂和水中投喂，水中投喂又分为水面投喂和水下投喂。粉状龟鳖料一般为水上和水下投喂，膨化颗粒饲料一般为水面和水下投喂。水上投喂一般控制在1.5小时左右吃完；水中投喂一般控制在0.5小时左右吃完。

（2）确定最大摄食量　健康龟鳖可先停食一天，然后足量喂食，在规定时间内测定摄食量作为最大摄食量。规定时间就按上面所述龟鳖摄食时间来执行。

（3）投饵量确定　投饵量一般按最大摄食量70％～80％来

计算。

(4) **投饵量的调整** 分为阶段性调整和微调整。在实际生产中，随着龟鳖的生长，一般10天左右阶段性调整一次投饵量。另外，在养殖过程中若遇突发情况，还要随时进行微调整。

总之，这两种方式要相互参考，以确定一个合理的投喂量。

第四节

投饵频率与投喂次数

投喂频率是指间隔几天投喂一次的问题。投喂次数是在日投喂量确定后一天分几次投喂的问题。

一、陆龟投喂频率和投喂次数

对于陆龟来说，频繁投喂，对其健康生长是不利的，一方面会加重内脏的负担，影响对食物的消化吸收，很多营养成分来不及消化吸收就排出体外，最明显的是粪便不成形。另一方面充足的食物影响了陆龟的觅食活动，不利于其体质的增强。

建议投喂频率和次数：幼龟天天喂，每天1次；亚、成体龟可隔天喂一次。

二、水龟和半水龟投喂次数

家庭观赏龟建议：天天投喂，每天1次。

养殖场商品观赏龟建议：天天投喂，稚、幼龟每天2～3次；亚、成体龟每天1～2次；种龟每天一次。

三、食用龟鳖投喂次数

建议：粉状饲料每天2～3次；膨化饲料每天4～5次。

第五节

投 饵 场

投饵场是龟鳖摄食的场所，其设计建造是否合理，将直接影响到饲料的利用率和水体的水质状况。投饵场设计建造合理，一方面可以减少饲料浪费，提高饲料利用率；另一方面又可以减轻水体污染程度，为龟鳖的健康生长创造一个良好的水质环境。因此，投饵场设计与建造应引起足够重视。

投饵场主要是针对规模化、商品化养殖食用龟鳖而言。对于观赏龟养殖来说，家庭养殖不用专门建造投饵场；养殖场养殖观赏龟，由于其养殖规模小，且水体小，可以随时换水排污，活动场地就可作为投饵场；对于食用龟鳖养殖而言，由于规模大，换排水不方便，为了减少饲料浪费，减轻水体污染就必须重视投饵场的设计与建造。

一、投饵场设计建造原则

要遵循合理、适用、经济的原则。

二、投饵场常见类型

1. 斜坡型

斜坡型投饵场见图 12-1、图 12-2。一般适用于水上投饵。

投饵场可以用水泥预制板、水泥瓦、木板、竹板架设而成，也可以用水泥、沙子、石头建造而成。

投饵场斜面一般与水平成 30°角，斜板（坡）表面最好做成波纹状，以使饵料不易落入水中，但表面要光滑，以防磨伤龟鳖的腹甲。

斜坡型投饵场优点：比较实用，既可作为投饵场，也可作为晒

图 12-1 温室水泥投饵场与晒背场（来源：周嗣泉）

图 12-2 外塘水泥瓦投饵场与晒背场（来源：周嗣泉）

背场；易于观察龟鳖的吃食活动情况；操作管理方便。缺点是：龟鳖在摄食过程中会爬到饲料上造成浪费。

2. 平台型

平台型投饵场见图 12-3。既可以适用于水上投饵，也可以适用于水下投饵。

平台型投饵场台面不倾斜，一般水下投饵场多采用这种方式。

图 12-3 温室稚鳖池水下投饵场（来源：周嗣泉）

建造方法同斜坡型。

平台型投饵台的优点是：操作管理方便；缺点是：龟鳖在摄食过程中会爬到饲料上，造成浪费。

3. 栅栏型

栅栏型投饵场见图 12-4。既可以适用于水上投饵，也可以适用于水下投饵。

栅栏型投饵场是在斜坡型和平台型投饵场的基础上，设置栅栏

图 12-4 栅栏型投饵场

建造而成。龟鳖在摄食过程中，只能将头伸入摄食，而身体不能爬入。

栅栏型投饵台的优点是：饲料浪费少，水体污染轻；减少了龟鳖在摄食过程中相互拥挤踩压。另外，还可以用栅栏式投饵笼。这种投饵场主要适用于小规模养殖，最好是水上投喂方式，一般观赏龟养殖用得多。在使用过程中要防止夹伤龟鳖。

4. 围框型

围框型投饵场见图 12-5、图 12-6。一般适用于膨化颗粒浮性饲料的投喂。

图 12-5 方形围框投喂场（来源：周嗣泉）

图 12-6 圆形围框投喂场（来源：周嗣泉）

温室内可用不同的材料与设置有聚乙烯网片寄居巢的区域隔开，作为投饵场，防治饲料粘在网片上。外塘可用不同材料搭建饲料框，一般用 PVC 管或塑料管搭建，优点是不变形，易搭建。搭建的个数可根据池塘面积来定。

第六节

投饵方式

投饵方式一般分为水上投喂、水下投喂和水面投喂三种方式。

一、水上投喂

1. 龟饲料水上投喂

各种龟饲料的投喂，除膨化饲料外，一般都采用水上食台投饵法。这种方法是把饲料投放于水上食台上，让龟定点摄食。

2. 鳖饲料水上投喂

（1）团状饲料水上投喂法　这种方法是把粉状配合饲料加工成面团状饲料，投放在水上饵料台上，让鳖在水上摄食。

这种方法的优点：饲料浪费少，利用率高；对饲料黏合度要求比水下投喂低；对鳖的健康状况易观察；吃剩的残饵易清扫；对水体污染轻等。

这种方法的缺点：①不符合鳖水下摄食的习性。②摄食时间长，达 1.5 小时左右，而水下摄食一般在 0.5 小时以内，夏天温度高易变质。③对于温室养鳖来说，由于温室气温高、湿度大，摄食时间长，很容易造成饲料稀软或变质。④外界环境因素对鳖摄食影响大。⑤鳖在食台和水中往返体力消耗大，能耗高。⑥饲料损耗高于水下投喂软颗粒饲料，因为面团饲料在摄食过程中需要撕咬，不如软颗粒饲料适口，因此浪费要多些。

(2) 软颗粒饲料水上投喂法　这种投喂法是把粉状饲料制成软颗粒状饲料（图 12-7），投喂于水上饵料台，让鳖在水上摄食。这种投饵方法除具有水上食台团状投饵法的优缺点外，还有一个最大的优点，就是饲料浪费更少。主要原因是做成颗粒状饲料适口性好，鳖不用撕咬，可直接吞食。

图 12-7　软颗粒鳖料加工（来源：周嗣泉）

(3) 天然动、植物饲料水上投喂法　天然动、植物饲料水上投喂方法，一般是先用绞肉机绞成肉糜或榨汁后，与粉状料混合，做成团状或软颗粒状投喂。动物饵料也可切成块状或片状直接投喂。

二、水下投喂

1. 龟饲料水下投喂法

一般主要针对底部生活的观赏水龟，比如猪鼻龟等。所投喂的饲料是膨化缓沉性颗粒饲料，直接把饲料投喂到水体中，让龟在饲料的沉降过程中或水底摄食。

2. 鳖饲料水下投喂法

水下投喂是指把饲料投喂到水面下的饲料台上，用这种方式所投喂的饲料包括粉状配合饲料、膨化沉性饲料和天然动物饲料。

(1) 粉状配合饲料水下投喂法　这种方法是把粉状配合饲料做成团状或颗粒状，投放于水下食台上，让鳖在水下摄食。

这种方式的优点：一是摄食时间短，一般半小时内就能吃完。二是摄食受外界环境影响小，鳖吃食量比较稳定，尤其是外塘养殖更为明显。因此，总投喂量要高于水上投喂这种方式，从而加快了鳖的生长。建议高产池塘可采用这种方式。三是龟鳖在摄食过程中不用在食台和水中往返，减少了能耗。

这种方式的最大缺点是饲料在水中的溶失问题，主要体现在以下几方面：一是饲料本身的溶失。应该说只要水下投喂这是不可避免的，关键是如何在不影响龟鳖摄食和消化吸收的前提下，怎样最大限度地提高饲料的黏合性。通过近几年的实践来看，这个问题已解决得比较好，首先是选择合适的黏合剂，其次掌握好添加量，过高影响消化吸收，过低影响黏合度。二是由于鳖摄食时爬到食台饲料上活动所造成的损失，这种方式所造成的损失有时要高于饲料自身的溶失。

在控温养鳖饲料投喂过程中观察到，饲料的浑水程度与鳖的规格呈正相关的关系，也就是说规格越大浑水越严重。这主要是由于规格越大鳖活动能力越强，从而造成的损失就越大。解决这一问题的办法有两条途径：一是随着鳖的生长合理调整黏合剂的添加量；二是投喂软颗粒饲料，可以大大减少鳖在撕咬过程中的损失。

(2) 膨化饲料水下投喂法　这种投饵方式是把沉性膨化饲料投放于水下食台上，让鳖在水下摄食。其优点除具有水下投喂粉状饲料的优点外，还有一个最大优点是膨化饲料的使用从根本上解决了饲料在水中的浪费问题，从而大大减轻了水体的污染。

3. 天然动、植物饲料水下投喂法

天然动物饵料的水下投喂，一般是把动物饵料切成小块直接投喂即可，不再与配合饲料绞在一起投喂，因为鲜活动物饵料的掺入会大大降低饲料的黏合程度，从而造成水下投喂浪费严重。

三、水面投喂

这种投饵方式是把浮性配合饲料直接投喂于水中，让龟鳖在水

面摄食。水上与水下投喂一般要搭建食台，而水面投喂要围建投饵框，大水面可用 PVC 管、塑料管等围建，小水面直接投喂即可。与水下投喂沉性膨化饲料相比，这种投饵方式的优点是容易观察龟鳖的吃食与健康状况，但受外界环境的影响大。

第七节

陆龟养殖饲料投喂技术实例

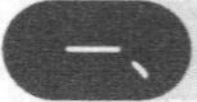

一、沙漠型陆龟家庭养殖饲料投喂技术

1. 饲料种类

（1）主食　主要是高纤维的双子叶植物（野菜）和单子叶植物（野草、牧草）。主要种类：蒲公英、车前草、苜蓿、黑麦草、三叶草、荠菜、紫背菜、蟛蜞菊、苦苣菜、野葛菜、马齿苋、桑葚叶、扶桑叶、紫花地丁、地瓜叶、油菜叶、空心菜叶、圆白菜等。

（2）配食　主要是纤维较低的蔬菜。主要种类：芥蓝、芥菜、雪里红、紫甘蓝、莴苣叶、草菇、花椰菜、红苋菜、金针菇、芦荟、灰灰菜、野苋菜、丝瓜叶、榆钱叶、枸杞叶、小白菜、木耳菜、无刺仙人掌、芹菜叶、香椿、大头菜叶、萝卜叶、青椒叶、嫩笋叶、嫩玉米叶等。

（3）零食　主要是瓜果蔬菜一类。主要种类：油麦菜、胡萝卜、黄瓜、南瓜、西红柿、猕猴桃、香蕉、木瓜、芒果、柑橘、葡萄、带皮苹果、野山莓、桑葚等。

（4）花和植物种子　菊花、扶桑花、玫瑰花、丝瓜花、茄子花、南瓜花、天竺葵、芙蓉花、锦葵、蜀葵、三色堇、蔓性风铃花、木槿花、蟹爪兰花等。

2. 投喂量

主食比例60%～80%，其中多肉植物（野菜）占30%～40%，高纤维植物（野草）占30%～40%；配食比例20%～40%。零食除龟开食外，尽量不投喂；花和植物种子少量投喂。

3. 投喂方法

投饵次数：幼龟每天一次，亚、成体龟每2天1次。投喂量以每次0.5小时吃完为宜。另外龟苗、幼龟每周左右加喂一次维生素和钙粉，亚、成体龟每半个月加喂一次。配合饲料可根据具体情况而定，一般不投喂或少投喂。

二、草原型陆龟家庭养殖饲料投喂技术

1. 饲料种类

与沙漠型陆龟相同。

2. 投喂量

主食比例50%～60%，其中双子叶植物占30%～40%，单子叶高纤维植物占20%～25%；配食比例30%～40%；花和植物种子比例5%～10%；零食尽量不喂或少喂。配合饲料可根据具体情况而定，一般不投喂或少投喂。

3. 投喂方法

与沙漠陆龟相同。

三、雨林型陆龟家庭养殖饲料投喂技术

1. 饲料种类

与沙漠型陆龟基本相同，可以投喂少量动物蛋白饲料。

2. 投喂量

主食比例30%；配食比例60%；零食适量投喂；动物性蛋白饲料少量投喂；配合饲料可根据具体情况而定，一般不投喂或少投喂。

3. 投喂方法

与沙漠陆龟相同。

第八节

半水龟养殖饲料投喂技术

一、偏陆地觅食型半水龟家庭养殖饲料投喂技术

1. 饲料种类

(1) 动物性饲料　蚯蚓、蜗牛、蛞蝓、蝗虫、蟋蟀、黄粉虫、蝇蛆等陆生动物为主；鱼、虾、螺蚌等水生动物为辅。

(2) 植物性饲料　纤维较低的绿叶蔬菜、食用菌类、胡萝卜、南瓜、马铃薯、豆类等为主；纤维较高的蔬菜、野菜、青草等为辅；少量水果、野花类等。

(3) 配合饲料　一般为膨化颗粒饲料。

2. 投喂量

(1) 天然动、植物饲料　动物性饲料50%～60%，植物性饲料40%～50%；水果和花朵少量补充。饲料以每次0.5小时吃完为宜。天然动、植物饲料也可与配合饲料适当搭配投喂。

(2) 配合饲料　水中投喂以2～3分钟吃完为宜，水上投喂以0.5小时吃完为宜。配合饲料也可适当搭配天然动、植物饲料投喂。

3. 投喂方法

一般每天1次。

二、偏水中觅食型半水龟家庭养殖饲料投喂技术

1. 饲料种类

(1) 动物性饲料　水中昆虫、蛙类、蝌蚪、鱼、虾、蟹、泥鳅、黄鳝、螺蚌等水生动物为主；蚯蚓、蜗牛、蛞蝓、蝗虫、蟋蟀、黄粉虫、蝇蛆等陆生动物为辅。

（2）植物饲料　水生植物、蔬菜、水果等。

（3）配合饲料　一般为膨化颗粒饲料。

2. 投喂量

（1）鲜活动、植物饲料　动物性饲料80%左右，植物性饲料20%左右。饲料以每次0.5小时吃完为宜。天然动、植物饲料也可与配合饲料适当搭配投喂。

（2）配合饲料　投饵量水中喂食以2～3分钟吃完为宜，水上投喂以0.5小时吃完为宜。配合饲料也可适当搭配鲜活动植物饲料。

3. 投喂方法

一般每天1次，幼龟可适当增喂1次。

三、黄缘闭壳龟养殖膨化颗粒饲料投喂技术

家庭养殖和养殖场养殖，在饲料投喂方面是有差异的。把养殖场养殖黄缘闭壳观赏龟膨化饲料投喂技术简介如下。

黄缘闭壳龟培育阶段大体可分为：稚龟阶段、幼龟阶段、成龟阶段三个阶段。稚龟、幼龟一般温室控温培育，成龟一般常温培育。

1. 稚龟阶段

稚龟（5～8克）出壳后，2～3天肚脐愈合，就可放入暂养箱内饲养。再过2～3天卵黄吸收完后，放入稚龟池饲养。一般温度30℃左右，光照400勒克斯，水深1～2厘米。

（1）饲料种类　龟专用膨化颗粒饲料，蛋白质含量42%左右，粒径1.2毫米左右。

（2）投喂率　日投饵率为稚龟总重量的2%左右，一般以2小时左右吃完为宜。

（3）投喂方法　水上投喂，每天2次，上午8:00、下午17:00各投喂1次。

2. 幼龟阶段

稚龟培育半年左右，体重150克左右，就可放入幼龟池培育。这一时期大约需要3.5年的时间。

（1）饲料种类　一龄龟（150 克左右），继续投喂稚龟膨化颗粒饲料；二龄龟（300 克左右）投喂幼龟料，蛋白质含量在 35%左右；三龄龟（500 克左右）继续投喂幼龟料。

（2）投饵率　日投饵率大体为龟总重量的 4%左右。要根据龟的吃食情况合理调整。

（3）投饵方法　水上投喂，每天 2 次，上午 8:00、下午 17:00 各一次。

3. 成龟阶段

经过 4 年左右的培育，体重达 500 克左右时，就可以转入常温成龟池培育。这一阶段需一年的时间。

（1）饲料种类　成龟阶段投喂成龟专用膨化颗粒饲料，蛋白质含量在 25%左右。适当补充一部分瓜果、蔬菜等。

（2）投饵率　成龟日投饵率为 1%～3%，要根据龟的吃食情况进行调整。

（3）投喂方法　每天投喂 1～2 次，根据气温的变化情况进行调整。

经过 5 年的培育，龟达到 600 克左右就可出售。

第九节

观赏与食用水龟养殖饲料投喂技术

一、观赏黄喉拟水龟养殖饲料投喂技术

黄喉拟水龟养殖大体可分为以下几个阶段：稚龟阶段、幼龟阶段、成龟阶段、亲龟（种龟）阶段。一般来说，稚、幼龟温室内控温饲养，成龟、亲龟常温池饲养。

1. 稚龟阶段

一般从 7 月份左右开始，这一阶段从稚龟孵出开始，大约 1 个

月左右：前15天为暂养阶段，在暂养箱内饲养；后15天为正式饲养阶段，可放入温室稚龟池内养殖。

（1）饲料种类 暂养阶段和正式养殖阶段饲料基本一致，以动物饲料和配合饲料为主。动物饲料主要为丝蚯蚓、鱼肉、虾肉等。配合饲料主要为膨化饲料，蛋白质含量为42%。由于稚龟的摄食能力和消化能力弱，要尽量投喂容易消化吸收的饵料。

（2）饲料投喂 每天2次，上午8:00和下午17:00动物饲料和配合饲料各一次。

动物饲料投喂量一般为龟总重量的3%～5%之间，由于稚龟规格小，投喂时鱼、虾等新鲜动物饵料要切碎用食盐水消毒后投喂，丝蚯蚓可直接投喂活饵；配合饲料投喂量为龟总体重的3%左右，膨化饲料粒径要适宜，一般为1.2～1.5毫米，过大会影响龟的吃食。饲料一般以龟2小时吃完为宜。

2. 幼龟阶段

稚龟经过1个月的饲养体重可达50克左右，就进入幼龟饲养阶段。

（1）饲料种类 这一阶段随着幼龟摄食和消化能力的提高，饲料的种类增多，可以在稚龟动物饲料基础上增加植物饲料，包括面粉、玉米、麸皮、南瓜、胡萝卜、蔬菜等。各种饲料要合理搭配，以保证幼龟营养的均衡性。一般动物饲料的比例在50%左右，植物饲料的比例50%左右。也可以投喂专用膨化颗粒饲料。

（2）饲料投喂 前期幼龟（50～200克），每天投喂两次，上午9:00，下午17:00，每次投喂量为龟总重量的2%左右。后期幼龟（200克左右），每天投喂1次，要减缓生长速度。投喂时间，每天上午9：00左右，每次投喂量为龟总重量的2%左右。饲料以0.5小时左右吃完为宜。

3. 成龟阶段

幼龟经过一年的饲养，达到500克左右，就可放到常温池塘饲养。

（1）饲料种类 以动物饲料和膨化饲料为主。动物饲料为鱼肉、螺肉、蚯蚓等。配合饲料蛋白质含量在38%左右。

(2) 饲料投喂　夏季每天1次，春秋季两天一次。动物饲料和膨化饲料交叉投喂。动物饲料投喂前先用3%食盐水消毒，日投喂量4%左右；膨化饲料日投喂量3%左右。饲料以0.5小时吃完为宜。

成龟经过三年养殖就可上市销售了。

4. 亲龟阶段

黄喉拟水龟每年5～8月产卵。因此，亲龟培育可分为三个阶段：产前阶段、产中阶段和产后阶段。

(1) 产前阶段　一般3～5月为产前阶段。

亲龟经过一个冬天的冬眠，体重减轻，6月份左右就开始产卵，因此这一阶段必须保证营养充足，为产卵做好准备。

饲料以动物性饲料为主，以水果和膨化饲料为辅。可根据具体情况而定。

总投喂安排：每3天投喂饲料1天，投喂时间上午8:00和下午17:00各投喂一次。

具体投喂计划：每月投喂动物性饲料鱼肉、螺肉、蚯蚓等6天，投饵量为龟总重量的4%左右；每月投喂植物性饲料香蕉、葡萄、西红柿和蔬菜等2天，投饵量为总重量的3%左右；每月投喂配合饲料2天，投喂量为龟总重量的3%左右。饲料每次以0.5小时吃完为宜。

(2) 产中阶段　一般5～8月为产中阶段。

这一阶段以膨化饲料为主，水果蔬菜和动物性饵料为辅。

总投喂安排：每3天投喂一天，每天早8:00投喂1次。

具体投喂计划：每月投喂配合饲料6天，投饵量为龟总重量的3%左右；每月投喂水果蔬菜2天，投饵量为3%左右；每月投喂动物性饲料鱼肉等2天，投饵量为4%左右。饲料每次以0.5小时吃完为宜。

(3) 产后阶段　8～10月份为产后阶段。

这一阶段一方面要补充产卵期的营养消耗，另一方面要为越冬做准备。饲料以动物饲料为主，膨化饲料和水果蔬菜为辅。

总投喂安排：每3天投喂一天，每天投喂2次，上午8:00和

下午 17:00 各 1 次。

具体投喂计划：每月投喂动物性饲料鱼肉等 6 天，投饵量为每次 4%；每月投喂膨化饲料 2 天，投饵量每次为 3%；每月投喂植物饲料水果蔬菜等 2 天，投饵量为 3%。

二、食用蛇鳄龟饲料投喂技术

食用蛇鳄龟稚、幼龟一般在温室内采用控温养殖，成龟（500 克）一般在常温池养殖。采用这种养殖方式，一般一年可达商品规格（1.5 千克），若在常温条件下，一般需三年左右的时间。

蛇鳄龟培育可分为四个阶段：稚龟阶段、幼龟阶段、成龟阶段和亲龟阶段。

1. 稚龟阶段

稚龟从 7～18 克左右培育至 50 克左右的培育过程，称为稚龟培育。由于稚龟很娇嫩，背甲、腹甲尚较软，摄食能力差，故各项操作均需细心。

（1）暂养阶段　稚龟开口饲料可选蛋黄、猪肝、红虫、丝蚯蚓、专用配合饲料。开口料最好投喂已经消毒处理的活体大型浮游动物中的枝角类，不仅营养价值高且不断跳动，容易被稚龟发现并捕食。此外，丝蚯蚓也不失为较理想的开口饵料。暂养后期可投喂膨化饲料，蛋白质含量 50%，其粒径约为 1.5 毫米左右。

（2）稚龟正式培育阶段　饲料以投喂配合饲料为主，蛋白质含量 50%。以丝蚯蚓等经消毒处理的活饵为辅。日投喂量，配合饲料为龟总重的 1%～3%，天然动物饲料为 5%左右，以投喂 2 小时内吃完为准。投喂次数，每天 4 次：6:00～7:00、10:00～11:00、14:00～15:00、18:00～19:00。

2. 幼龟阶段

将体重 50 克左右的龟培育至体重 200 克左右的龟的培育过程，称为幼龟培育。

（1）饲料　常用饲料有：配合饲料，包括粉状饲料和膨化饲料，要求营养全面、易于消化吸收、以动物蛋白为主，蛋白质含量在 45%左右；动物性饲料，如鲜鱼、虾、螺、蚌、蚯蚓等。

切忌长期投喂单一种类饲料，应多种饲料交替投喂。

（2）投饵量　日投饵率根据饲料种类、温度等情况而定。膨化颗粒饲料为0.5%～2.0%，以1.5小时左右吃完为宜；小鱼小虾为5%左右，以1.5小时左右吃完为宜。

（3）投喂次数　每日6:30～7:30、12:00～13:00、17:00～18:00分三次投喂，其中傍晚一次投喂量约占全日的2/3。投喂过程努力保持环境安静。

3. 成龟阶段

（1）饲料

① 配合饲料，一般为膨化颗粒饲料，蛋白质含量40%左右。

② 天然动物饲料：应选用鲜活贝类和鲜活小鱼、小虾或蚯蚓、蝇蛆及青饲料，并要交叉投喂，不可长期单一投喂。

（2）投饵量　配合饲料投饵率1.5%～2.5%，以1.5小时左右吃完为宜；鲜活饵料为5%～10%，以1.5小时左右吃完为宜。

（3）投喂次数和时间　每日三次，分别在6:00～7:00、12:00～13:00、17:00～18:00进行。

4. 亲龟阶段

饲料以配合饲料为主，蛋白质含量为42%左右。这一阶段要加大动物饲料的投喂量。其具体的投喂技术可参见成龟阶段。

三、猪鼻龟家庭饲养饲料投喂技术

猪鼻龟高度水栖，杂食偏植物食性，在自然界以水生植物及落到河里的果实、花朵、树叶为食，也摄食动物性食物如软体动物、昆虫幼体、甲壳动物、鱼类等。

1. 饲料种类

植物饲料，包括金鱼藻、空心菜、苹果、香蕉、西红柿等；动物饲料，包括鱼、虾、丝蚯蚓、蚯蚓等；配合饲料主要为膨化缓沉性颗粒饲料，因为猪鼻龟是深水龟。

在饲养过程中成龟天然动、植物饲料的配比一般控制在1∶2，幼龟对动物性饵料的需求比成龟高，可以适当提高动物性饲料的比例，一般控制在1∶1.5。

由于猪鼻龟的肢体特化呈鳍状，不利于撕扯食物，因此投喂前要切成合适的小块，以便吞食。

2. 投饵量

首先确定饱食量，在此基础上每次按 6～7 成投喂即可。配合饲料一般掌握在 2～3 分钟吃完为宜。天然动、植物饲料适量投喂。健康猪鼻龟的食量很大，几乎可以从早吃到晚，因此一定注意不要过量投喂。

3. 投喂次数

隔天一次，一般夜晚投喂。

第十节

中华鳖饲料投喂技术

中华鳖培育可分为四个阶段：稚鳖阶段、幼鳖阶段、成鳖阶段、亲鳖阶段。

一、稚鳖阶段饲料投喂技术

刚出壳的稚鳖，抵御外界环境变化的能力差。因此，一般不直接放到室外养殖，先在室内养殖。刚破壳的稚鳖可在浅水盆内进行 3 天左右的暂养，后期在室内水泥池中进行。

1. 饲料种类

稚鳖饲料，分为鲜活动物饵料和人工配合饲料两种。天然动物饵料以丝蚯蚓为最好，蛋白质含量高、营养全面、容易消化吸收，是稚鳖优质的开口饵料。其他还有摇蚊幼虫、黄粉虫、蚯蚓、去壳小虾、鱼糜、绞碎螺肉等。配合饲料又分粉状和膨化颗粒两种，要求营养全面、易于消化吸收、以动物蛋白为主，蛋白质含量在 45％左右。

2. 投喂方法

(1) 天然动物饲料　稚鳖开口料以丝蚯蚓和鱼糜为好。活饵料可直接投喂到水中让鳖直接摄食。鱼糜等新鲜动物饲料可投放在水上饵料台上。天然动物饲料日投饵率一般为体重的5%左右，每次以2小时左右吃完为宜。出壳1周后，可投喂螺肉、猪肝、鸡肝等动物性饲料。日投饵率为鳖重的5%左右。

(2) 配合饲料　粉状料投饲方式，可采用水上或水下投喂两种方式。每天2次，上午、下午各1次，日投饵率一般为鳖体重的0.35%～2.5%。水上投喂每次以2小时左右吃完为宜，水下投喂每次以0.5小时吃完为宜。

膨化饲料分为水面和水下投喂两种方式，水面投喂直接投到水面上或饲料框内；水下投喂可选用沉性膨化饲料，直接投到水下饲料台上，水下投喂鳖吃食受外界影响小，值得推广。投喂次数，每天4～5次，投喂量一般为鳖体重的0.3%～2.2%，一般每次以0.5小时吃完为宜。投饵时间可根据具体情况而定。

由于稚鳖破壳后生长时间并不长就要面临越冬，个体质量仅在10克左右，晚期出壳的只有3～4克，因而对越冬的适应能力较差。为了使稚鳖安全越冬，应在秋后稚鳖停食前加强饲养管理，使稚鳖体内脂肪得到积蓄，提高体内能量储存。

二、幼鳖阶段饲料投喂技术

1. 饲料种类

常用饲料有：配合饲料，包括粉状饲料和膨化饲料，要求营养全面、易于消化吸收、以动物蛋白为主，蛋白质含量在41%左右；动物性饲料，如鲜鱼、虾、螺、蚌、蚯蚓等。

2. 投喂方式

配合饲料可采用水上和水下两种投喂方法。天然动、植物饲料可以和配合饲料搭配在一起水上投喂。天然动物饲料也可单独水下投喂。

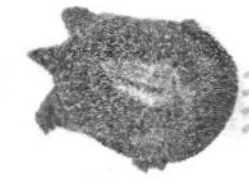

3. 投喂次数

水温 18～20℃，两天投喂 1 次；水温 20～24℃时，每天上午 10:00 左右投喂 1 次；水温 24℃以上时粉状料每天投喂 2 次，分别为上午 9:00 前和下午 16:00 时后各投喂 1 次。膨化料每天投喂3～5 次，投喂时间可根据具体情况而定。

4. 投喂量

配合饲料的日投饲率为鳖体重的 0.2%～1.8%；天然动物饲料日投饲率为 5%左右。投饲量多少应根据池塘水温、天气情况和鳖的摄食强度及时进行调整。水上投喂应控制在每次 1.5 小时左右吃完为宜，水下投喂应控制在 0.5 小时内吃完为宜。两种饲料既可搭配投喂，也可交替单独投喂。天然饵料根据供应情况尽量投喂，投喂前要用食盐水浸泡消毒。

三、成鳖阶段饲料投喂技术

1. 饲料种类

成鳖阶段其活动和觅食能力更强，器官发育完善。角质喙坚而有力，捕食能力强，可以咬碎螺蛳等坚硬食物。成鳖饲料主要为人工配合饲料和新鲜动物饵料，并搭配少量植物性饲料。配合饲料蛋白质在 38%左右。动物性饲料为螺、蚌、小虾、鱼肉、畜禽加工副产品。植物性饲料包括青菜、瓜果、胡萝卜等，可以榨汁添加于饲料中。

2. 投喂方式

配合饲料可采用水上和水下两种投喂方法。天然动、植物饲料可以和配合饲料搭配在一起水上投喂。天然动物饵料也可单独水下投喂。

3. 投喂次数

粉状饲料每日投喂 2 次，上午、下午各一次；膨化饲料每日投喂 3～4 次。

4. 投喂量

粉状料日投饵率为鳖体重的 1.5%左右，水上每次以 1.5 小时

吃完为宜，水下投喂以 0.5 小时吃完为宜；膨化饲料日投饵率为鳖体重的 1.3%左右，每次投喂以 0.5 小时吃完为宜。

四、亲鳖阶段饲料投喂技术

1. 饲料种类

亲鳖的饲料可分为配合饲料与天然动物饲料。一般以配合饲料为主，适当增加天然动物饲料的比例。这两种饵料一般混合使用。配合饲料的蛋白质含量在 38%左右，且以动物蛋白为主。新鲜动物饵料有螺、蚌、虾、鱼肉、畜禽加工副产品等。

为了满足亲鳖繁殖的特殊生理需要，往往在饲料中添加少量的维生素、赖氨酸、蛋氨酸等营养性添加剂，以及投喂一定量的螺蛳来补充产卵所消耗的大量钙质。亲鳖饲料投喂是否合理将影响到鳖的产卵量和卵的质量。

2. 投喂方式

配合饲料可采用水上和水下两种投喂方法。天然动、植物饲料可以和配合饲料混在一起水上投喂。天然动物饲料也可单独水下投喂。

3. 投饵次数

粉状饲料每日投喂 2 次，上午、下午各一次；膨化饲料每日投喂 3～4 次。

4. 投饵量

粉状料日投饵率为鳖体重的 1%左右，水上每次以 1.5 小时吃完为宜，水下投喂以 0.5 小时左右吃完为宜；膨化饲料日投饵率为鳖体重的 0.8%左右，每次投喂以 0.5 小时左右吃完为宜。

·REFERENCES·

参考文献

[1] 周嗣泉．塑料大棚恒温养鳖技术研究[J]．科学养鱼，1996，(4)：19-21.
[2] 周嗣泉等．鳖的营养与饲料[M]．北京：科学技术文献出版社，1999.
[3] 周嗣泉等．酶制剂在鳖用配合饲料的应用[J]．饲料工业，2000，21(5)：37-38.
[4] 周嗣泉等．鳖用饲料中碳水化合物节约蛋白质效果[J]．中国饲料，2000，(23) 22-23.
[5] 周嗣泉等．鳖用配合饲料加工技术[J]．饲料研究，2000，(4)：26-27.
[6] 周嗣泉等．鳖对饲料蛋白质营养需求特点[J]．饲料博览，2000，(4)：42.
[7] 王育锋等．优良龟类健康养殖大全[M]．北京：海洋出版社，2009.
[8] 周嗣泉等．北方地区高效养鳖适宜模式．河北渔业，2012，(5)：25-26.
[9] 马俊岭，周嗣泉等．中华鳖病的中西药防治措施[J]．齐鲁渔业，2014，31(9)：38-40.
[10] 周嗣泉等．膨化饲料高效养鳖新技术[J]．齐鲁渔业，2014，31(1)：39-40.
[11] 周嗣泉等．利用膨化饲料池塘主养黄颡鱼高产关键技术[J]．齐鲁渔业，2014，31(11)：34-37.
[12] 王育锋，王玉新，周嗣泉等．龟鳖高效养殖与疾病防治技术[J]．北京：化学工业出版社，2014.